四川省产教融合示范项目系列教材

桌面六轴机器人控制与编程

主　编　孙永奎　黄德青　马　磊

副主编　寸巧萍

西南交通大学出版社

·成　都·

图书在版编目（CIP）数据

桌面六轴机器人控制与编程 / 孙永奎，黄德青，马磊主编. -- 成都：西南交通大学出版社，2024. 11.（四川省产教融合示范项目系列教材）. -- ISBN 978-7-5774-0213-0

Ⅰ. TP24

中国国家版本馆 CIP 数据核字第 2024WY9728 号

四川省产教融合示范项目系列教材

Zhuomian Liuzhou Jiqiren Kongzhi yu Biancheng

桌面六轴机器人控制与编程

主　编 / 孙永奎　黄德青　马　磊
副主编 / 寸巧萍

策划编辑 / 孟秀芝
责任编辑 / 穆　丰
封面设计 / 吴　兵

西南交通大学出版社出版发行
（四川省成都市金牛区二环路北一段 111 号西南交通大学创新大厦 21 楼　610031）
营销部电话：028-87600564　　028-87600533
网址：http://www.xnjdcbs.com
印刷：成都中永印务有限责任公司

成品尺寸　185 mm × 260 mm
印张　15.75　　总字数　219 千
版次　2024 年 11 月第 1 版　　印次　2024 年 11 月第 1 次

书号　ISBN 978-7-5774-0213-0
定价　48.00 元

课件咨询电话：028-81435775
图书如有印装质量问题　本社负责退换

前　言
PREFACE

桌面六轴机器人是专为工业机器人的实验/实训教学而开发的教学设备，额定负载 1 kg，运动范围 650 mm，由高精度伺服电机及谐波减速机组成。该机器人配置了模块化可拆卸式工具，可根据不同的应用场景安装相应的末端执行器，如真空吸盘、气动夹爪、轨迹工具等，实现物体的搬运、码垛、装配等典型工业机器人应用。

本书由机器人及 ROS 基础知识和桌面六轴机器人实验实训指导两部分内容组成，其中基础知识包括机器人的运动学基本原理、桌面六轴机器人的组成和 ROS 基本知识；实验实训指导包括桌面六轴机器人示教器实验实训和基于 ROS 的桌面六轴机器人实验实训。通过学习本书的基础知识和相应的实验实训指导，可帮助学生了解工业机器人的主要机械结构、控制方式及作业特点；了解 ROS 的软件架构，熟悉工业机器人的使用方法，从而掌握机器人原理、机器人示教编程、轨迹规划、机器人运动学等相关知识。

本书内容选择、章节安排和材料收集由孙永奎、黄德青和马磊完成，实验实训指导部分由寸巧萍编写审核，全书由孙永奎统稿。本教材的编写得到了四川省产教融合项目的大力支持（交大-九州电子信息装备产教融合示范项目，项目号为 WB0100111022101），同时也得到了重庆安尼森智能科技有限公司的帮助与指导，在此表示由衷的感谢！另外，感谢研究生肖阶和张任勇所做的校对工作。

本书可作为机器人工程专业的实验/实训课程教材，也可供从事机器人相关专业的工程技术人员自学和参考。

由于编者水平、经验有限，不足之处在所难免，真诚希望读者提出宝贵意见。

编　者

2023 年 11 月

目　录

CONTENTS

第一篇　机器人及 ROS 基础知识

第二篇　桌面六轴机器人实验实训教程

第一篇

机器人及ROS基础知识

第1章

机器人的运动学基本原理

工业机器人是由一系列连杆通过关节组成的刚体，其中固定的刚体为基座，活动的刚体为末端执行器。描述机器人各连杆之间、机器人与其作业对象的相互运动关系，就是描述刚体之间的运动关系。刚体相对于空间某一坐标系的位置与姿态，称为刚体的位置与姿态。

1.1 位置、姿态以及坐标系的描述

1.1.1 位置描述

建立图 1-1 所示的一个直角坐标系$\{A\}$，点 P 可以用一个 3×1 的位置矢量来描述，如式（1-1）所示，${}^{A}\boldsymbol{P}$ 称为位置矢量，矢量中的各个元素用下标 x, y, z 来表示，上标 A 表示选定的参考坐标系。

$$
{}^{A}\boldsymbol{P}=\begin{bmatrix} P_x \\ P_y \\ P_z \end{bmatrix}=[P_x \quad P_y \quad P_z]^{\mathrm{T}} \tag{1-1}
$$

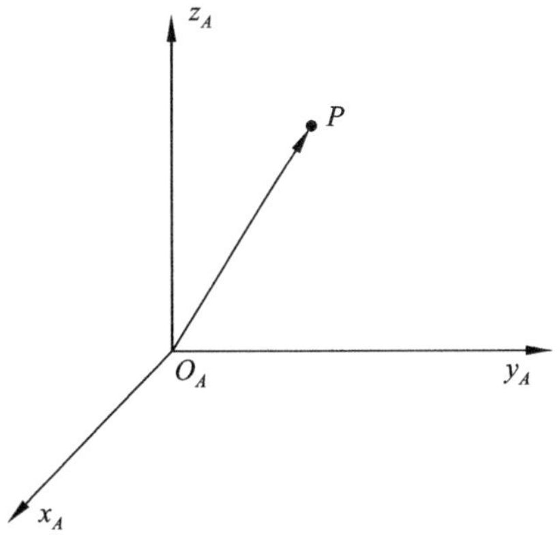

图 1-1　点位置表示

1.1.2　姿态描述

刚体姿态可用固定在刚体上的坐标系来描述，如图 1-2 所示，坐标系 $\{B\}$固定在刚体上。

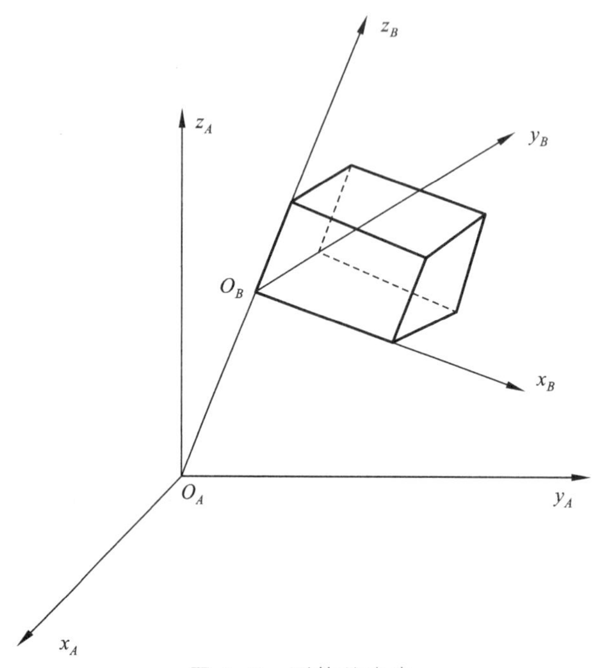

图 1–2　刚体的姿态

描述坐标系 $\{B\}$ 的一种方法是利用坐标系 $\{B\}$ 的三个主轴单位矢量来表示，即用 $\hat{\boldsymbol{X}}_B$， $\hat{\boldsymbol{Y}}_B$， $\hat{\boldsymbol{Z}}_B$ 来表示坐标系 $\{B\}$ 主轴方向的单位矢量。当用坐标系 $\{A\}$ 作为参考坐标系时，可表示为 ${}^{A}\hat{\boldsymbol{X}}_B$， ${}^{A}\hat{\boldsymbol{Y}}_B$， ${}^{A}\hat{\boldsymbol{Z}}_B$，将这个三个单位矢量按照 ${}^{A}\hat{\boldsymbol{X}}_B$， ${}^{A}\hat{\boldsymbol{Y}}_B$， ${}^{A}\hat{\boldsymbol{Z}}_B$，顺序排成一个 3×3 的矩阵，称该矩阵为坐标系 $\{B\}$ 相对于坐标系 $\{A\}$ 的表达，也称为旋转矩阵，记为 ${}^{A}_{B}\boldsymbol{R}$

$$
{}^{A}_{B}\boldsymbol{R}=[{}^{A}\hat{\boldsymbol{X}}_B \quad {}^{A}\hat{\boldsymbol{Y}}_B \quad {}^{A}\hat{\boldsymbol{Z}}_B]=\begin{bmatrix} r_{11} & r_{12} & r_{13} \\ r_{21} & r_{22} & r_{23} \\ r_{31} & r_{32} & r_{33} \end{bmatrix} \tag{1-2}
$$

式（1-2）中，r_{ij} 为每个矢量在其参考坐标系中的单位方向上投影的分量。${}^{A}_{B}\boldsymbol{R}$ 的各个分量可用坐标系 $\{A\}$ 和 $\{B\}$ 单位矢量的点积来表示：

$$ {}_{B}^{A}\boldsymbol{R}=[{}^{A}\widehat{\boldsymbol{X}}_{B}\quad {}^{A}\widehat{\boldsymbol{Y}}_{B}\quad {}^{A}\widehat{\boldsymbol{Z}}_{B}]=\begin{bmatrix}\widehat{\boldsymbol{X}}_{B}\cdot\widehat{\boldsymbol{X}}_{A} & \widehat{\boldsymbol{Y}}_{B}\cdot\widehat{\boldsymbol{X}}_{A} & \widehat{\boldsymbol{Z}}_{B}\cdot\widehat{\boldsymbol{X}}_{A}\\ \widehat{\boldsymbol{X}}_{B}\cdot\widehat{\boldsymbol{Y}}_{A} & \widehat{\boldsymbol{Y}}_{B}\cdot\widehat{\boldsymbol{Y}}_{A} & \widehat{\boldsymbol{Z}}_{B}\cdot\widehat{\boldsymbol{Y}}_{A}\\ \widehat{\boldsymbol{X}}_{B}\cdot\widehat{\boldsymbol{Z}}_{A} & \widehat{\boldsymbol{Y}}_{B}\cdot\widehat{\boldsymbol{Z}}_{A} & \widehat{\boldsymbol{Z}}_{B}\cdot\widehat{\boldsymbol{Z}}_{A}\end{bmatrix} \tag{1-3} $$

由于两个单位矢量的点积可得到二者之间夹角的余弦，因此旋转矩阵的各分量常被称作方向余弦。由式（1-3）可知：矩阵 ${}_{B}^{A}\boldsymbol{R}$ 的行是坐标系 $\{A\}$ 的单位矢量在坐标系 $\{B\}$ 的表达，即

$$ {}_{B}^{A}\boldsymbol{R}=[{}^{A}\widehat{\boldsymbol{X}}_{B}\quad {}^{A}\widehat{\boldsymbol{Y}}_{B}\quad {}^{A}\widehat{\boldsymbol{Z}}_{B}]=\begin{bmatrix}{}^{B}\widehat{\boldsymbol{X}}_{A}^{\mathrm{T}}\\ {}^{B}\widehat{\boldsymbol{Y}}_{A}^{\mathrm{T}}\\ {}^{B}\widehat{\boldsymbol{Z}}_{A}^{\mathrm{T}}\end{bmatrix} \tag{1-4} $$

坐标系 $\{A\}$ 对坐标系 $\{B\}$ 的描述可由式（1-4）转置得到，即

$$ {}_{A}^{B}\boldsymbol{R}={}_{B}^{A}\boldsymbol{R}^{\mathrm{T}} \tag{1-5} $$

又因为旋转矩阵是正交矩阵，一个正交矩阵的逆等于它的转置，所以

$$ {}_{B}^{A}\boldsymbol{R}={}_{A}^{B}\boldsymbol{R}^{\mathrm{T}}={}_{A}^{B}\boldsymbol{R}^{-1} \tag{1-6} $$

1.1.3　坐标系描述

机器人学中位置和姿态经常成对出现，它们的组合称作坐标系。相对于参考坐标系 $\{A\}$，坐标系 $\{B\}$ 的原点位置用位置矢量 ${}^{A}\boldsymbol{P}_{\mathrm{BORG}}$ 描述，而旋转矩阵 ${}_{B}^{A}\boldsymbol{R}$ 用来描述坐标系 $\{B\}$ 的姿态，即

$$ \{B\}=\{{}_{B}^{A}\boldsymbol{R}\quad {}^{A}\boldsymbol{P}_{\mathrm{BORG}}\} \tag{1-7} $$

式（1-7）中四个矢量为一组，表示了位置和姿态组合。

1.2　坐标变换

1.2.1　平移坐标变换

如果坐标系 $\{A\}$ 与坐标系 $\{B\}$ 有相同姿态，但其原点不重合，此时，用

${}^{A}\boldsymbol{P}_{\mathrm{BORG}}$ 表示坐标系{B}原点相对坐标系{A}原点的位置，称为坐标系{B}相对坐标系{A}的平移矢量。

如图 1-3 所示，若有一点 P 在坐标系{B}的位置为 ${}^{B}\boldsymbol{P}$，则它对坐标系{A}的位置 ${}^{A}\boldsymbol{P}$ 可表示为

$$ {}^{A}\boldsymbol{P} = {}^{B}\boldsymbol{P} + {}^{A}\boldsymbol{P}_{\mathrm{BORG}} \tag{1-8} $$

式（1-8）称为平移坐标变换。

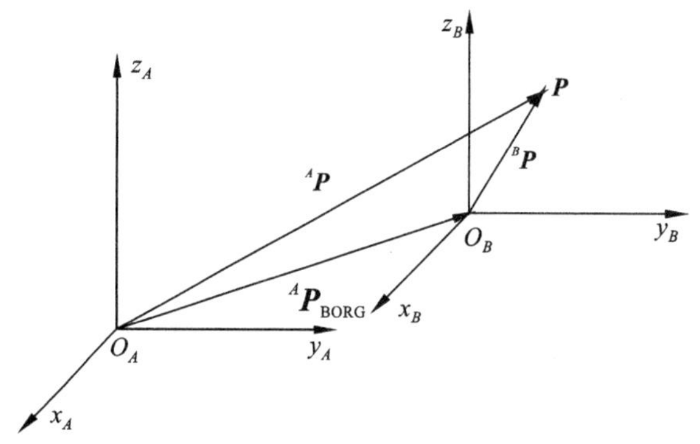

图 1-3　坐标平移变换

1.2.2　旋转坐标变换

设坐标系{A}与坐标系{B}有共同的坐标原点，但两者的方位不同，如图 1-4 所示。用旋转矩阵 ${}^{A}_{B}\boldsymbol{R}$ 描述坐标系{B}相对于坐标系{A}的方位，即坐标系{B}是由坐标系{A}旋转获得。同一点 P 在两个坐标系{A}和{B}的坐标分别为 ${}^{A}\boldsymbol{P}$ 和 ${}^{B}\boldsymbol{P}$，则具有如下变换关系：

$$ {}^{A}\boldsymbol{P} = {}^{A}_{B}\boldsymbol{R}\,{}^{B}\boldsymbol{P} \tag{1-9} $$

式（1-9）称为旋转坐标变换。

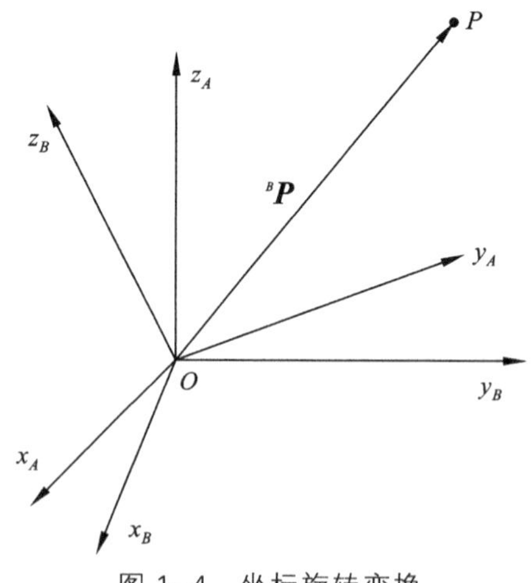

图 1-4　坐标旋转变换

1.2.3　一般的坐标变换

如坐标系{A}与坐标系{B}的原点、姿态都不同，这时两坐标系间的变换关系称为一般的坐标变换。用位置矢量 $^{A}\boldsymbol{P}_{\mathrm{BORG}}$ 描述坐标系{B}的坐标原点相对于坐标系{A}的位置，用旋转矩阵 $^{A}_{B}\boldsymbol{R}$ 描述{B}相对于{A}的方位，如图 1-5 所示。对于任一点 P 在两坐标系{A}和{B}中的坐标为 $^{A}\boldsymbol{P}$ 和 $^{B}\boldsymbol{P}$，则具有以下变换关系：

$$^{A}\boldsymbol{P}={}^{A}_{B}\boldsymbol{R}\,^{B}\boldsymbol{P}+{}^{A}\boldsymbol{P}_{\mathrm{BORG}} \tag{1-10}$$

式（1-10）看成是坐标旋转和坐标平移都需要的一般的坐标变换。式（1-10）可由如下处理得到：将 $^{B}\boldsymbol{P}$ 变换到一个中间坐标系{C}，坐标系{C}和{A}具有相同的姿态，并且与坐标系{B}的原点重合，则坐标系{B}由{C}旋转获得，坐标系{C}由{A}平移矢量 $^{A}\boldsymbol{P}_{\mathrm{BORG}}$ 获得，$^{C}\boldsymbol{P}={}^{C}_{B}\boldsymbol{R}\,^{B}P={}^{A}_{B}\boldsymbol{R}\,^{B}\boldsymbol{P}$，再由平移坐标方程可得 $^{A}\boldsymbol{P}={}^{C}\boldsymbol{P}+{}^{A}\boldsymbol{P}_{\mathrm{BORG}}={}^{A}_{B}\boldsymbol{R}\,^{B}\boldsymbol{P}+{}^{A}\boldsymbol{P}_{\mathrm{BORG}}$。

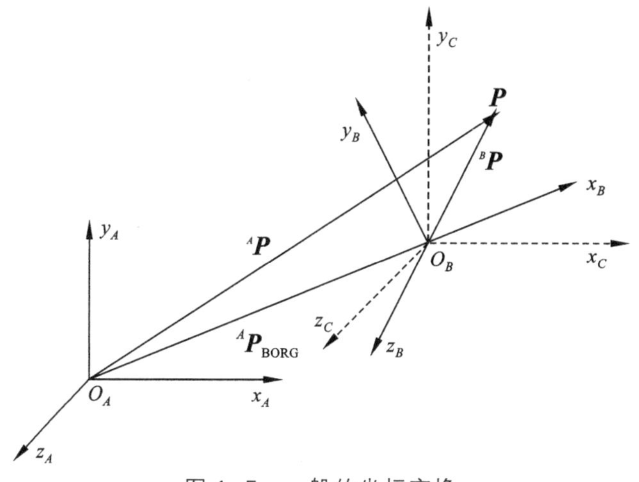

图 1-5　一般的坐标变换

1.3　连杆与关节

1.3.1　连杆与关节概念及其关系

机器人的自由度数（Degree of Freedom，DOF）是机器人的一个重要技术指标。通常，机器人需要 6 个自由度才能在它的工作空间内任意放置物体。如果机器人具有小于 6 的自由度，则不能任意指定位置和姿态，只能移动到某些期望的位置以及实现较少关节所限定的姿态。如果具有 7 个自由度，则机器人可以有无穷多种方法到达期望的位置和姿态。机器人有多少个运动低副（Kinematic Pair），就意味着有多少个自由度。

工业机器人可看作由若干运动副和连杆连接而成，其中连接相邻两个连杆的运动副称为关节（joint）。除了末端连杆外，每个连杆必然有两个关节，或者说每两个关节之间的机械结构部分可简化成一个单独的连杆。

机器人的关节通常分为转动关节和平移关节两种。无论是转动关节还是平移关节，它们都有一条关节轴线。对于转动关节，其关节轴线就是其回转中心线，对于平移关节，取移动方向的中心线作为其关节轴线。

具有 n 个自由度的机器人具有 $n+1$ 个连杆（编号从 0 到 n）和 n 个活动关节（编号从 1 到 n）。连杆 0 是机器人的基座，连杆 n 则固定末端执行器或工具。对于任一连杆 i，它的两端各有一个关节，靠近基座的关节定义为关节 i，远离基座的关节为关节 $i+1$，关节 i 将连杆 $i-1$ 连接到连杆 i 上。对于末端连杆 n，它只有靠近基座的一端有关节，远离基座的一端无关节。约定第一个关节，即关节 1，连接连杆 0 和连杆 1，连杆 0 为基座，连杆 i 与连杆 $i+1$ 相连（$i=0,1\cdots,n$），如图 1-6 所示。

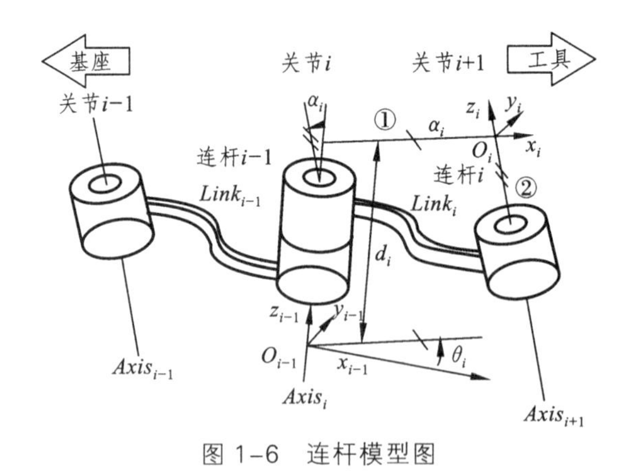

图 1-6　连杆模型图

1.3.2　连杆与关节的参数 D-H 参数

对于第 i 个连杆来说，其参数可分为 2 类 4 种：第 1 类是关于连杆本身的参数，即连杆长度 a_i、连杆扭转角 α_i；第 2 类是关于 2 个连杆之间的连接关系参数，即连杆偏移量 d_i、关节转角 θ_i。连杆的 4 个参数参见图 1-6 中连杆长度 a_i、连杆扭转角 α_i、连杆偏移量 d_i、关节转角 θ_i 的定义。沿关节轴线为 z 轴，关节 i 轴线与关节 $i+1$ 轴线的公垂线为 x 轴。

（1）连杆长度 a_i：从 z_{i-1} 轴移动到 z_i 轴的距离。

（2）连杆扭转角 α_i：绕 x_i 轴，从 z_{i-1} 轴旋转到 z_i 轴的角度。

（3）连杆偏移量 d_i：沿 z_{i-1} 轴，从 x_{i-1} 轴移动到 x_i 轴的距离。

（4）关节转角 θ_i：绕 z_i 轴，从 x_{i-1} 轴旋转到 x_i 轴的角度。

上述 a_i、α_i、d_i、θ_i 参数统称为 Denavit-Hartenberg（D-H）参数。对转动关节，θ_i 为关节变量，其他 3 个连杆参数固定不变；对移动关节，d_i 为关节变量，其他三个连杆参数固定不变。

1.4　D-H 参数法建立连杆坐标系

固连在连杆 i 上的坐标系称为坐标系 $\{i\}$，中间连杆的坐标系 $\{i\}$ 的 z_i 轴与关节 i 轴线重合，坐标系 $\{i\}$ 的原点在公垂线 a_i 与关节 i 轴线交点处，x_i 轴沿公垂线 a_i 方向指向关节 $i+1$。因为 a_i 对应为距离，通常设定 $a_i>0$。

1.4.1　D-H 参数法建立连杆坐标系的步骤

D-H 参数法是常用的建立机器人坐标系的方法，该方法的步骤如下：

（1）找出各个关节轴并画出其轴线。

（2）找出并画出相邻两关节轴 i 和 $i+1$ 的公垂线 a_i 或两关节轴线的交点，选取两关节轴线的交点或者公垂线 a_i 与关节轴 i 的交点作为坐标系 $\{i\}$ 的原点。

（3）规定 z_i 轴与关节轴 i 重合。

（4）规定 x_i 轴沿公垂线 a_i 的方向由关节轴 i 指向关节轴 $i+1$。若关节轴

i 与关节轴 $i+1$ 相交，则规定 x_i 轴垂直于关节轴 i 和 $i+1$ 所在的平面。

（5）按右手法则确定 y_i。

（6）当第一个关节变量为 0 时，可以使坐标系{1}和{0}重合。对于末端坐标系 $\{n\}$，原点和 x_n 的方向可任选。为使计算简单，通常在选取时使坐标系 $\{n\}$ 的连杆参数尽可能为 0。

1.4.2 OBOT 桌面六轴机器人连杆坐标系建立实例

1. 确定关节及连杆

以 OBOT 桌面六轴机器人为例，为清晰明了地展示出该机器人的连杆与关节，将每个连杆用不同颜色表示，如图 1-7 所示，连杆为 0 ~ 6，关节为 1 ~ 6，其中关节 1、关节 4 和关节 6 的轴线在同一平面上。

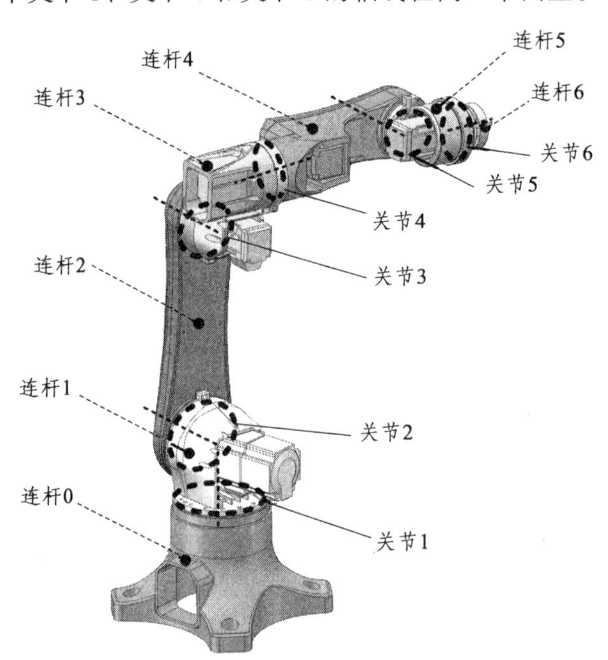

图 1-7　OBOT 桌面六轴机器人的连杆和关节

2. 确定各个连杆坐标系的 Z 轴及 X 轴

OBOT 桌面六轴机器人的各个连杆坐标系的 Z 轴及 X 轴如图 1-8 所示。

坐标系{0}固定在基座底面，Z_0 轴与关节 1 的轴线重合，坐标原点为基座底面与关节轴线的交点，X_0 轴如图 1-8 所示。坐标系{1}位于关节 1 与基座安装面上，Z_1 轴与关节 1 的轴线重合，X_1 轴与 X_0 轴平行，坐标原点为关节 1 轴线与基座上安装面的交点。坐标系{2}的 Z_2 轴与关节 2 的轴线重合，Z_1 轴与 Z_2 轴垂直相交的点为坐标系{2}原点，X_2 轴选择为 Z_1 与 Z_2 叉积方向。坐标系{3}的 Z_3 轴与关节 3 的轴线重合，Z_2 轴与 Z_3 轴平行，X_3 轴选择为 Z_2 轴与 Z_3 轴的公垂线上（与连杆 2 的两端安装孔中心线平行），并与 X_4 轴重合，坐标系{3}原点与坐标系{2}原点在同一平面上。坐标系{4}的 Z_4 轴与关节 4 的轴线重合，X_4 轴位于 Z_3 与 Z_4 的公垂线上，坐标原点为 X_4 轴与 Z_4 轴交点。坐标系{5}的 Z_5 轴与关节 5 的轴线重合，Z_4 轴与 Z_5 轴垂直相交的交点为原点，X_5 轴选择为 Z_4 与 Z_5 叉积方向。坐标系{6}位于关节 6 与连杆 5 末端工具安装面上，Z_6 轴与关节 6 的轴线重合，Z_5 轴与 Z_6 轴垂直相交，X_6 轴选择为 Z_5 与 Z_6 叉积方向。

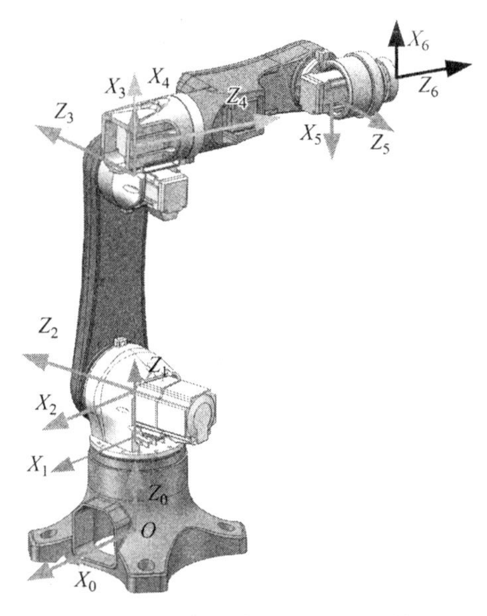

图 1-8　连杆坐标系的 X、Z 轴

3. 确定各个 D-H 参数

OBOT 桌面六轴机器人 D-H 参数如图 1-9 所示，则图 1-9 所示连杆坐标系对应的 D-H 参数如表 1-1 所示。

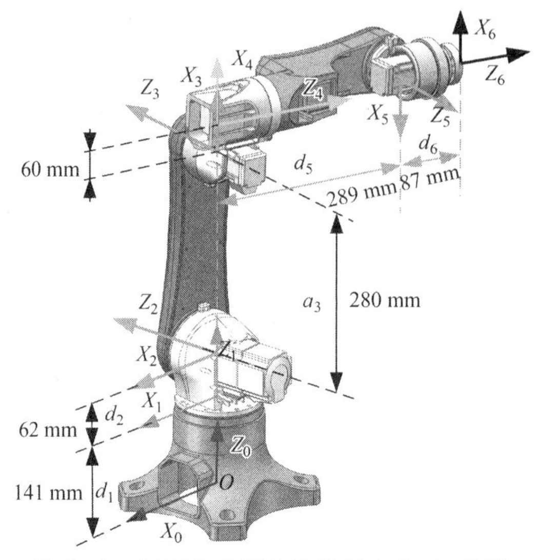

图 1-9　OBOT 桌面六轴机器人 D-H 参数

表 1-1　OBOT 桌面六轴机器人 D-H 参数表

编号	a/m	α	d/mm	θ
0-1	0（a_1）	0°	141（d_1）	θ_1
1-2	0（a_2）	90°	62（d_2）	θ_2
2-3	280（a_3）	0°	0（d_3）	θ_3
3-4	60（a_4）	－90°	0（d_4）	θ_4
4-5	0（a_5）	－90°	289（d_5）	θ_5
5-6	0（a_6）	90°	87（d_6）	θ_6

1.5　驱动空间、关节空间和笛卡儿空间

一个操作臂的位姿描述有三种表示方法：驱动器空间、关节空间、笛卡尔空间。

驱动器空间：机器人的每个运动关节并非都由某种驱动器直接驱动，

比如，利用两个驱动器以差分驱动方式来驱动一个关节，或者使用四连杆机构来驱动关节，这时就需要考虑驱动器的细节。由于测量操作臂的传感器常常安装在驱动器上，因此当我们在使用驱动器时就需要把关节矢量转换到驱动器矢量，驱动器矢量组成的空间就称为驱动空间。

关节空间：对于一个具有 n 个自由度的操作臂来说，它的所有连杆位置可由一组 n 个关节变量来确定。这样的一组变量通常被称为 $n\times1$ 的关节矢量，所有关节矢量组成的空间称为关节空间。

笛卡儿空间：当位置是按照在空间相互正交的轴上的测量，且姿态是按照 1.1 节中任一种规定测量的时候，则称这个空间为笛卡尔空间，有时也称为任务空间或者操作空间，即空间直角坐标系。

第2章 桌面六轴机器人的组成与结构

本章主要介绍 OBOT 桌面六轴机器人（以下简称机器人）系统的组成与结构，使读者对机器人及其系统有一个初步的认知。

2.1 桌面六轴机器人概述

2.1.1 桌面六轴机器人的功能特点

（1）可重复拆装：采用模块化可拆装式结构设计，每个关节均可拆装，可供学生重复进行拆卸与装配，让学生在拆装的过程中学习机器人结构相关知识。

（2）丰富的教学使用场景：配置有装配、搬运、码垛等训练模块，既可单独作为机器人实践教学装备开展实践教学，又可与其他设备集成使用。

2.1.2 机器人主要的技术参数

（1）工作范围：臂展 650 mm。

（2）重复定位精度：±1 mm。

（3）最大负载：1 kg。

（4）自由度：6。

（5）关节运动范围：J1——±110°；J2——±50°；J3——±50°；J4——±130°；J5——±120°；J6——±180°。

（6）关节最大速度：J1——225°/s；J2——225°/s；3——360°/s；J4——360°/s，J5——360°/s；J6——360°/s。

（7）标准末端工具：吸盘、轨迹笔、气动夹爪。

2.1.3　桌面六轴机器人的组成

桌面六轴机器人分为硬件与软件两部分，硬件部分由机器人的机械结构、末端夹具、控制箱、示教器、ROS 控制器等组成，软件部分由工业示教器系统、ROS 系统组成，如图 2-1 所示。机器人的机械结构由 6 个轴组成，如图 2-2 所示。

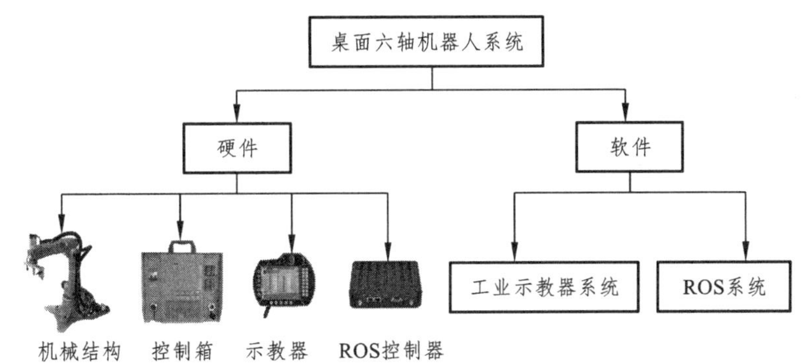

图 2-1　桌面六轴机器人的组成

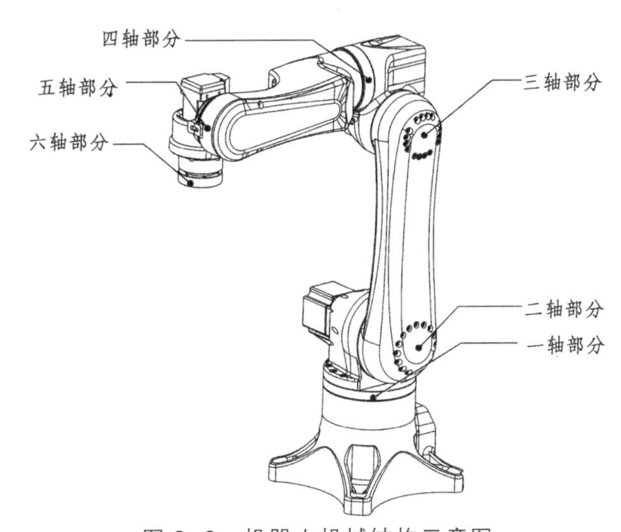

图 2-2　机器人机械结构示意图

示教器：用于进行机器人手动控制、示教编程、参数配置等。

ROS 控制器：用于 ROS 下的机器人手动控制、参数配置、程序控制等。

机器人的运动模式分为单轴运动模式和坐标系运动模式。图 2-3 所示为机器人的全局坐标系，坐标系的原点为底座原点中心，*X* 轴与 *Y* 轴固定在底座安装平面上，Z轴垂直于底面向上。

机器人的单轴运动如图 2-4 所示，其中关节 1 沿一轴旋转，关节 2 沿二轴旋转，关节 3 沿三轴旋转，关节 4 沿四轴旋转，关节 5 沿五轴旋转，关节 6 沿六轴旋转。

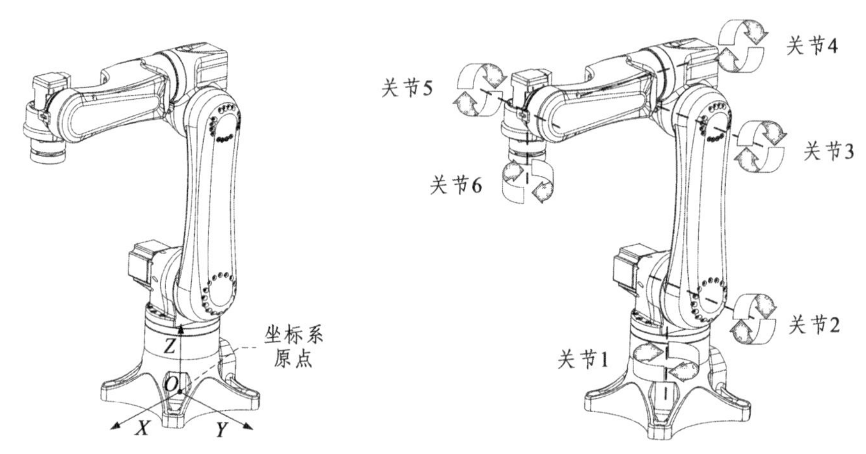

图 2–3　机器人全局坐标系示意图　　　　图 2–4　机器人关节运动示意图

机器人的控制箱如图 2-5 所示。其中正面包含电源输入接口、电源开关、状态指示灯、通信接口、I/O 接口、示教器接口；背面包含 1 ~ 6 轴电机电源接口、1 ~ 6 轴编码器接口。

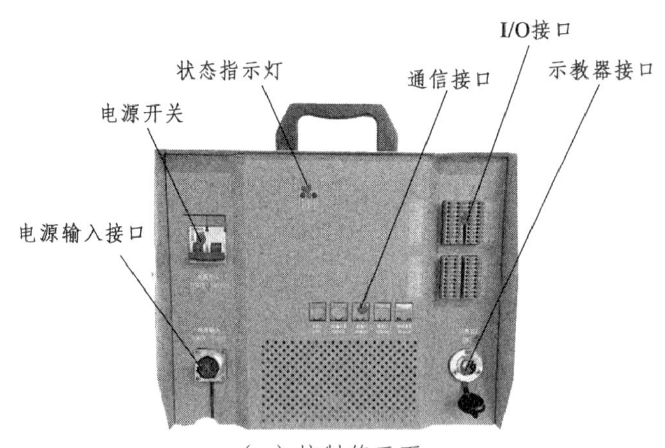

（a）控制箱正面

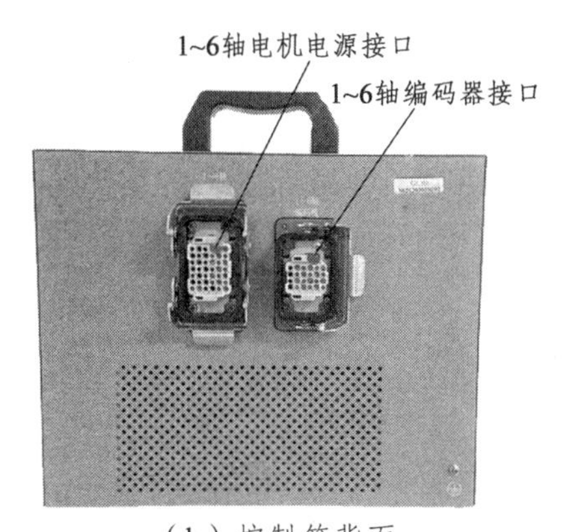

（b）控制箱背面

图 2-5　机器人控制箱示意图

机器人示教器如图 2-6 所示。其正面包含有启动键、停止键、坐标系切换键、速度调节键、模式切换旋钮、急停开关、轴运动/坐标运动按钮区；背面含有使能按钮。

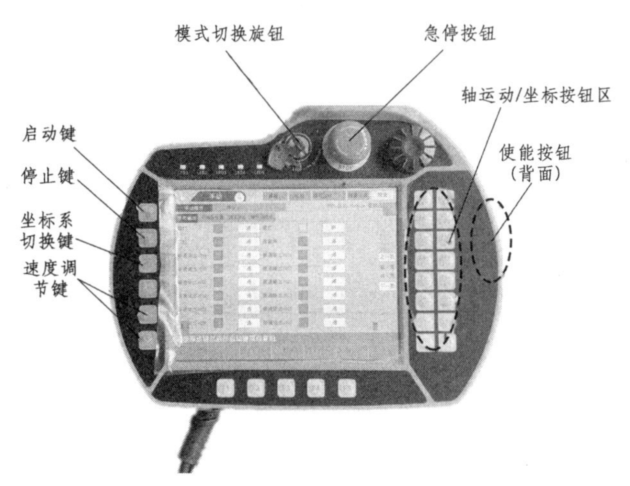

图 2-6　机器人示教器示意图

2.2　桌面六轴机器人的机械结构

2.2.1　桌面六轴机器人的零部件

一个轴部件由若干个零部件组成，每个轴部件内的零部件示意图及说明如表 2-1 ~ 表 2-6 所示。

表 2-1　一轴零部件

序号	名称	数量
1	底座	1
2	一轴连接法兰	1
3	一轴谐波减速机	1
4	一轴电机连接轴	1
5	一轴电机安装法兰	1
6	一轴伺服电机	1

表 2-2　二轴零部件

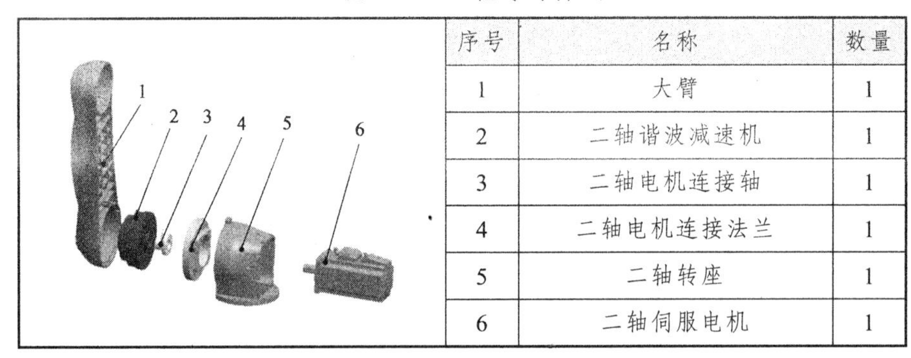

序号	名称	数量
1	大臂	1
2	二轴谐波减速机	1
3	二轴电机连接轴	1
4	二轴电机连接法兰	1
5	二轴转座	1
6	二轴伺服电机	1

表 2-3　三轴零部件

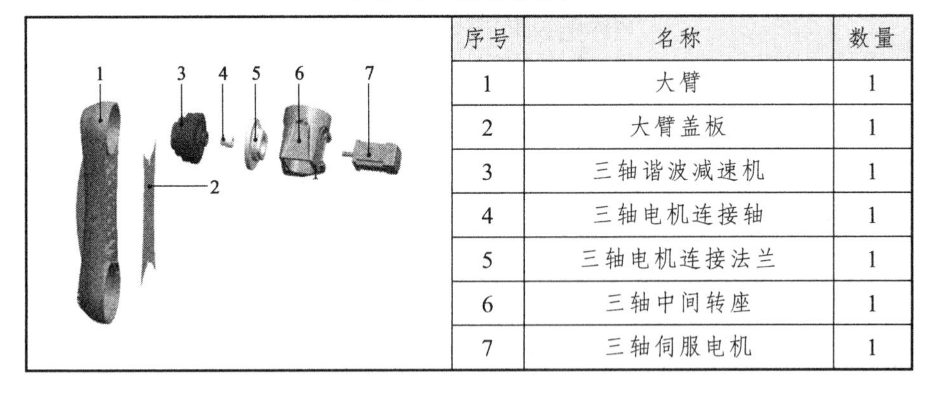

序号	名称	数量
1	大臂	1
2	大臂盖板	1
3	三轴谐波减速机	1
4	三轴电机连接轴	1
5	三轴电机连接法兰	1
6	三轴中间转座	1
7	三轴伺服电机	1

表 2-4　四轴零部件

序号	名称	数量
1	四轴伺服电机	1
2	四轴电机安装法兰	1
3	四轴谐波减速机	1
4	四轴重载板	1
5	四轴前臂	1

表 2-5　五轴零部件

序号	名称	数量
1	五轴伺服电机	1
2	五轴电机安装法兰	1
3	五轴谐波减速机	1
4	五轴重载板	1
5	五轴前臂	1

表 2-6　六轴零部件

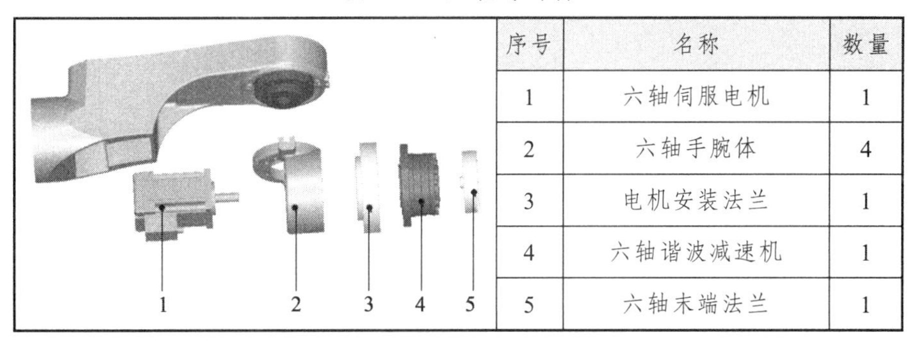

序号	名称	数量
1	六轴伺服电机	1
2	六轴手腕体	4
3	电机安装法兰	1
4	六轴谐波减速机	1
5	六轴末端法兰	1

2.2.2　桌面六轴机器人的装配关系

1. 一轴装配关系

一轴由伺服电机经过谐波减速机减速实现转动驱动，其能在 ± 110°的范围内转动，如图 2-7 所示。

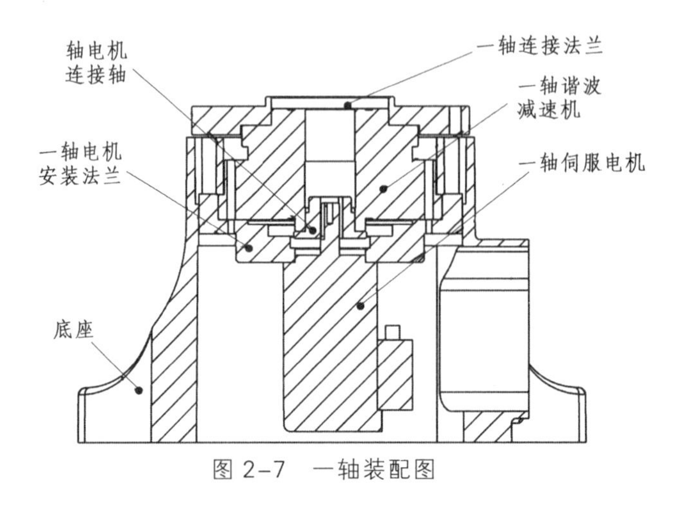

图 2–7　一轴装配图

2. 二轴装配关系

二轴由伺服电机经谐波减速机减速后实现转动驱动，其能在 ± 50°的范围内转动，如图 2-8 所示（此处注塑大臂未体现）。

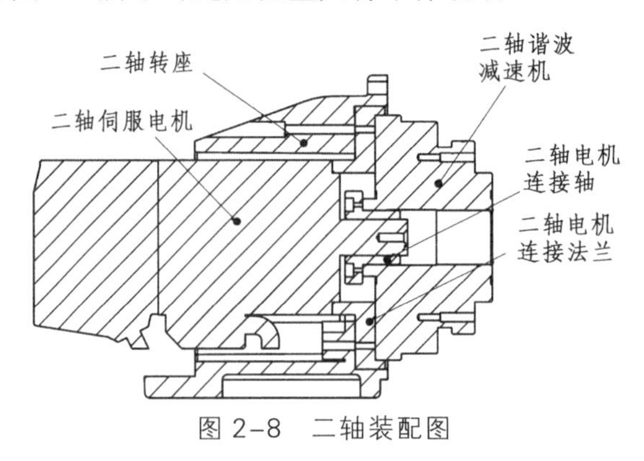

图 2–8　二轴装配图

3. 三轴装配关系

三轴由伺服电机经谐波减速机减速后实现转动驱动，其能在 ± 50°的范围内转动，如图 2-9 所示。

4. 四轴装配关系

四轴由伺服电机经谐波减速机减速后实现转动驱动，其能在 ± 130°的范围内转动，如图 2-10 所示。

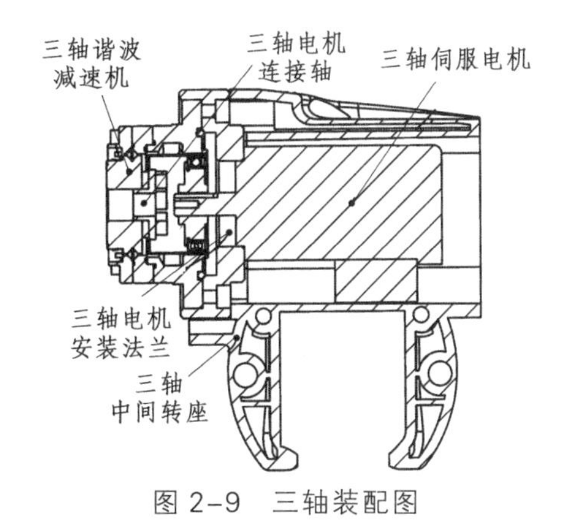

图 2-9　三轴装配图

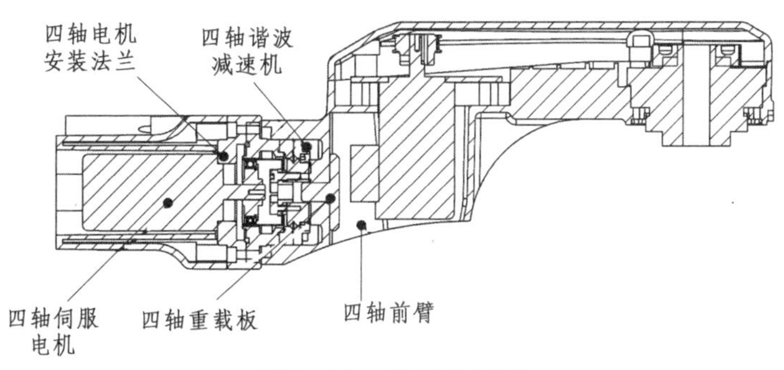

图 2-10　四轴装配图

5. 五轴装配关系

五轴由伺服电机经同步带轮组减速后实现转动驱动，其能在 ± 120°的范围内转动，如图 2-11 所示。

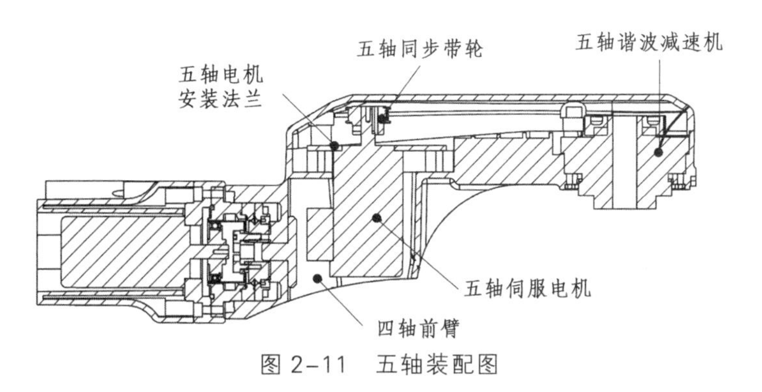

图 2-11　五轴装配图

6. 六轴装配关系

六轴由伺服电机经谐波减速机减速后实现转动驱动，其能在 ± 180°的范围内转动，如图 2-12 所示。

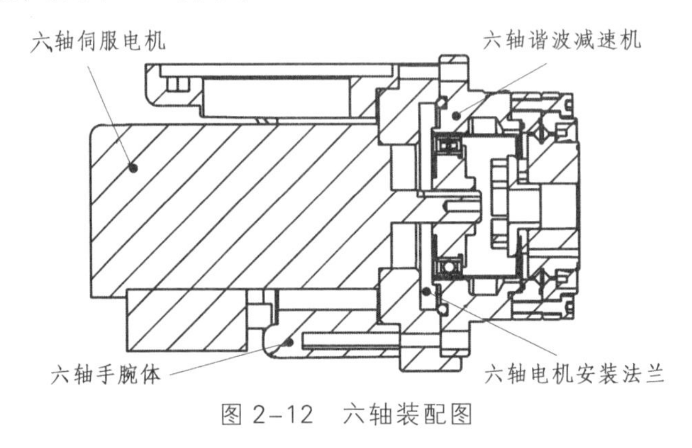

图 2–12　六轴装配图

2.2.3　桌面六轴机器人机械结构安装与拆卸

1. 机械结构安装

参考 2-1 ~ 表 2-6，准备相应的零部件后进行组装，其组装顺序为：一轴→二轴→三轴→四轴→五轴→六轴。步骤如下：

1）组装一轴

将一轴伺服电机安装到一轴电机安装法兰上[见图 2-13（a）]，再将一轴电机连接轴安装到伺服电机轴上，然后将一轴谐波减速机与电机轴相连后安装到底座上[见图 2-13(b)]，再将底座安装到机器人底座上[见图 2-13(c)]，最后锁上螺丝将一轴连接法兰安装到一轴谐波减速机上[见图 2-13（d）]。

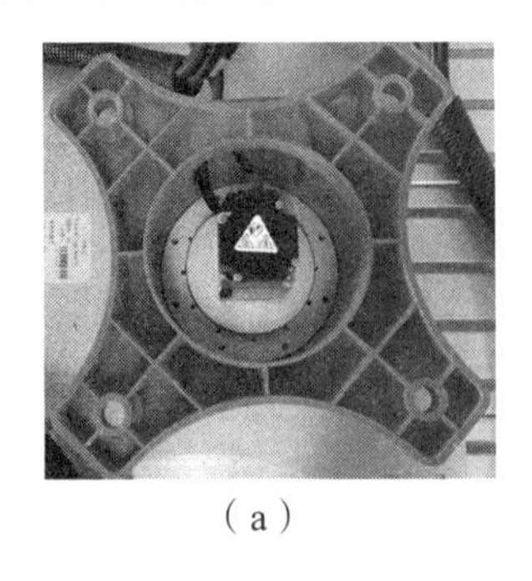

（a）

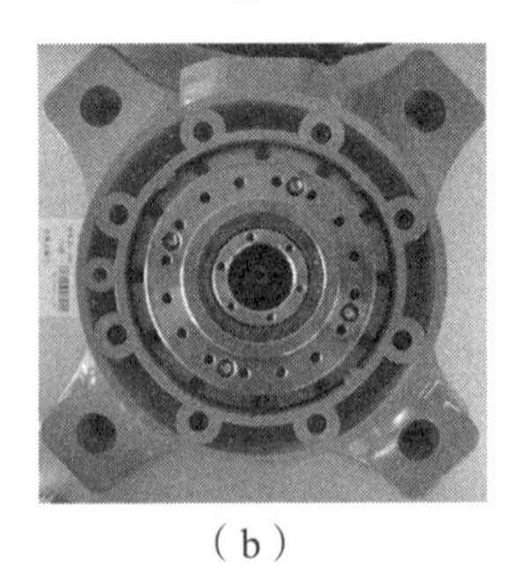

（b）

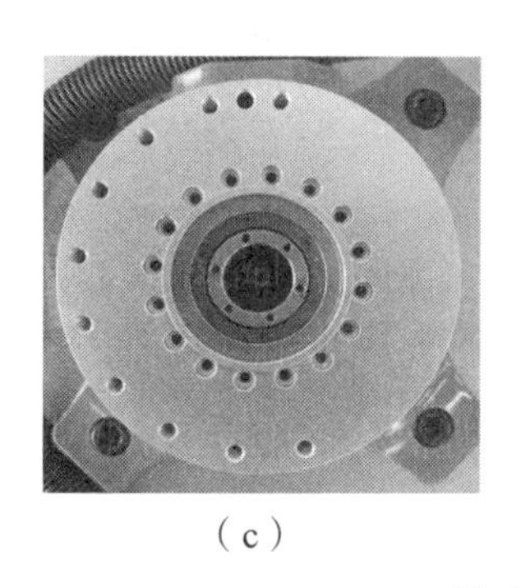
（c）

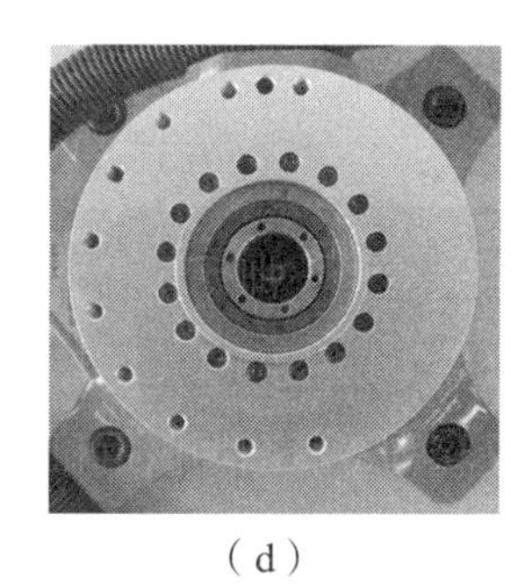
（d）

图 2-13　组装一轴

2）组装二轴

先将二轴电机连接法兰安装到二轴转座上[见图 2-14（a）]，然后将二轴伺服电机安装到二轴电机连接法兰上，再将二轴电机连接轴安装到二轴伺服电机轴上，将二轴谐波减速机安装到二轴电机连接轴上[见图 2-14（b）]，最后将大臂安装到二轴谐波减速机上[见图 2-14（c）]。

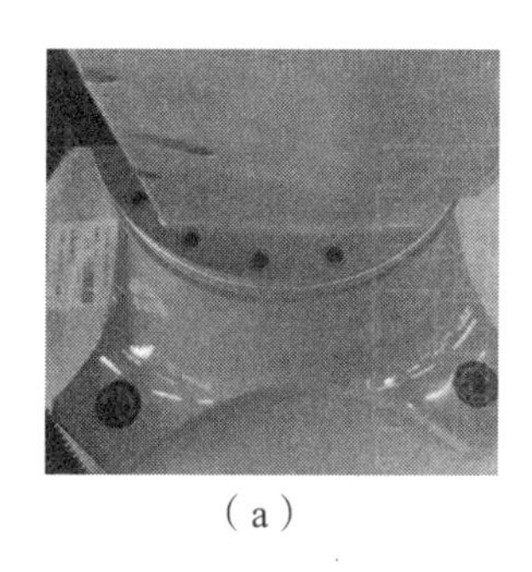
（a）

（b）

（c）

图 2-14　组装二轴

3）组装三轴

先将大臂盖板及三轴谐波减速机安装到大臂上[见图 2-15（a）]，再将三轴电机连接法兰安装到三轴中间转座上，再将三轴伺服电机安装到三轴电机连接法兰上，随后将三轴电机连接轴安装到伺服电机轴上[见图 2-15（b）]，然后将三轴谐波减速机安装到三轴电机连接轴，最后将装好的整体部分全部安装到大臂上[见图 2-15（c）]。

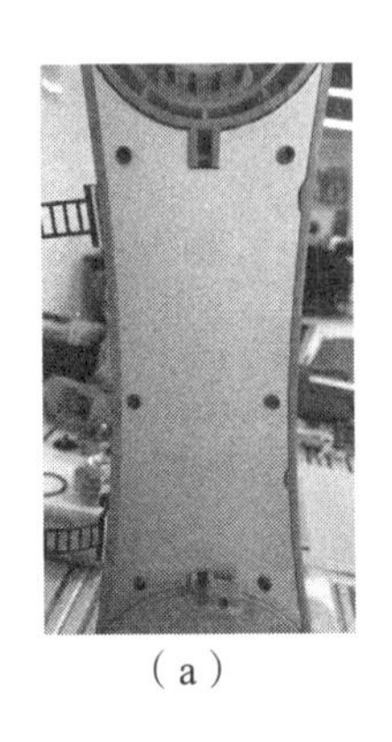
（a）

（b）

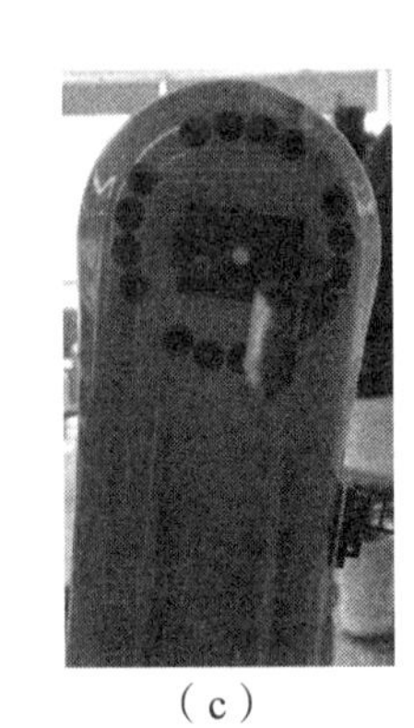
（c）

图 2–15　组装三轴

4）组装四轴

将四轴伺服电机穿过三轴中间转座[见图 2-16（a）]，将四轴伺服电机安装到四轴电机安装法兰上[见图 2-16（b）]，再将四轴谐波减速机安装到四轴电机安装法兰上[见图 2-16（c）]，接着将其安装到四轴前臂上[见图 2-16（d）]，并安装四轴重载板[见图 2-16（e）]。

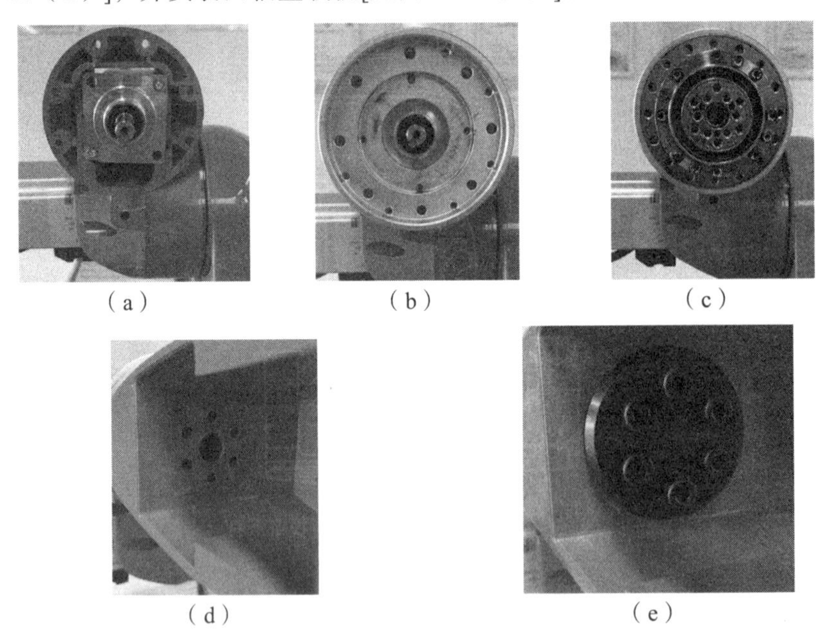
（a）（b）（c）
（d）（e）

图 2–16　组装四轴

5）组装五轴

首先将五轴电机安装板安装到四轴前臂上[见图 2-17（a）]，然后安装五轴伺服电机[见图 2-17（b）]，再将同步带轮 B 安装到五轴伺服电机上[见图 2-17（c）]。将五轴加强法兰安装到四轴前臂上[见图 2-17（c）]，再将五轴谐波减速机安装到五轴加强法兰上[见图 2-17（d）]，然后将同步带轮 A 安装到谐波减速减上，最后将同步带安装到两同步带轮上[调节五轴电机安装板使同步带轮安装牢固，见图 2-17（e）]，并安装四轴盖板[见图 2-17（f）]。

图 2–17　组装五轴

6）组装六轴

将手腕体安装到六轴谐波减速机上[见图 2-18（a）]，再将六轴伺服电机穿过手腕体与电机安装法兰连接，然后连接到电机安装法兰上[见图 2-18（b）]，最后将六轴末端法兰安装到六轴谐波减速机上[见图 2-18（c）]。

（a）

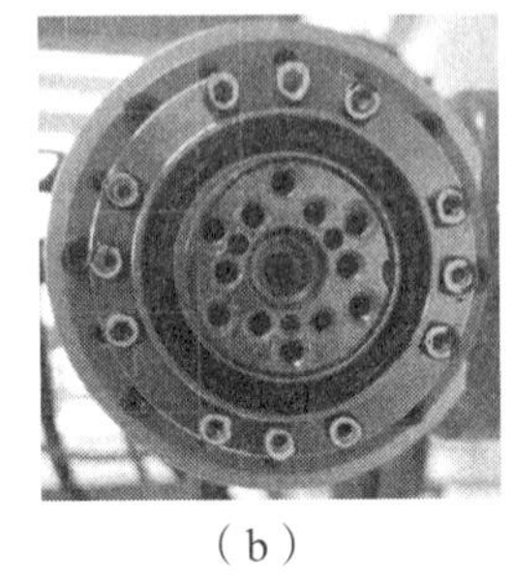
（b）

（c）

图 2-18　组装六轴

2. 机械结构拆卸

机器人本体为可拆装结构，拆卸时需要从六轴开始，逐步进行。注意将拆卸后的零部件及螺丝按照轴部顺序有序放置，以防丢失或后期安装时出错。其拆卸顺序为六轴→五轴→四轴→三轴→二轴→一轴，步骤如下：

1）拆卸六轴

首先将六轴末端法兰从六轴谐波减速上拆除[见图 2-19（a）]，其次将六轴谐波减速机从六轴电机安装法兰上拆除[见图 2-19（b）]，最后拆除六轴电机安装法兰及电机[见图 2-19（c）]。

（a）

（b）

（c）

图 2-19　拆卸六轴

2）拆卸五轴

首先拆除五轴手腕体[见图 2-20（a）]，其次拆除四轴注塑罩盖板[见图 2-20（b）]，再次拆除同步带及同步轮[见图 2-20（c）]，最后将五轴谐波减速机及五轴电机拆除[见图 2-20（d）]。

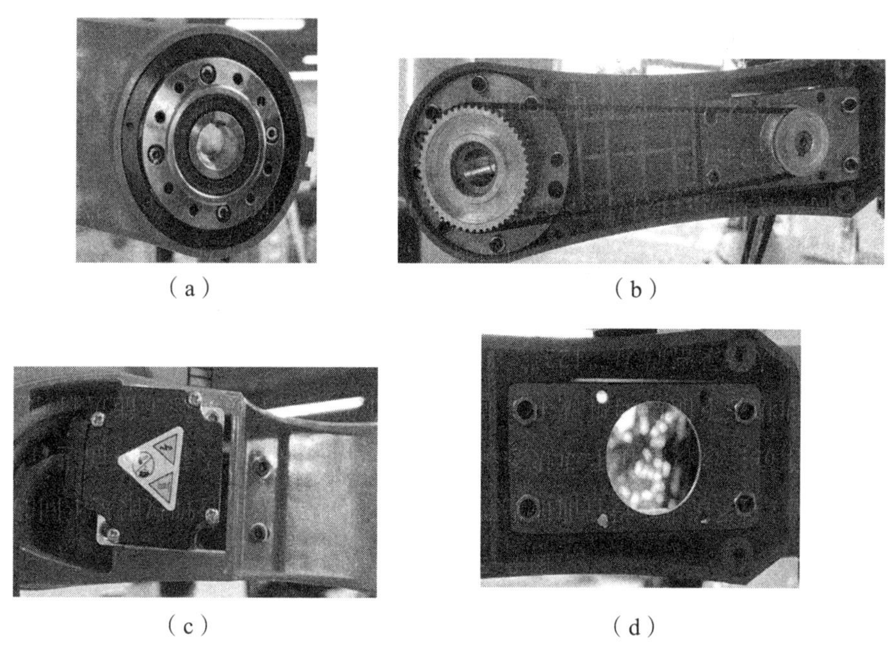

（a）　（b）

（c）　（d）

图 2-20　拆卸五轴

3）拆卸四轴

首先拆除四轴重载板[见图 2-21（a）]，其次拆除四轴前臂[见图 2-21（b）]，再次拆除四轴谐波减速机[见图 2-21（c）]，然后拆除四轴电机安装法兰[见图 2-21（d）]，最后将四轴伺服电机拆除[见图 2-21（e）]。

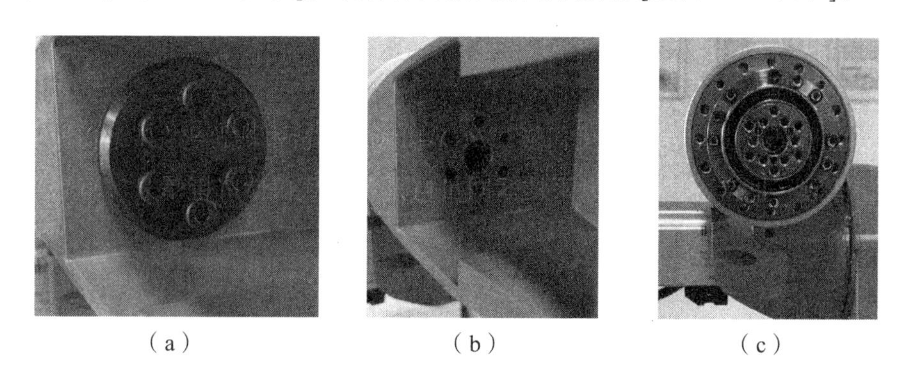

（a）　（b）　（c）

（d）

（e）

图 2–21　拆卸四轴

4）拆卸三轴

首先拆除三轴伺服电机[见图 2-22（a）]，其次拆除三轴中间转座[见图 2-22（b）]，然后拆除三轴电机连接法兰，最后拆除三轴谐波减速机[见图 2-22（c）]。

（a）

（b）

（c）

图 2–22　拆卸三轴

5）拆卸二轴

首先拆除二轴大臂[见图 2-23（a）]，其次拆除二轴谐波减速机[见图 2-23（b）]，再次拆除二轴电机连接轴及法兰，然后拆除二轴伺服电机，最后将二轴转座拆除[见图 2-23（c）]。

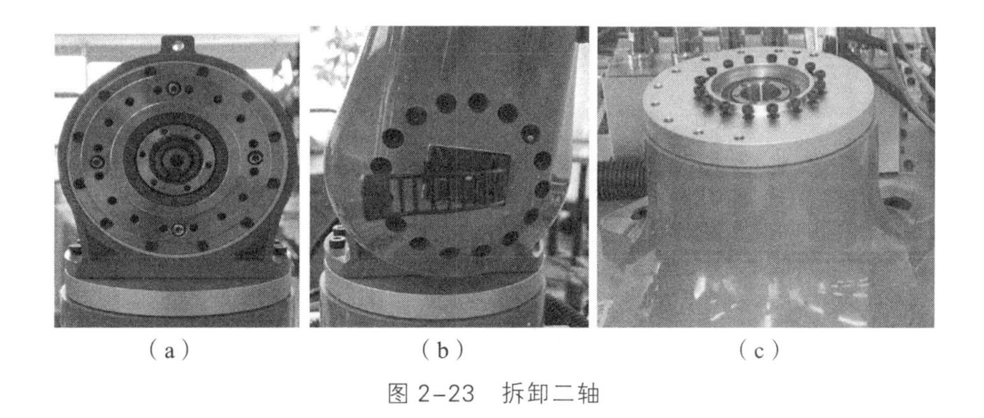

（a）　（b）　（c）

图 2-23　拆卸二轴

6）拆卸一轴

首先拆除一轴连接法兰[见图 2-24（a）、图 2-24（b）]，然后拆除底部伺服电机即可[见图 2-24（c）]。

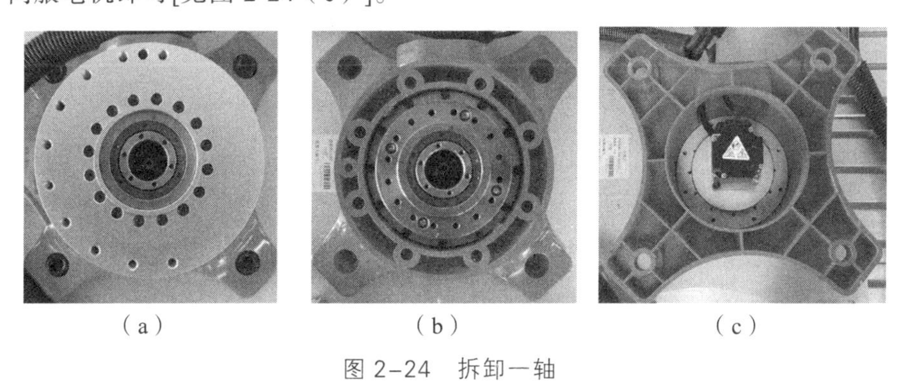

（a）　（b）　（c）

图 2-24　拆卸一轴

2.3　桌面六轴机器人电气系统接线

（1）将机器人的电机电源线航空插头及编码器线航空插头分别与控制箱连接：将较大的航空插头对准控制箱上的较大航空插座，将较小的航空插头对准控制箱上的较小航空插座，电源线航空插头锁紧方式为上下锁紧，编码器航空插头锁紧方式为右侧锁紧，如图 2-25 所示。

（2）将气动系统与控制箱连接：控制箱端+24 V 与电磁阀正极（红色线）连接，控制箱端 Y014 接口与吸盘电磁阀负极（黑色线）端连接，控制箱端 Y015 接口与夹爪电磁阀负极（黑色线）端连接，如图 2-26 所示。

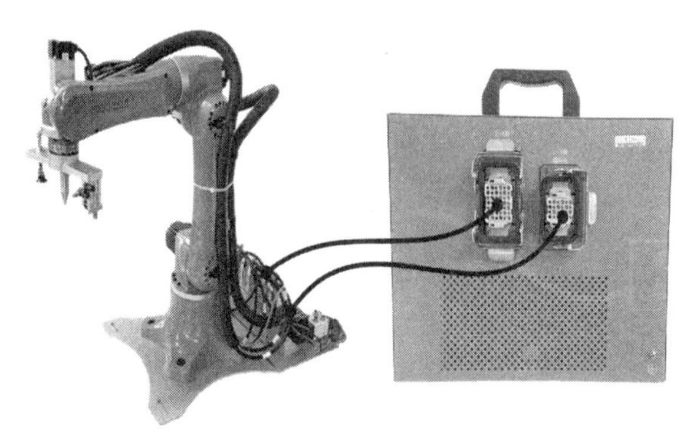

图 2-25　机器人与控制箱电气接线

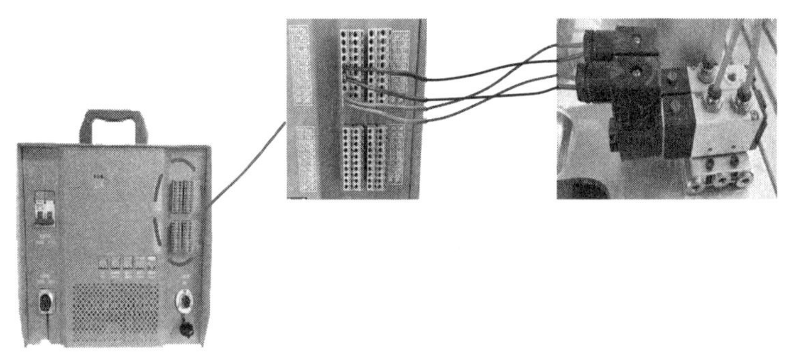

图 2-26　气动系统与控制箱接线

（3）示教器与控制箱接线：将示教器的航空插头插入控制箱上的示教器接口，如图 2-27 所示。

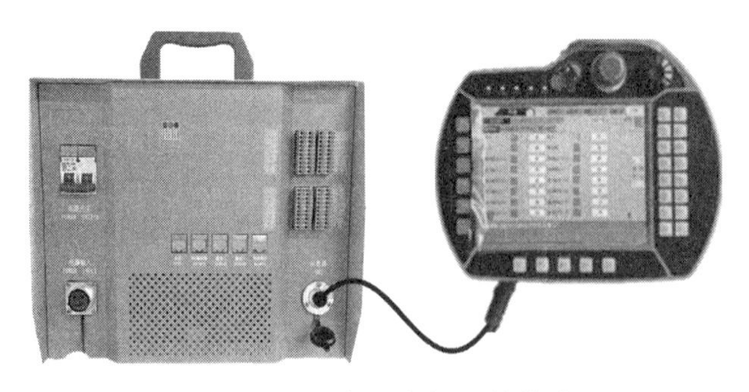

图 2-27　示教器与控制箱接线

（4）机器人控制箱与 ROS 控制器连接：将 ROS 控制器连上网线后，接入控制箱面板上的“网络通信 Network”接口，如图 2-28 所示。

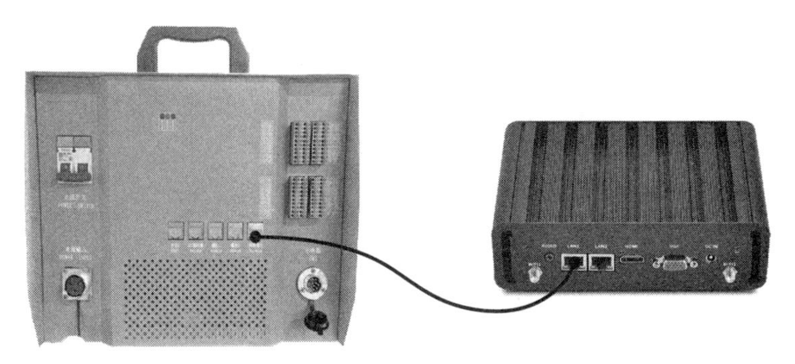

图 2-28　控制箱与 ROS 控制器接线

（5）电源插头与控制箱连接：将电源线的航空插头接入控制箱电源接头，另一端再连接电源插座，如图 2-29 所示。

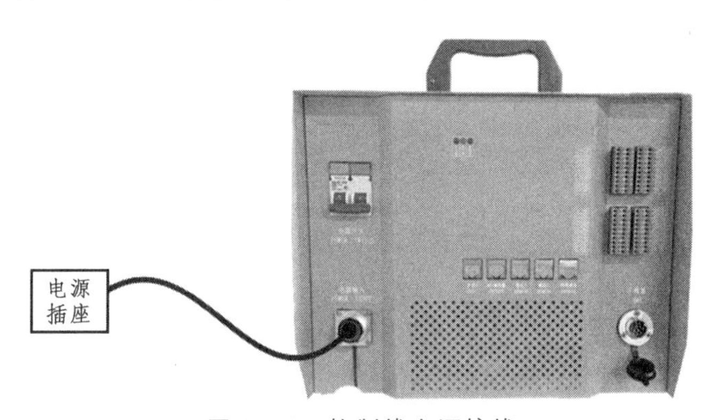

图 2-29　控制线电源接线

2.4　桌面六轴机器人示教器介绍

2.4.1　示教器功能说明

示教器用来手动操纵机器人以及控制机器人的运行，其外形如图 2-30 所示。示教器可满足用户手动单独调节每个轴的运动，也可根据编写的程序自动运行，其主要按钮及旋钮功能如表 2-7 所示。

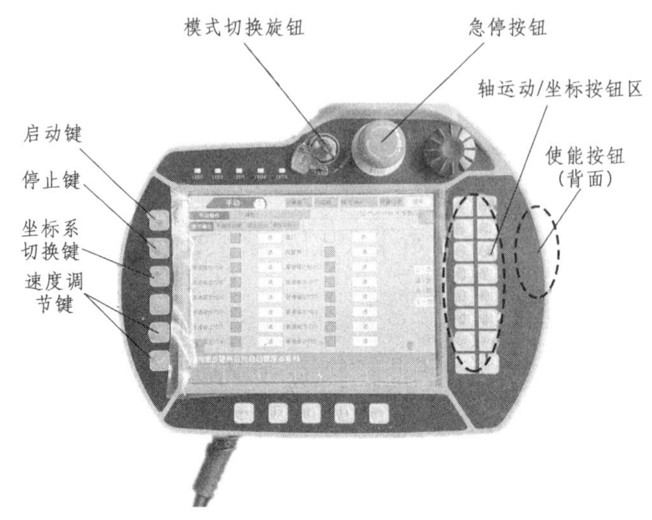

图 2-30　示教器及其按钮功能说明

表 2-7　示教器按钮及旋钮功能说明

外　观	名　称	功　能
	模式切换旋钮	模式切换开关，能选择自动、停止、手动 3 种模式
	紧急停止按钮	按下此按钮，机器将紧急停止； 若要取消紧急停止，则将按钮顺时针旋转（按钮回归原位）
	轴运动/ 坐标按钮区	用于控制机器人轴运动及线性运动
	速度调节键	调节移动机器人的移动速度

续表

外　观	名　称	功　能
	坐标系切换键	在示教中进行机器的联动和单动切换
	启动键	加工中用于启动和暂停当前文件
	停止键	停止加工中的机器人运动及报警恢复（连按两次）

2.4.2　示教器主界面及内容说明

1. 主界面说明

示教器主界面及其说明如图 2-31 所示。

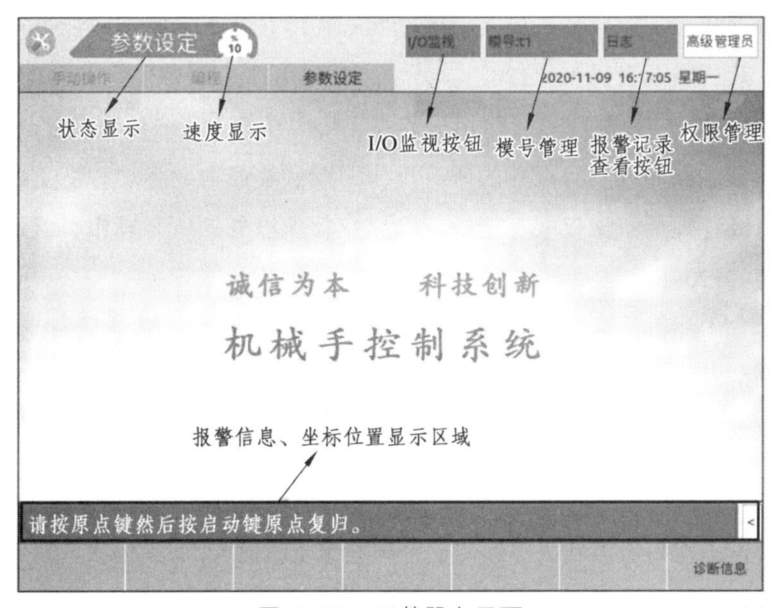

图 2-31　示教器主界面

注意：世界坐标和关节坐标之间可以进行相互切换以供查看，点击示教器屏幕右下角的 W/J 即可切换，W 为切换至世界坐标显示，J 为切换至关节坐标显示。

2. 权限管理

权限登录：点击“登录”进入登录界面，首先选择用户类型，其次输入密码，最后点击“登入”。如需要退出到最低权限直接点击“登出”，如图 2-32 所示。

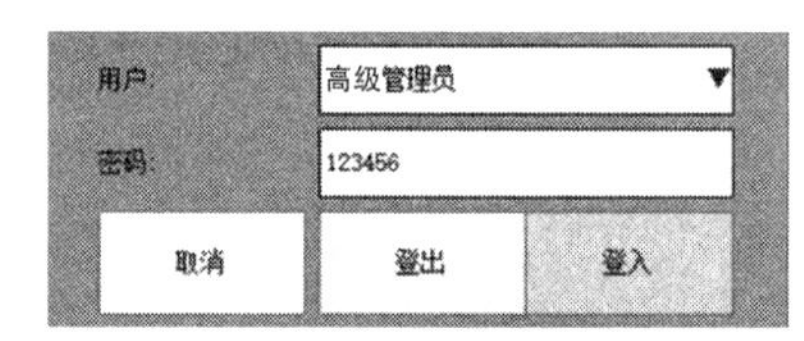

图 2-32　登录界面

注意：对系统进行设置前请先登录，因为不同用户名的管理权限是不同的。

操作员：该权限在手动状态下只能移动轴，不能进入教导页面进行操作；自动状态下能启动机械手、调速度；在停止或手动状态下能进行原点复归。默认登录密码为“123”。

管理员：该权限能进行除用户管理、结构参数、系统参数、原点修正、伺服参数、保养设置等以外的所有操作，默认登录密码为“123”。

高级管理员：该权限下能进行除用户管理以外的所有操作，默认登录密码为“123456”。

厂家技术员：该权限下用户可进行所有操作，默认登录密码为“12345678”。

权限大小：操作员<管理员<超级管理员<厂家技术员。

3. I/O 监视

单击一次可查看输入、输出、中间变量 EU 输入、EU 输出、伺服监视状态和内存数据，焊接工艺使用时还可以监视焊接数据。单击第二次页面缩回。监视界面如图 2-33 所示。

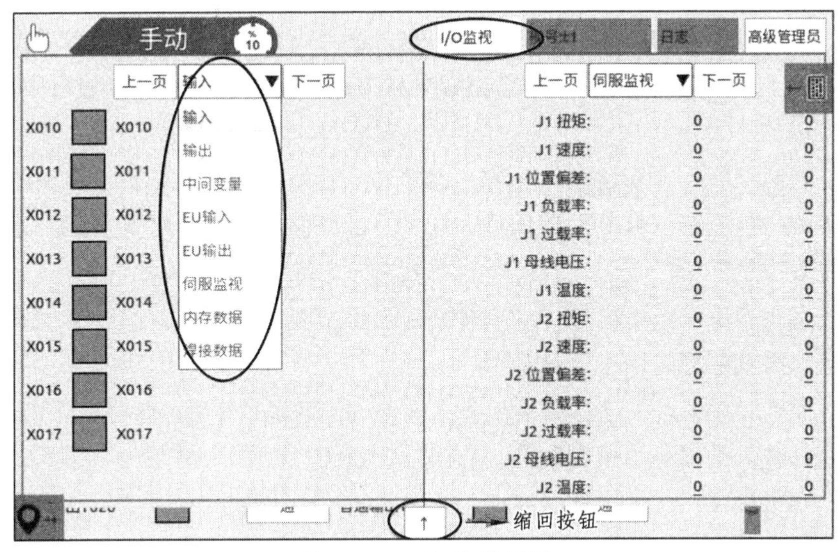

图 2-33 I/O 监视界面

4. 模号

点击“模号”，进入模号管理页面（见图 2-34），可对其进行“新建”“载入”“复制”“删除”等操作，具体操作方法如下：

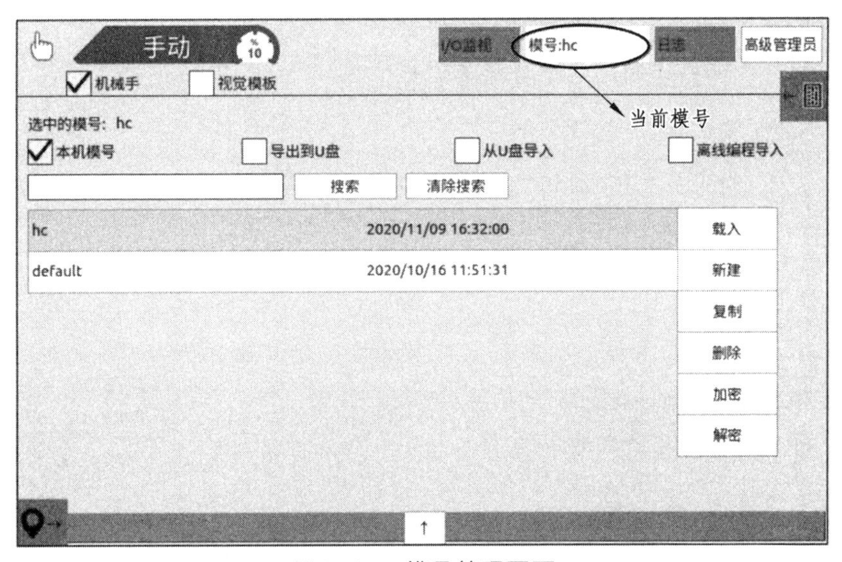

图 2-34 模号管理页面

新建程序：在新建文件名文本框输入所要新建的模号名称，然后再点击“新建”按钮，即可新建一个空白的模号程序，模号名称可以输入中文、英文或数字。

复制程序：在新建模号名称文本框输入新的名称后，点击已存储的模号名称，再点击“复制”按钮后，即可将已存储的模号程序复制到新建的模号程序里。

载入程序：点击已存储的模号，再点击“载入”按钮，即可载入选中模号，自动运行时即运行该程序。

删除程序：点击已存储的模号，再点击“删除”按钮，即可删除模号，当前已载入的模号不可以删除。

导出程序：点击已存储的模号，再点击“导出到U盘”按钮，即可将选中模号导出。（注意：导出的模号压缩包以时间命名，并存储在U盘中，例如压缩包名为HCBackupRobot_20230329183021.zip）

导入程序：插U盘到手控器的USB端口，点击“从U盘导入”按钮，选择要导入的模号，点击“打开”按钮，再点“载入”即可将模号导入。

搜索：在编辑框输入模号名称，再点击“搜索”按钮，即可搜索到已存在的模号。

清除搜索：点击一次清除搜索记录。

5. 报警记录

点击“报警记录”按钮，可查看报警记录以及操作记录。报警记录页面如图2-35所示。

注：上下拖动可查看更多内容。

6. 操作记录页面

操作记录页面如图2-36所示。

注意：上下拖动可查看更多内容。

7. 按键记录页面

按键记录页面如图2-37所示。

手动　I/O监视　模号:hc　日志　高级管理员

报警记录　操作记录　按键记录

报警号	级别	描述	触发时间	结束时间
9	0	连接主机失败!	2020/11/09 15:52:01	
9	0	连接主机失败!	2020/11/09 15:28:36	
9	0	连接主机失败!	2020/11/09 11:57:56	
9	0	连接主机失败!	2020/11/09 10:57:30	
9	0	连接主机失败!	2020/11/09 10:20:15	
9	0	连接主机失败!	2020/11/09 08:36:04	
9	0	连接主机失败!	2020/11/06 18:23:12	
9	0	连接主机失败!	2020/11/06 18:21:30	
9	0	连接主机失败!	2020/11/06 17:59:59	
9	0	连接主机失败!	2020/11/06 17:55:31	
9	0	连接主机失败!	2020/11/06 17:43:54	

缩回按钮

请按原点键然后按启动键原点复归。

动作菜单　插入　删除　上移　下移　整理编号　保存

图 2-35　报警记录页面

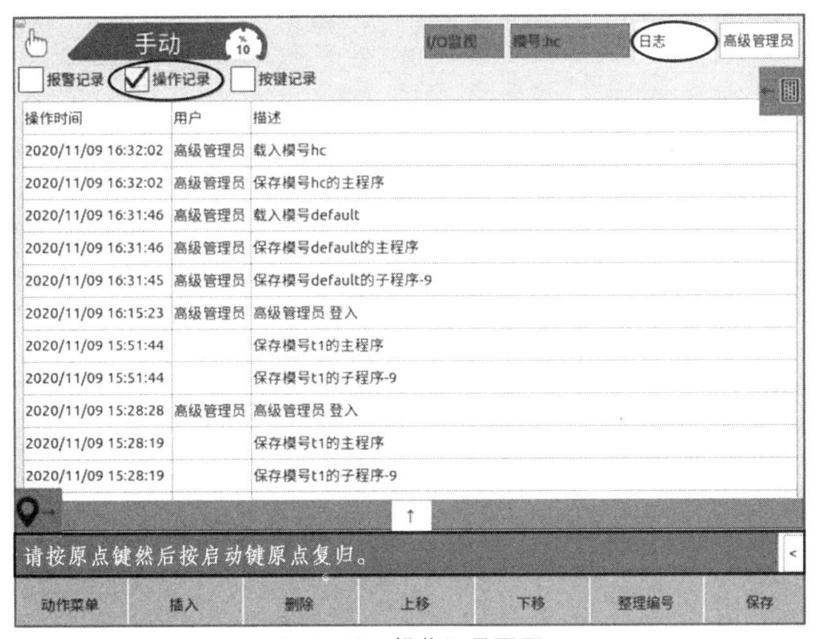

图 2-36　操作记录页面

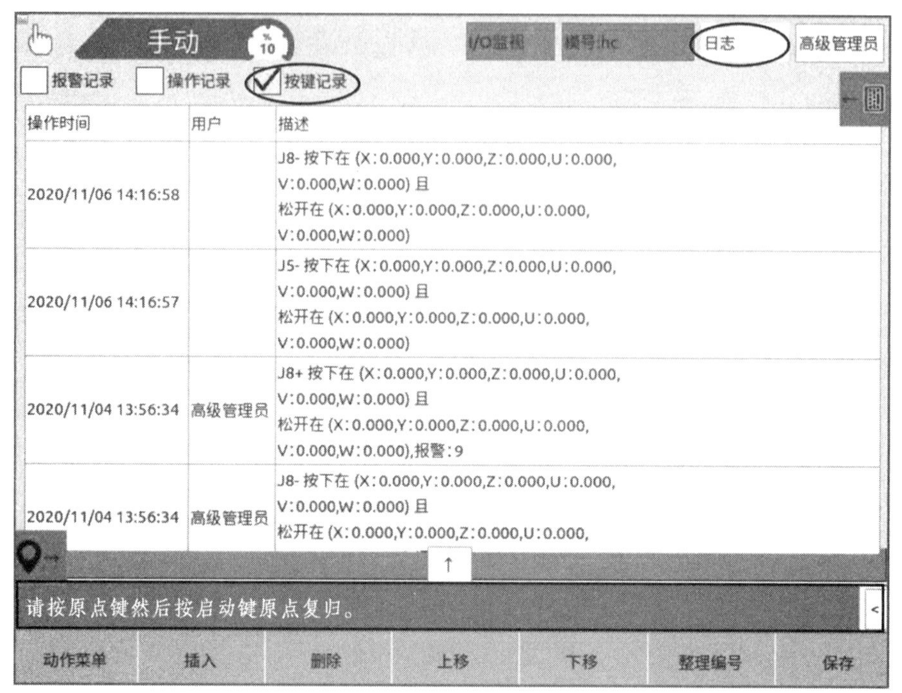

图 2–37　按键记录页面

注意：上下拖动可查看更多内容。

2.4.3　机器人的测试

通常在进行示教编程前，需要测试机器人是否能够正常工作。测试步骤如下：

1. 关节运动调试

（1）打开控制箱上的电源开关。

（2）将示教器模式旋钮旋转为“MANUAL”手动模式，如图 2-38 所示。

（3）按下示教器右侧的使能按钮，同时按下示教器右侧的轴调节按键，手动调试各关节；分别按下 J1 ~ J6，测试各轴是否能够正常运动，如图 2-39 所示。

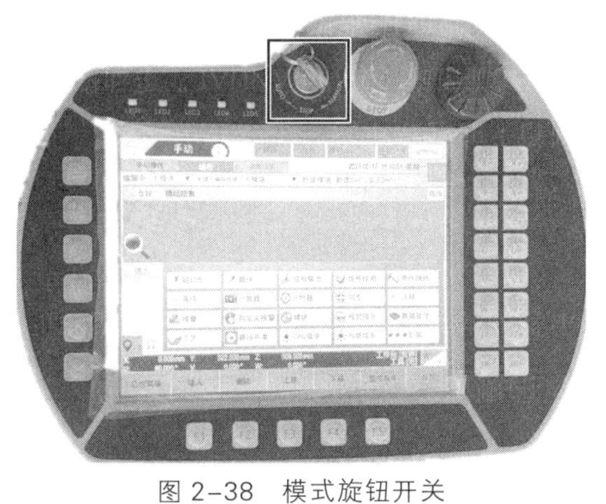

图 2-38　模式旋钮开关

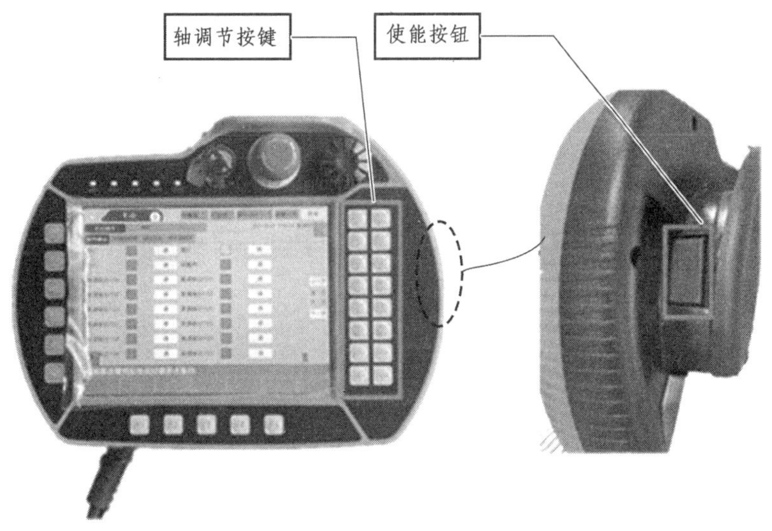

图 2-39　示教器使能按钮

2. 气动系统调试

在手动模式下，点击“手动操作”→“信号输出”，进入信号输出界面。点击“普通输出 Y014”后的“通”，接通 Y014 信号，开启连接吸盘的电磁阀，即可开启吸盘，如需关闭，点击“断”，如图 2-40（a）所示。同理，点击“普通输出 Y015”后的“通”，接通 Y015 信号，开启连接夹爪的电磁阀，即可夹紧夹爪，如需松开，点击“断”，如图 2-40 所示。

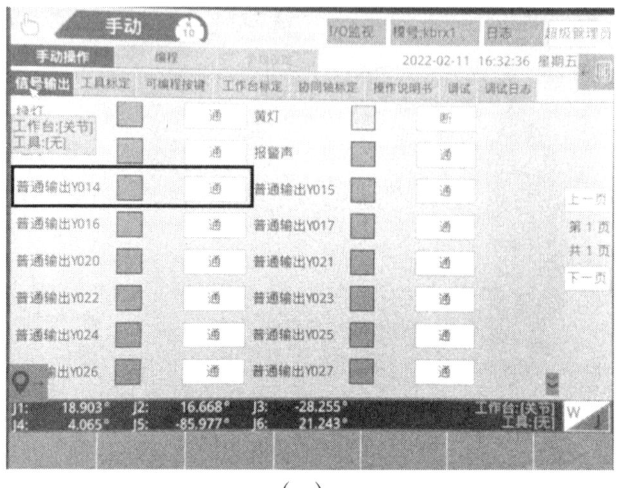

（a）

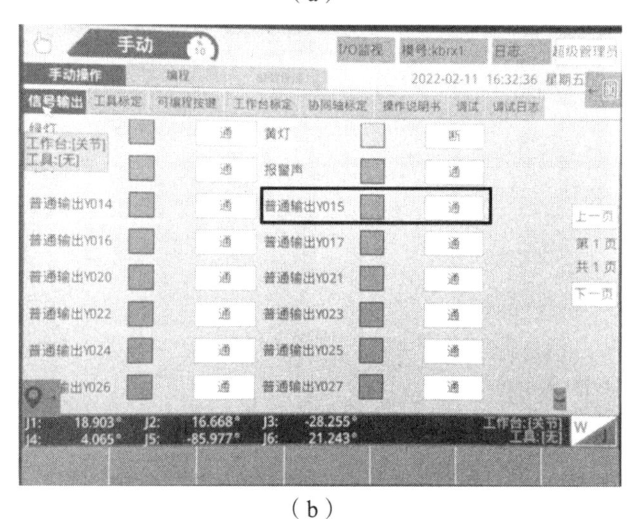

（b）

图 2-40　气动系统调试

2.4.4　机器人示教编程

1. 编程步骤

1）登录

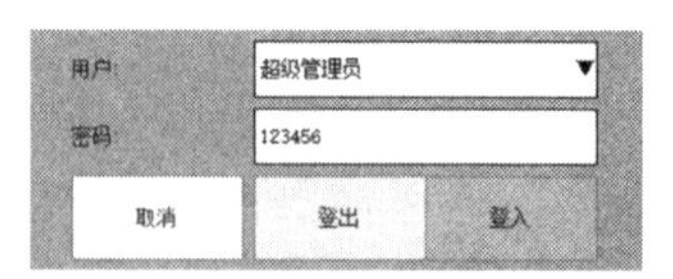

图 2-41　登录

点击示教器右上角“登录”按钮，选择用户为“高级管理员”，输入密码“123456”再点击“登入”即可登录，如图 2-41 所示。

2）编程

动作编程：登录后，在手动模式下点击“编程”栏，进入编程界面，如图 2-42 所示。

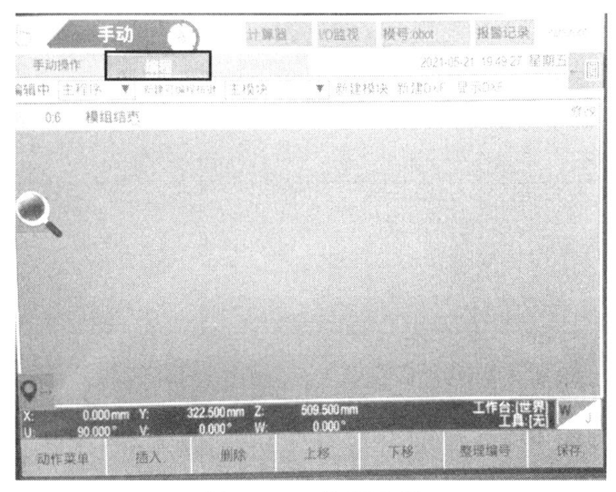

图 2–42　编程界面

（1）点击“动作菜单”→“路径”，进入动作示教界面，如图 2-43 所示。

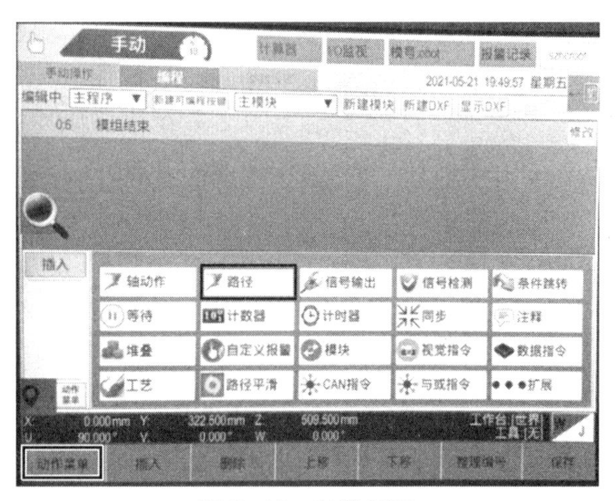

图 2–43　示教界面

（2）点击选择要插入程序语句的位置，再点击“设为终点”，最后点击

“插入”，即可采集第一点（关节运动）也是原点坐标，如图 2-44 和图 2-45 所示。

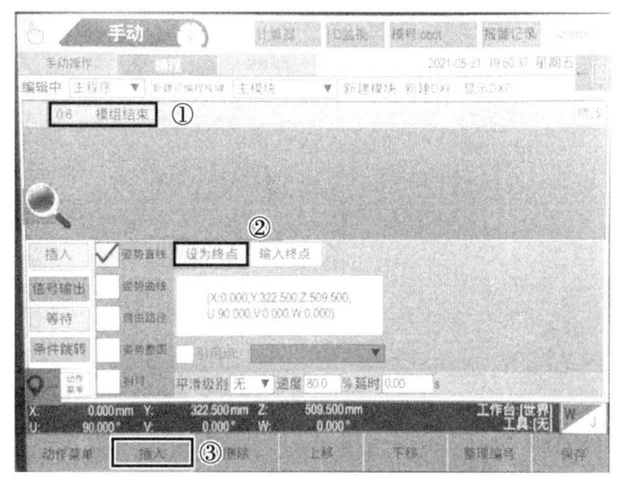

图 2-44　点位示教

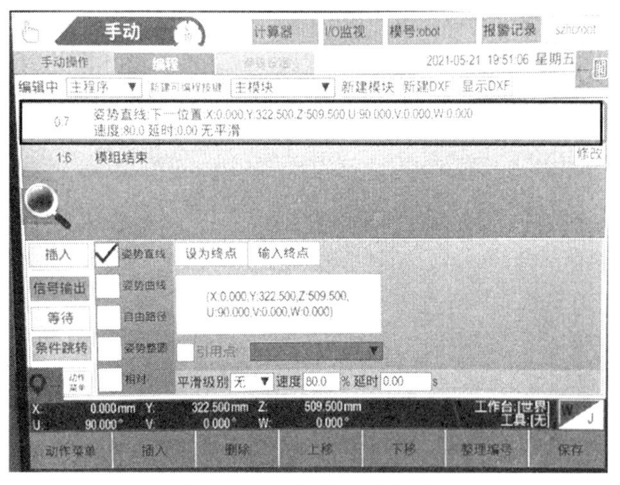

图 2-45　点位示教完成

（3）根据需求，手动控制机器人到达目标位置后，点击“设为终点”，再点击“插入”即可添加点位，程序添加完成后，点击“保存”即可保存程序，如图 2-46 所示。

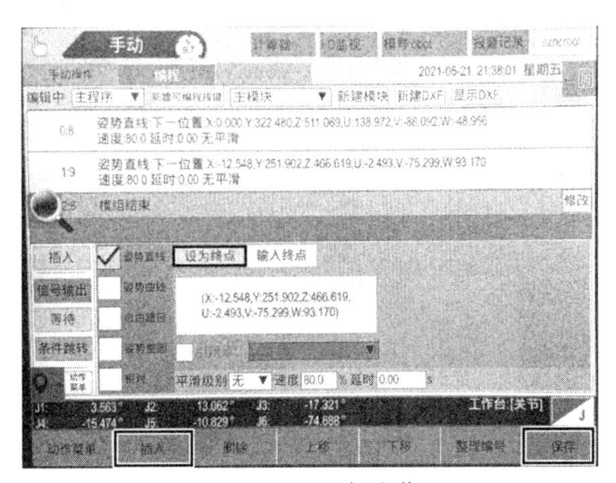

图 2-46　添加点位

2. I/O 输出编程

需要使用吸盘进行物体吸附时，则应加入 I/O 输出编程。

（1）点击“动作菜单”→“信号输出”，进入 I/O 输出信号界面，如图 2-47 所示。

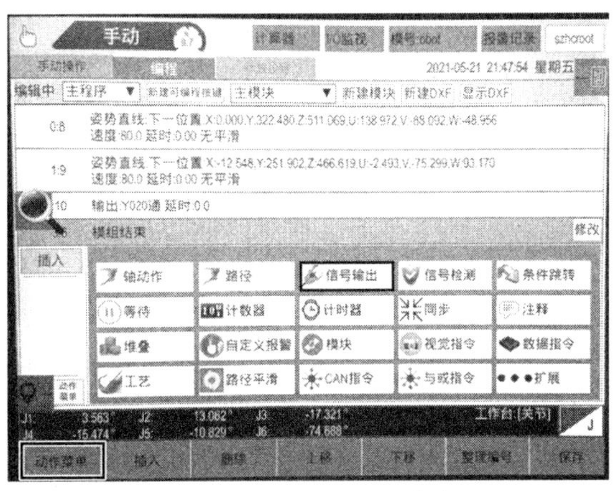

图 2-47　选择信号输出

（2）下拉输出信号，找到“Y014-普通输出 Y014”，勾选信号前面方框，点击“普通输出 Y014”变绿，再勾选“通”，点击“插入”，即可添加输出信号打开，如图 2-48 所示。

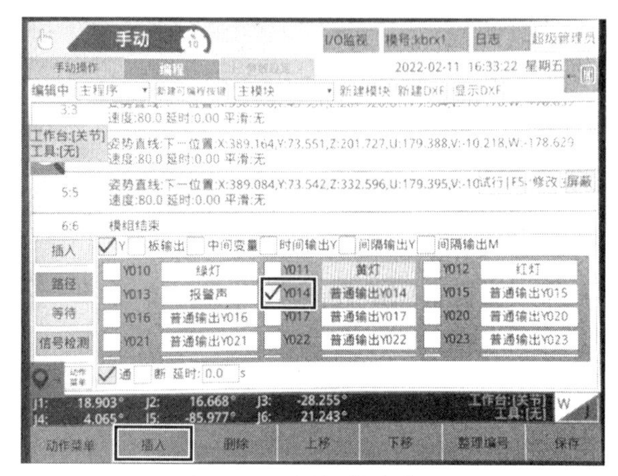

图 2-48　添加输出信号

（3）下拉输出信号，找到“Y014-普通输出 Y014”，勾选信号前面方框，再勾选“断”，点击“插入”，即可添加输出信号关闭。

（4）程序完成后，点击“保存”按钮，保存程序。

3. 自动运行程序

旋转“模式转换开关”到“AUTO”自动模式，勾选“跟随”，点击示教器左侧的“启动”按钮，启动程序，如图 2-49 所示。若需要停止，则连续两次按下“停止”键。

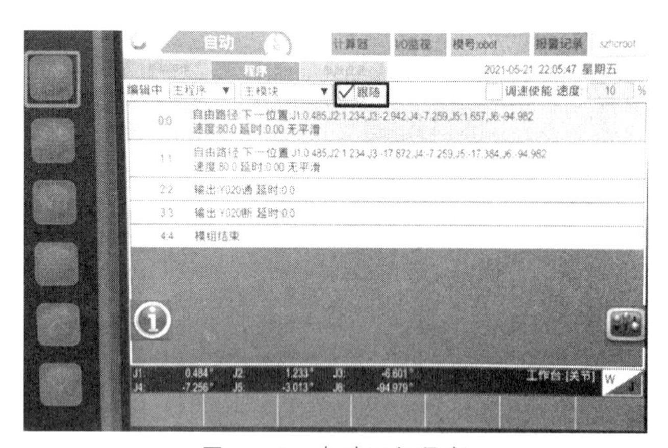

图 2-49　自动运行程序

4. 示教器系统下的注意事项

（1）若在示教过程中操作错误，示教器出现报警，可在确定修改错误操作后，点击示教器左侧的“停止”按钮，清除错误，如图 2-50 所示。

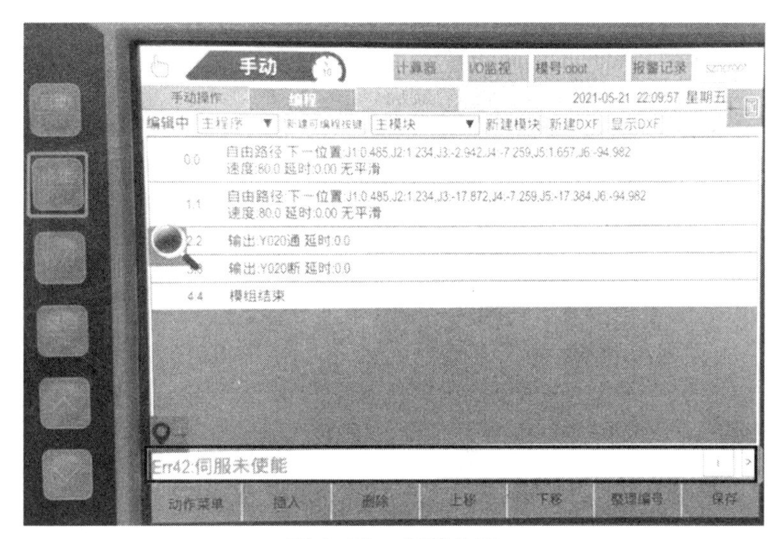

图 2–50　报警处理

（2）控制机器人运动过程中要确保旁边没有障碍物与人。

（3）当机器人以自动模式运动的时候要一直注意着其运动趋势，当出现过限位，未按预期轨迹运动，倾翻等不可控的情况应立即按下示教器上的急停按键或 ROS 仿真控制系统的“STOP”按钮。

2.5　末端执行器以及操作实验台

2.5.1　末端执行器的拆装

末端执行器是指安装在机器人末端并用来执行特定工作任务的工具。如图 2-51 所示，机器人配置的末端执行器有吸盘工具、轨迹笔工具和夹爪工具。各工具用途如下：

夹爪工具：可抓取装配应用模块中的装配圆柱，进行装配操作。

吸盘工具：可吸取码垛应用模块中的正方形物料，进行码垛操作。

轨迹笔工具：可将轨迹笔尖靠近轨迹示教模块，进行各种轨迹的示教编程。

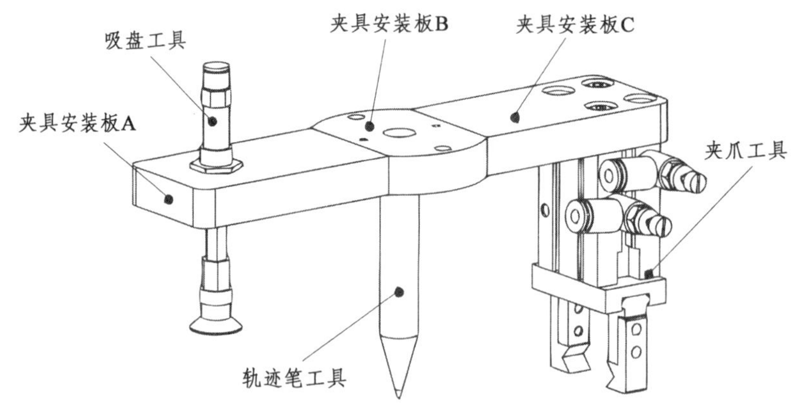

图 2-51　机器人末端执行器示意图

机器人默认安装了三种工具，当使用其中一种工具时，需要先拆除另外两种工具。如在使用轨迹笔时，需要拆除吸盘工具和夹爪工具。步骤如下：

1. 拆除吸盘工具

将末端工具吸盘安装板上的固定螺栓拆除，如图 2-52 所示。

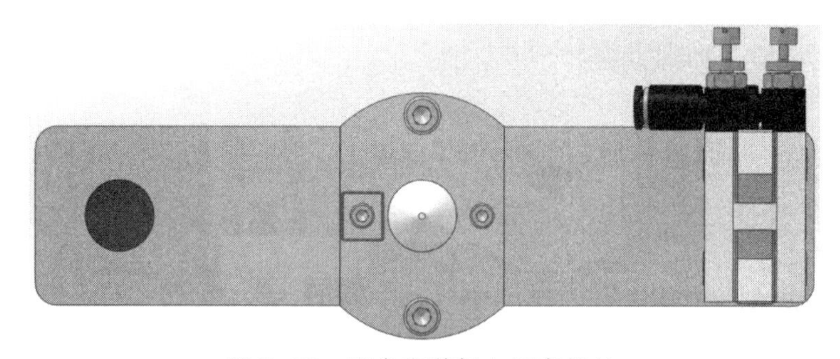

图 2-52　吸盘安装板上固定螺丝

2. 拆除夹爪工具

将末端工具夹爪安装板上的固定螺栓拆除，如图 2-53 所示。

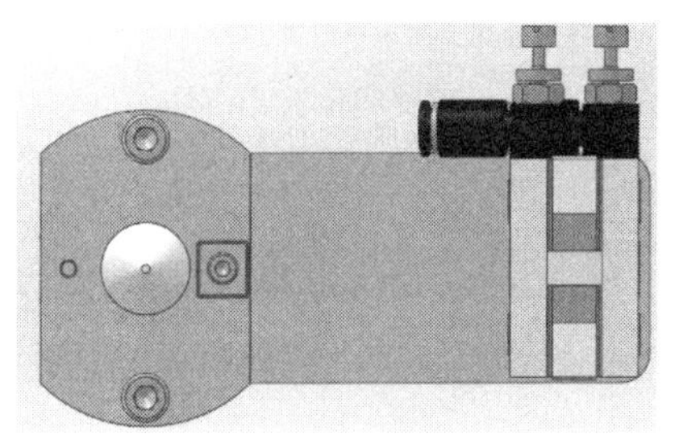

图 2-53　夹爪安装板上固定螺丝

拆卸两种夹具后，即可开始使用剩余的轨迹笔工具。同理，当需要使用其他的工具时，需要拆掉另外两种工具才能使用。

2.5.2　实验操作台安装

在使用机器人进行不同工艺的应用时，需要使用不同的应用模块，下面介绍如何安装各个应用模块。

1. 模块底座的安装

机器人的应用模块主要由模块底座及可更换的顶部工艺板组成。在更换各种工艺模块时，只需更换顶部的工艺板即可，模块底座无须更换。底座模块的安装步骤如下：

1）连接模块底板与型材

材料：M6×16 螺钉 4 个、30×30 型材 4 个、模块底座板 1 个，如图 2-54 所示。

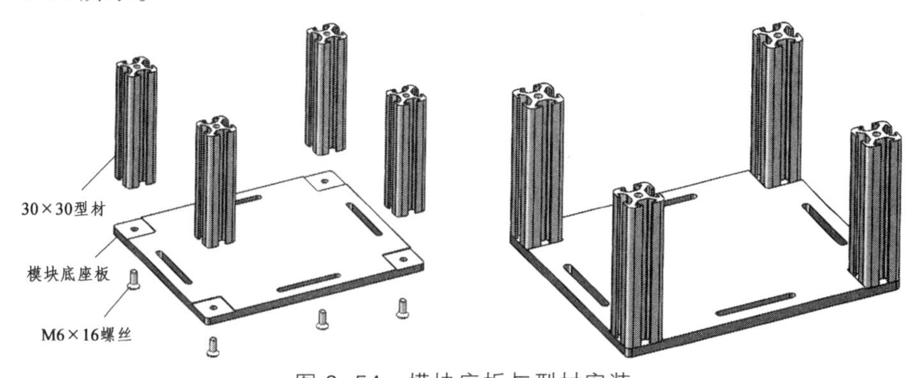

图 2-54　模块底板与型材安装

2）安装模块顶板

材料：M6×16 螺钉 4 个、应用模块顶板 1 块，如图 2-55 所示。

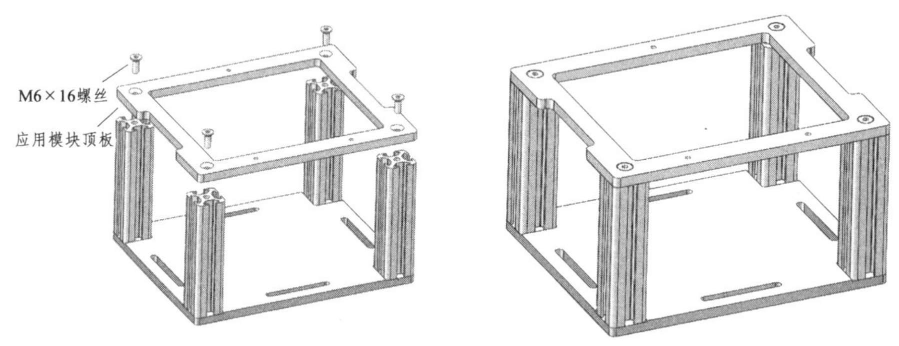

图 2-55　模块顶板安装

3）安装模块顶板定位销

材料：M4×12 螺钉 3 个、定位销 3 个，如图 2-56 所示。

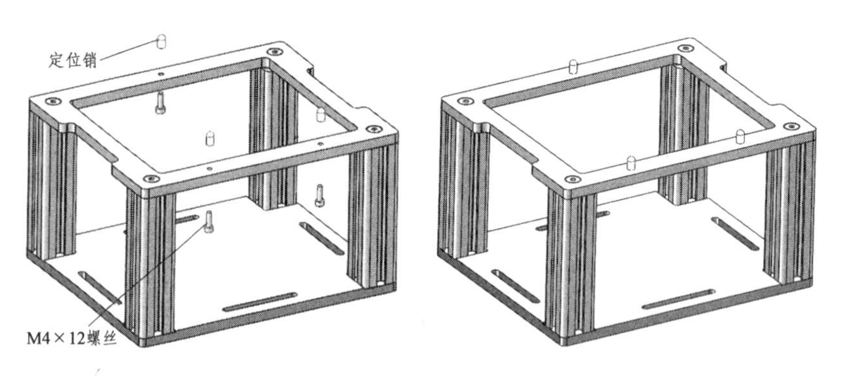

图 2-56　模块顶板定位销安装

至此，模块底座安装完成。

2. 模块顶板的安装及零件放置

在使用不同的工艺时，只需更换顶部的工艺板，然后将工艺相关的零部件摆放至指定位置即可，其工艺模块如图 2-57 所示。

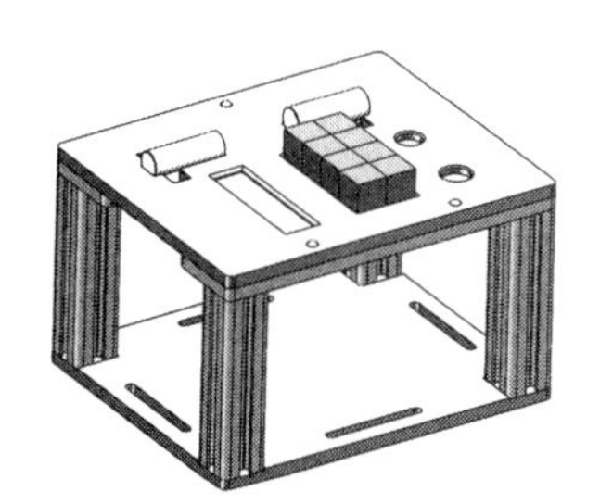
（a）码垛装配模块 1

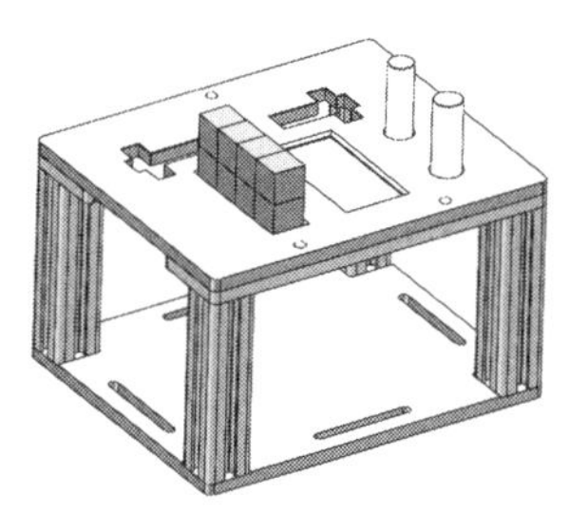
（b）码垛装配模块 2

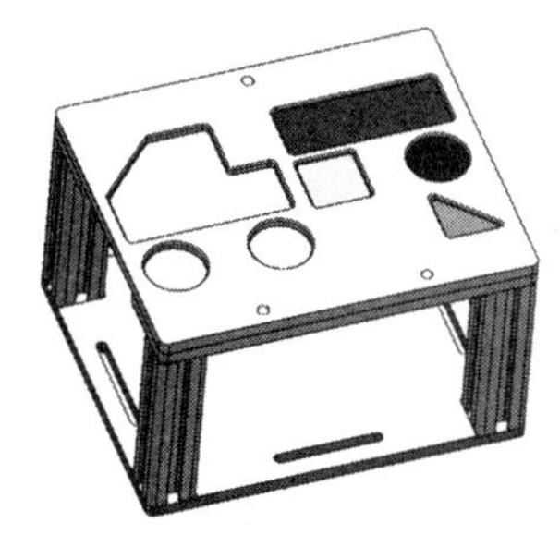
（c）七巧板模块 1

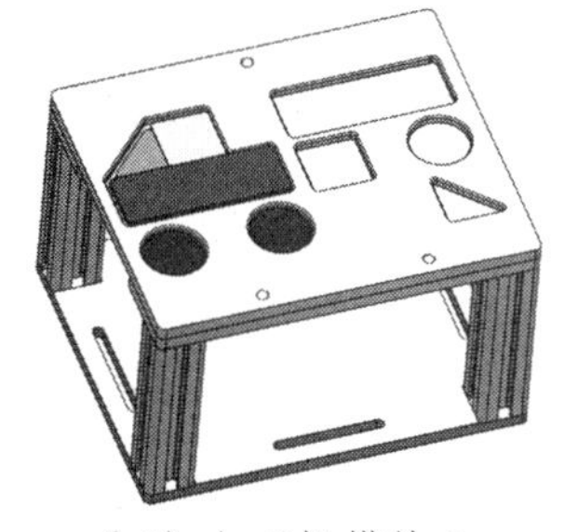
（d）七巧板模块 2

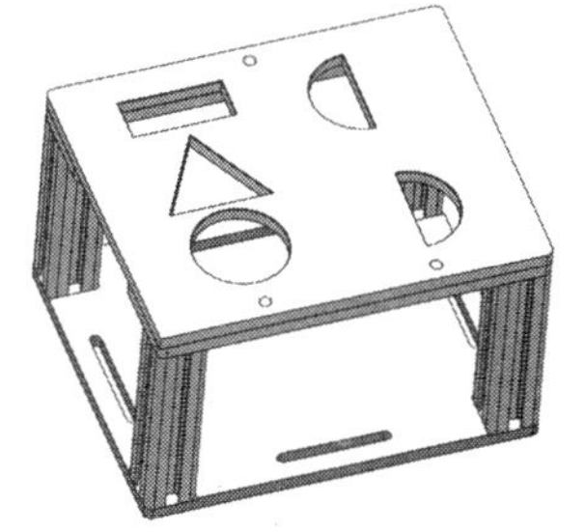
（e）轨迹模块

图 2-57　模块使用

第3章

机器人操作系统（ROS）基本知识

3.1 ROS 的安装

3.1.1 安装 Ubantu（包括虚拟机的安装过程）

（1）下载虚拟机 VMware，并根据提示安装到计算机，如提示需要重启计算机，点击“是”，重启计算机后继续安装，如图 3-1 所示。虚拟机请到 Vmware 官网下载。

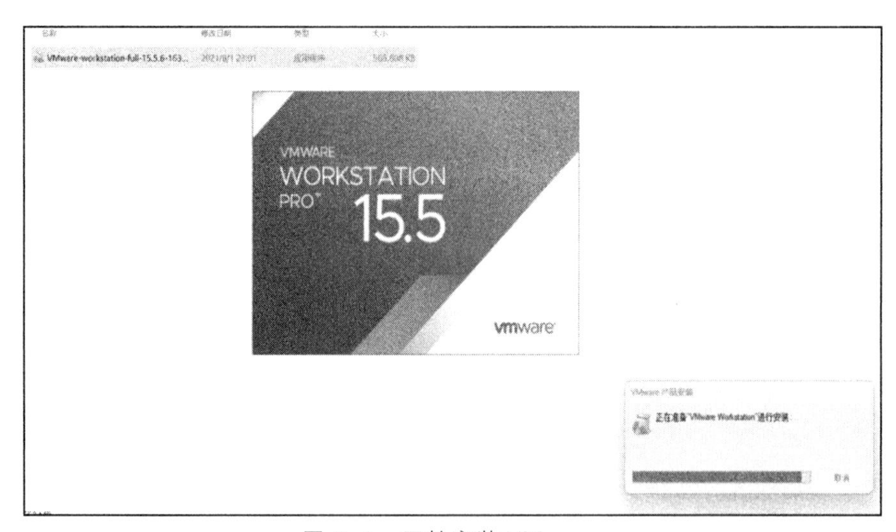

图 3–1　开始安装 VMware

（2）点击“下一步”继续安装，如图 3-2 所示。

（3）勾选“我接受许可协议中的条款”后点击“下一步”，如图 3-3 所示。

（4）点击“更改”可选择要安装的目录路径，如图 3-4 所示安装到 F 盘 VMware 文件夹下。

图 3–2　VMware 安装向导

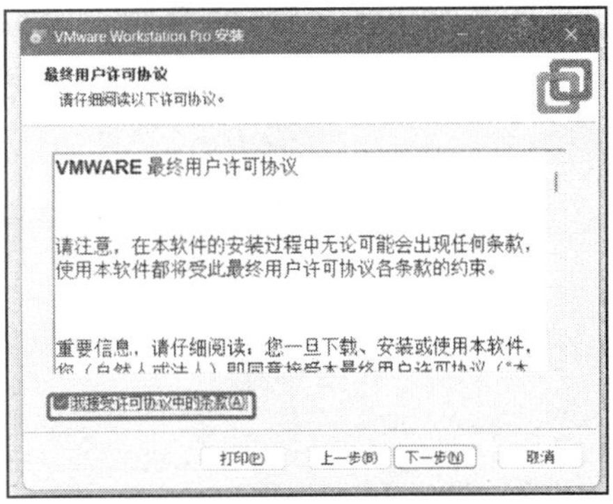

图 3–3　VMware 安装用户许可

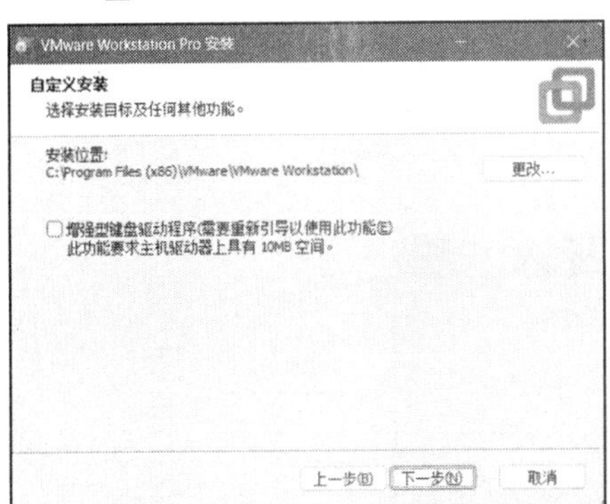

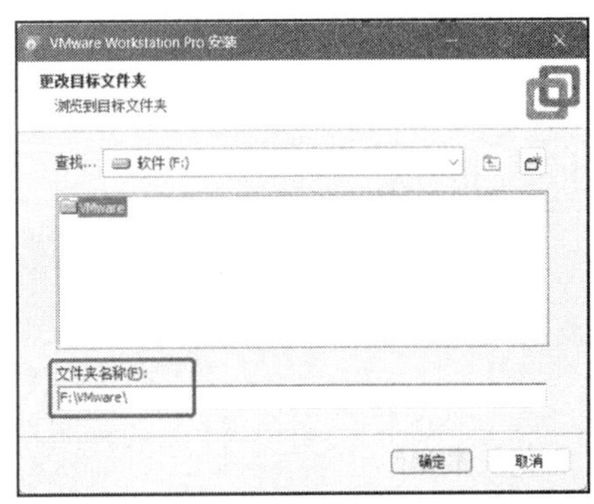

图 3–4　安装路径修改

（5）不勾选“启动时检查产品更新”和“加入 VMware 客户体验提升计划”，点击“下一步”，软件开始安装，等待安装完成后点击“完成”即可，如图 3-5 和图 3-6 所示。

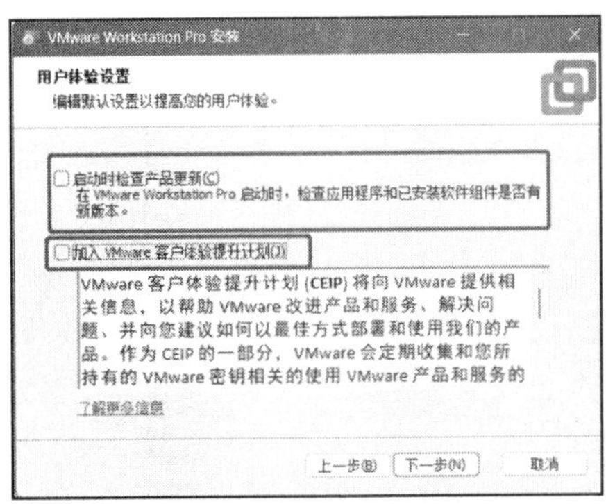

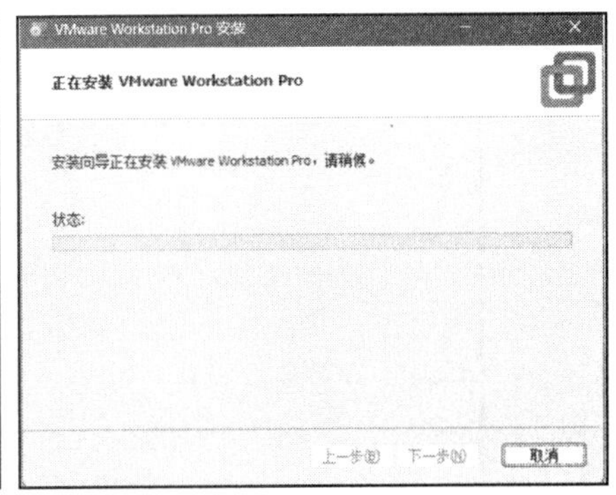

图 3–5　安装选项

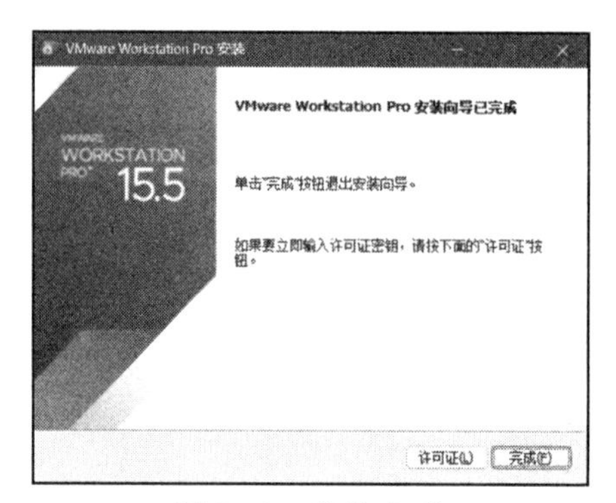

图 3-6　安装完成

（6）在桌面上双击启动 VMware，输入购买的激活密钥后点击“继续”即可完成激活并进入 VMware 初始界面，如图 3-7 和图 3-8 所示。也可以使用试用版本。

图 3-7　软件激活

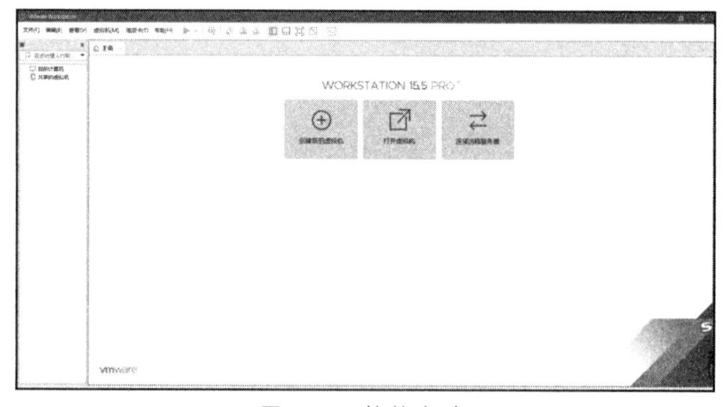

图 3-8　软件启动

（7）点击显示窗口的“创建新的虚拟机”，在“新建虚拟机向导”对话框中选择“自定义（高级）”，如图 3-9 所示。

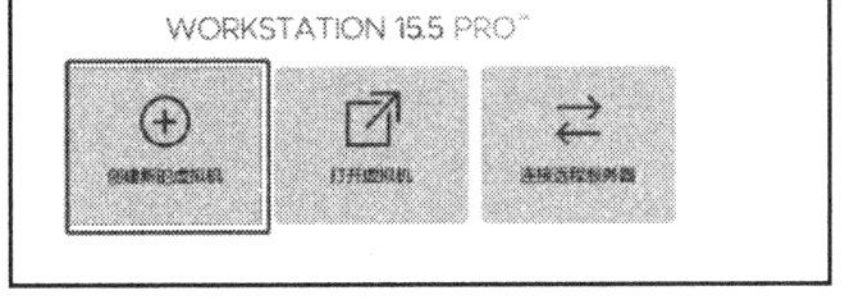

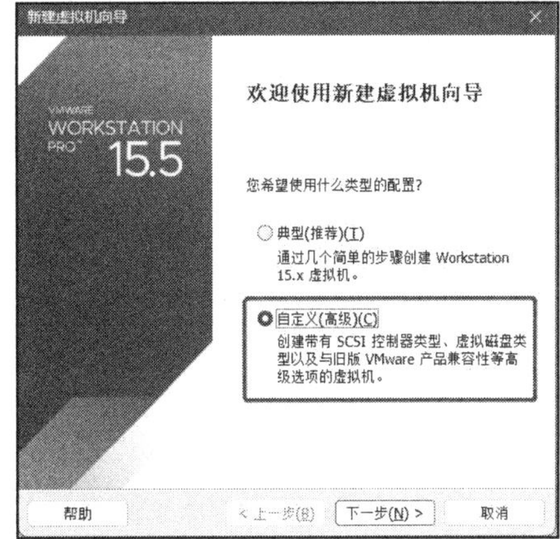

图 3–9　创建虚拟机

（8）在硬件属性栏中保持默认参数，点击“下一步”，如图 3-10 所示。

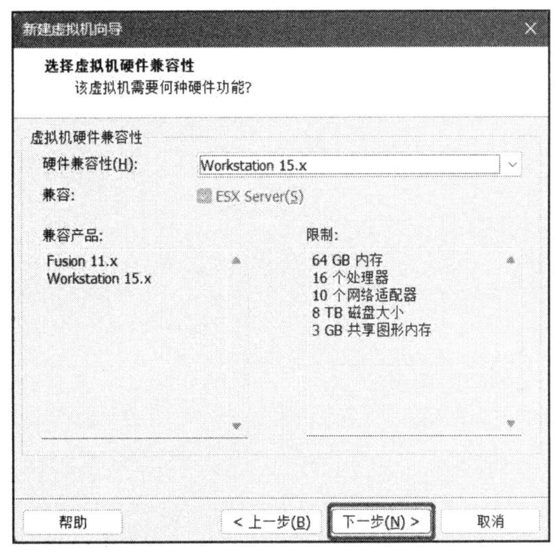

图 3–10　虚拟机兼容性设置

（9）选择“稍后安装操作系统”，然后继续点击“下一步”，如图 3-11 所示。

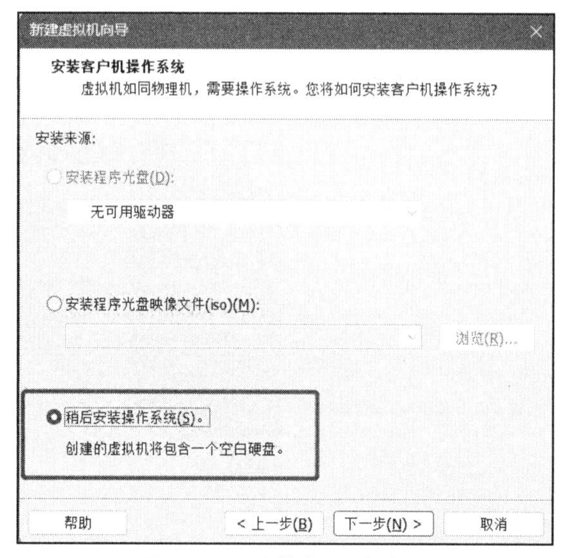

图 3–11　虚拟机系统选项

（10）选择“Linux（L）”，继续点击“下一步”，如图 3-12 所示。

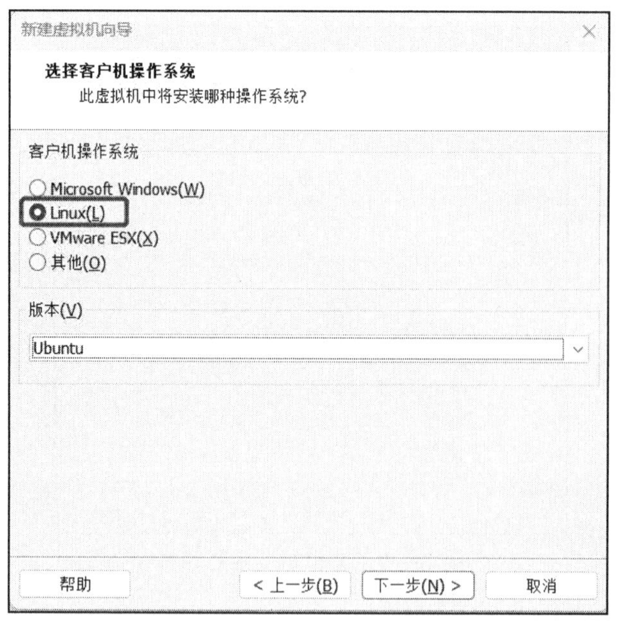

图 3–12　虚拟机操作系统选择

（11）用户自定义虚拟机名称，然后点击“浏览”，选择虚拟机系统安装路径，这里安装到 F 盘 ubuntu 文件夹下，设置完成后点击“下一步”继续，如图 3-13 所示。

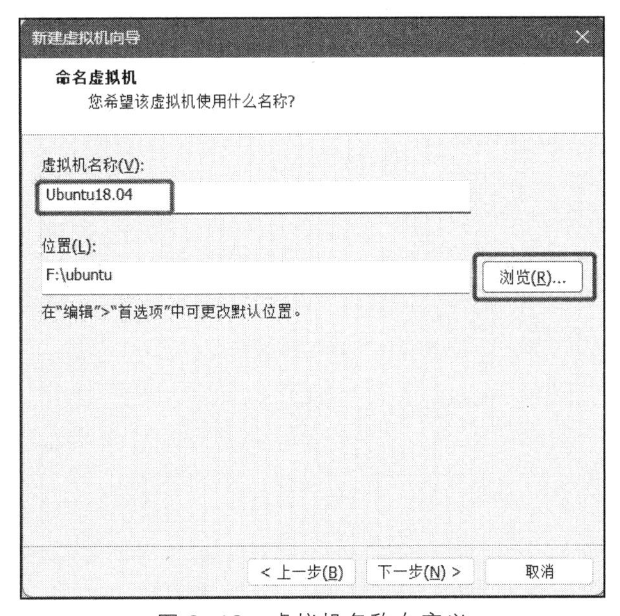

图 3-13　虚拟机名称自定义

（12）下面两步保持默认，点击“下一步”即可，如图 3-14 所示。

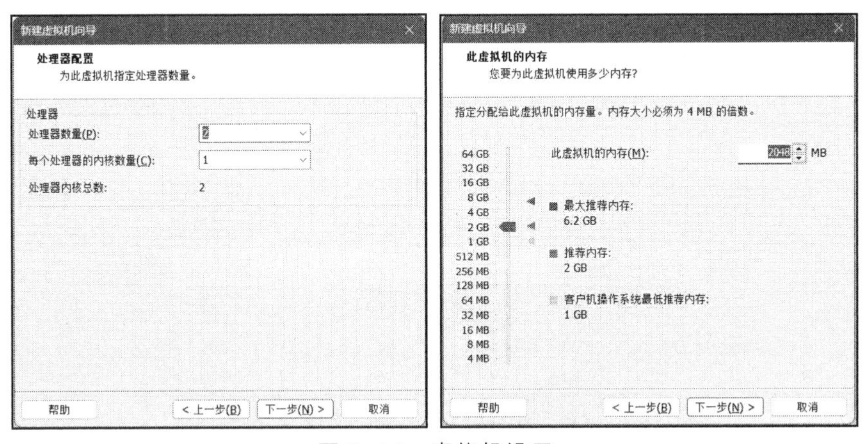

图 3-14　虚拟机设置

（13）根据用户需要选择网络类型选项，每种网络连接方式后有相关说明，选择后点击“下一步”继续（网络连接类型和一些配置安装完成后是可以修改的），如图 3-15 所示。

图 3-15　虚拟机网络类型设置

（14）随后两项保持默认，点击“下一步”即可，如图 3-16 所示。

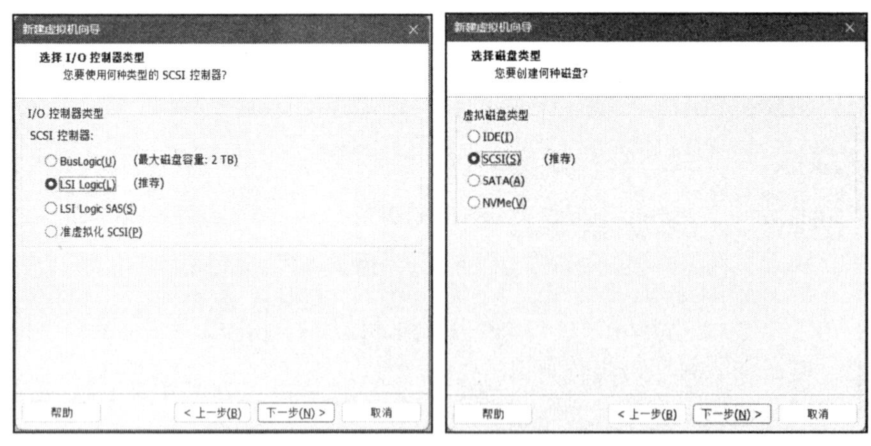

图 3-16　虚拟机 I/O 控制器和磁盘设置

（15）选择创建新的虚拟磁盘，然后指定磁盘容量，默认是 20 GB，应尽可能大一些，这里分配 50 GB，并设置将磁盘存储为单个文件，如图 3-17 所示。

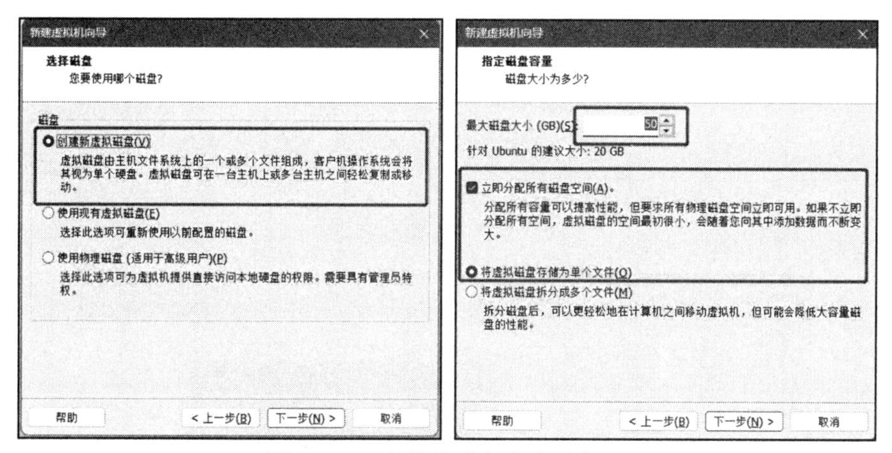

图 3-17　虚拟机磁盘和容量设置

（16）随后页面保持默认，点击“下一步”即可，如图 3-18 所示。

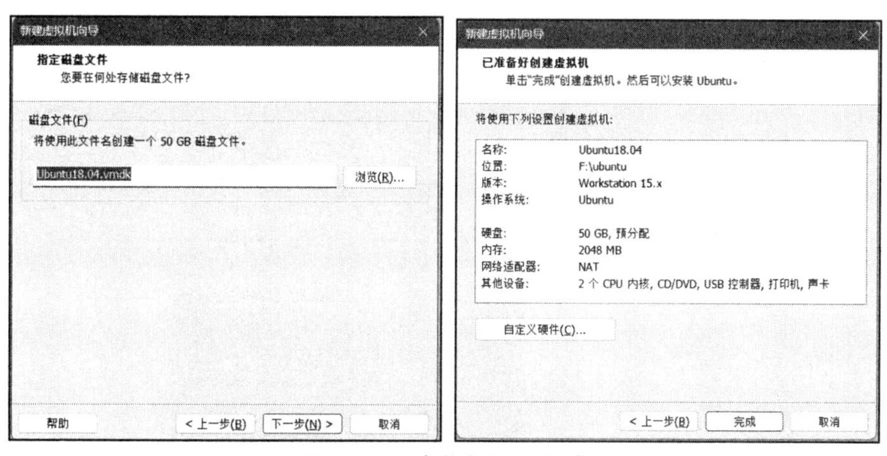

图 3-18　虚拟机设置完成

（17）点击“完成”，并开始创建新的虚拟机，如图 3-19 所示。创建完成后，VMware 多了一个自定义创建的 Ubuntu18.04，如图 3-20 所示。

图 3-19　虚拟机创建

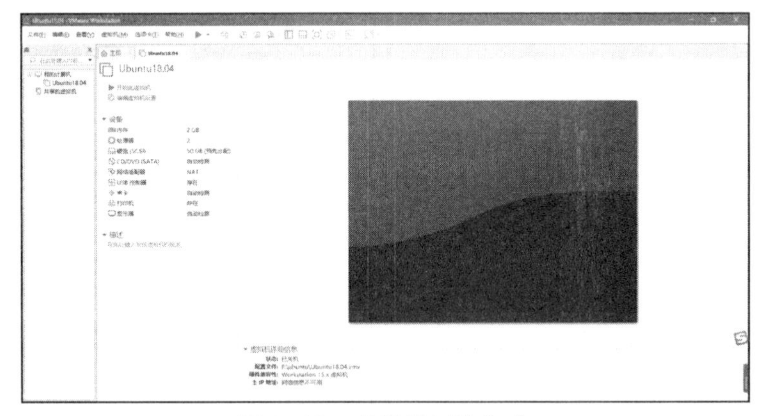

图 3-20　虚拟机创建完成

（18）点击“编辑虚拟机设置”，如图 3-21 所示。

图 3-21　编辑虚拟机

（19）在虚拟机设置对话框中（见图 3-22）选择“CD/DVD（SATA）”选项，同时在右侧菜单选择“使用 ISO 映像文件”，点击“浏览”，找到并选择 Ubuntu18.04 系统镜像文件（镜像文件提前下载好并保存到计算机），点击右下方“打开”，如图 3-23 所示。

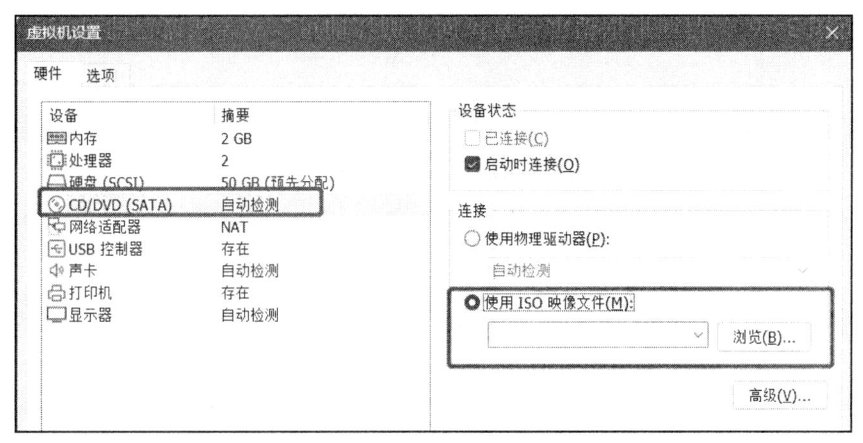

图 3–22　系统镜像文件设置

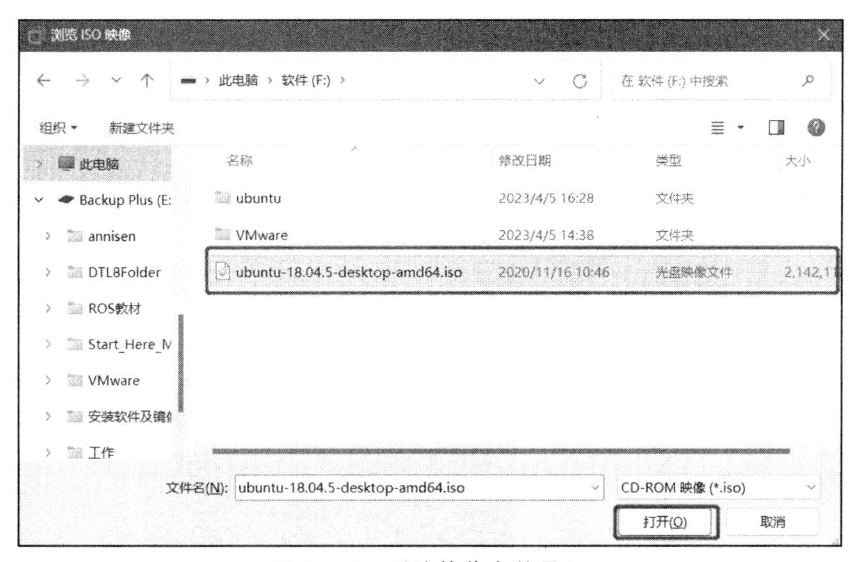

图 3–23　系统镜像文件导入

（20）指定镜像文件后，点击下方“确定”即可，如图 3-24 所示。

图 3-24　系统镜像文件设置导入完成

（21）然后可在主界面点击“开启此虚拟机”，进入虚拟机的安装，如图 3-25 所示。

图 3-25　运行虚拟机系统

（22）启动后，开始进行系统安装，在左侧语言栏中选择“中文”（根据用户习惯选择其他语言），点击右侧“安装 Ubuntu”选项，如图 3-26 所示。

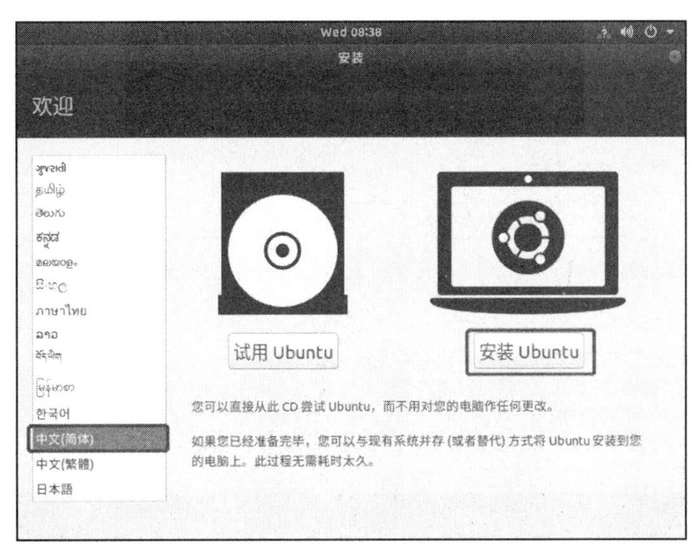

图 3-26　Ubuntu 安装

（23）选择键盘语言后点击右下角“继续”，如图 3-27 所示。

图 3-27　Ubuntu 安装语言设置

（24）安装选项中选择“正常安装”，如计算机有连接网络，还可以勾选其他选项中的下载更新、安装第三方软件等操作，如图 3-28 所示。

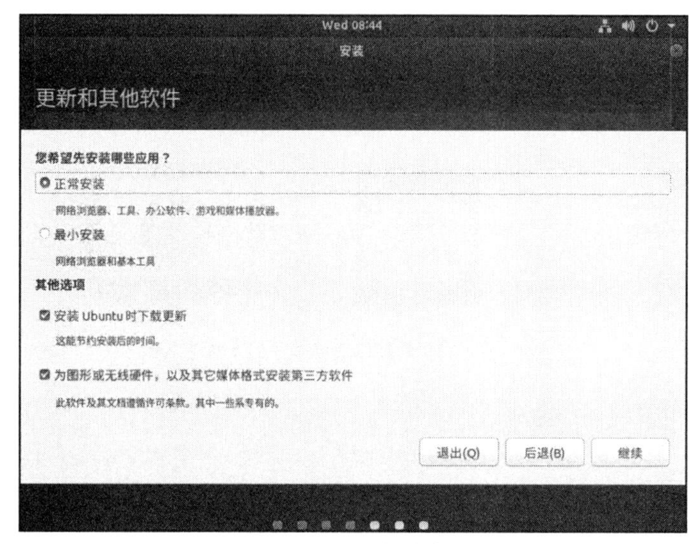

图 3-28　Ubuntu 安装应用设置

（25）选择“清除整个磁盘并安装 Ubuntu”，点击右下角“现在安装”，随后弹窗中选择“继续”，如图 3-29 所示。

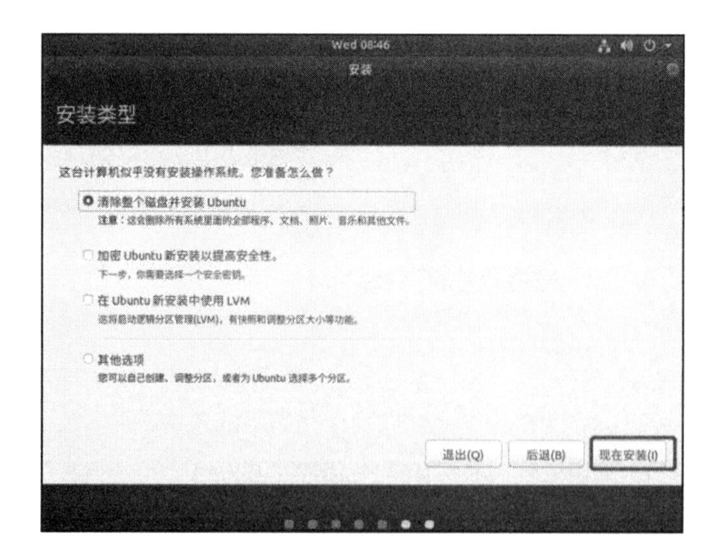

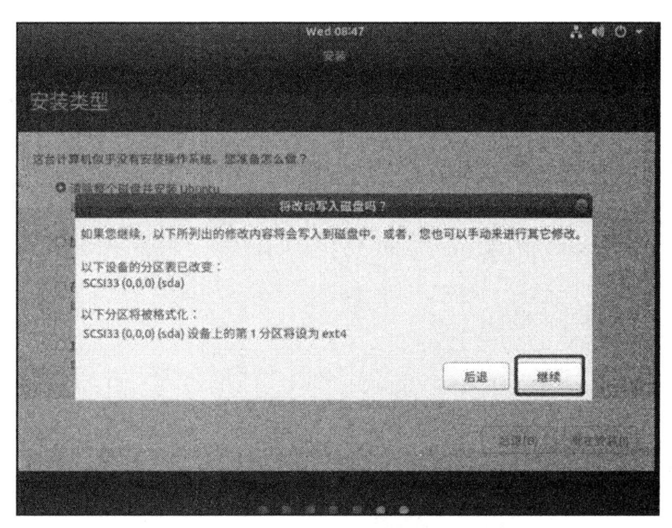

图 3–29　Ubuntu 安装类型设置

（26）在地图上选择所在地域，然后点击“继续”。

（27）自定义用户名和计算机名，然后设置一个密码，选择“自动登录”或者“登录时需要密码”，然后点击“继续”，系统开始安装，如图 3-30 所示。等待系统安装完成时，如安装时间比较长，安装界面可能会自动熄屏，可以点击键盘或者移动鼠标唤醒 Ubuntu 界面。

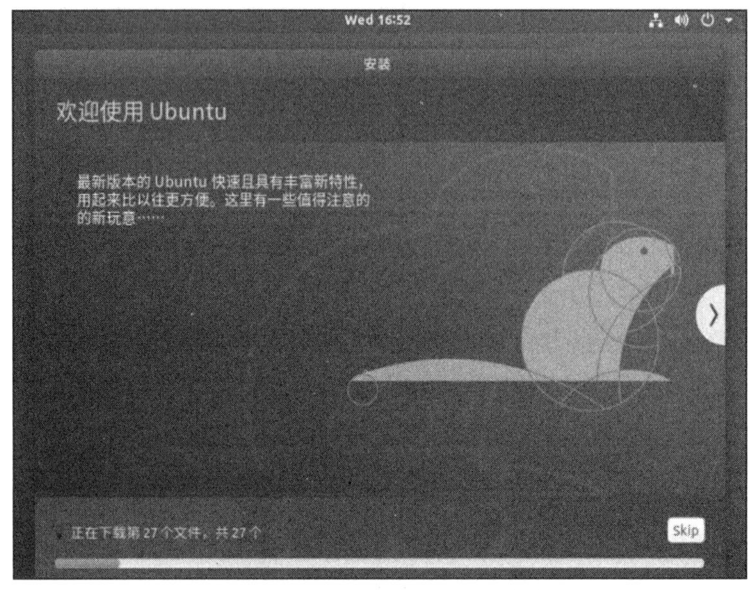

图 3-30　Ubuntu 系统用户名自定义

（28）系统安装完成后，点击“现在重启”，重新启动系统，如图 3-31 所示。

图 3-31　Ubuntu 安装完成

（29）重启后进入 Ubuntu 系统，系统界面未全屏显示，可以选择菜单栏“虚拟机”→“安装 VMware Tools”，如图 3-32 所示。

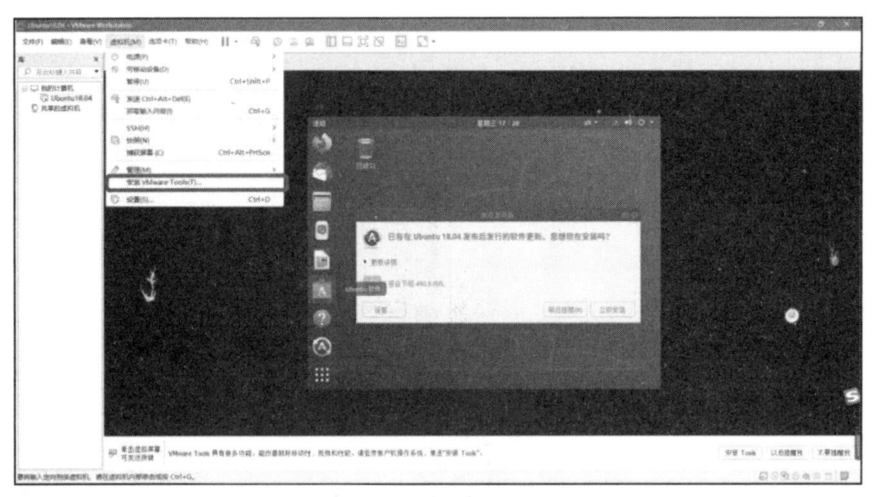

图 3-32　安装 Vmware Tools

（30）安装完成后，桌面会有一个 VMware Tools（DVD）图标，双击打开后，将文件夹中的压缩文件复制粘贴到主目录中，如图 3-33 所示。

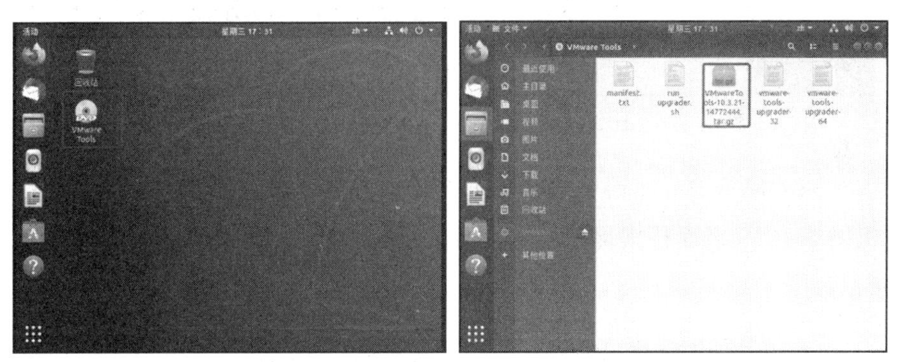

图 3-33　提取 VMware Tools 压缩文件

（31）粘贴后，选中压缩文件并点击鼠标右键，选择“提取到此处”，即解压到此处，如图 3-34 所示。

（32）进入到子文件夹，其内有一个“vmware-install.pl”文件，在空白处点击鼠标右键，选择“在终端打开”，在弹出的终端窗口运行命令执行此文件：“sudo ./vmware-install.pl”，如图 3-35 所示。

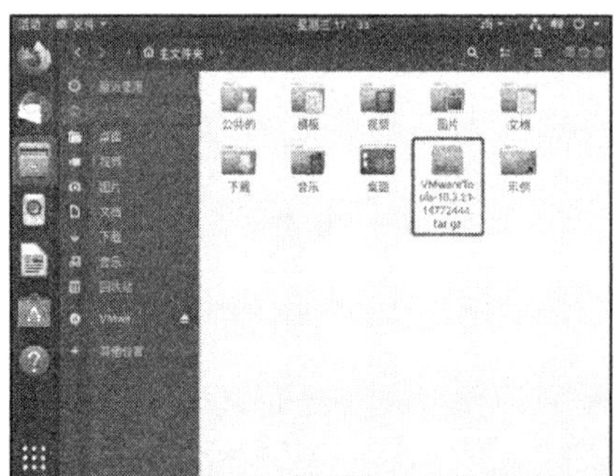

图 3-34　解压

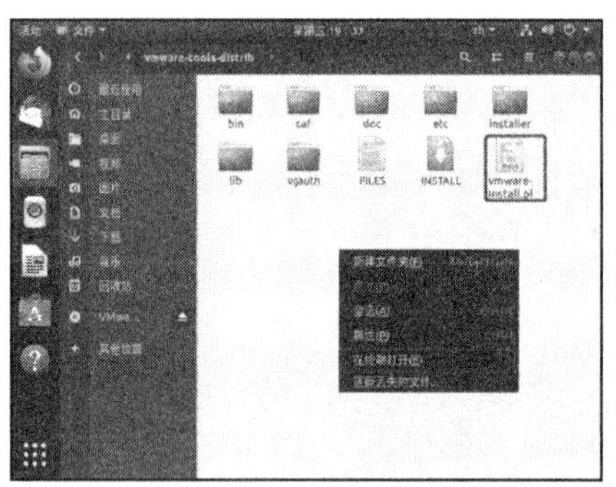
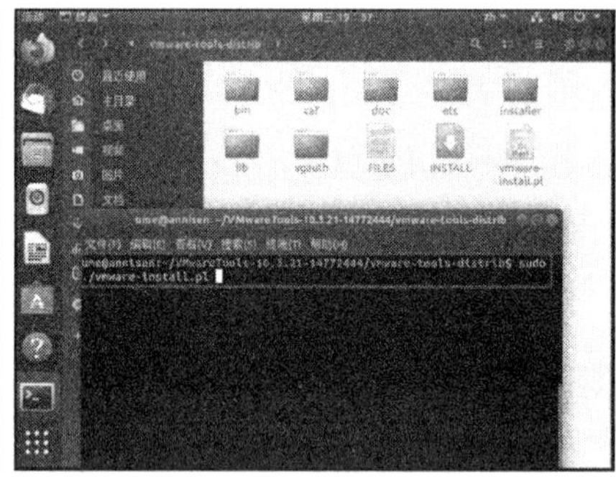

图 3-35　运行 vmware-install.pl

（33）提示输入密码，输入后回车确认。接下来根据提示输入“yes”（见图 3-36），后面根据提示一直按回车确认即可，安装完成后即可全屏显示，如图 3-37 所示。

图 3-36　输入“yes”确认安装

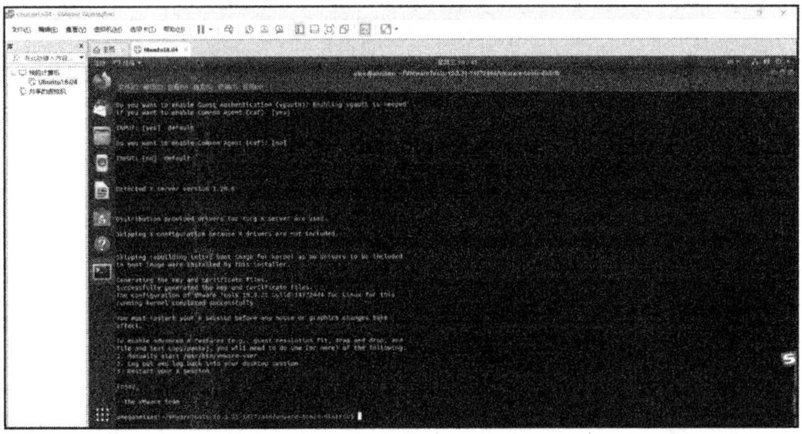

图 3-37 vmware-install.pl 安装完成

至此 Ubuntu 系统安装完成。

3.1.2 使用 Ubuntu 图形用户界面

本书中使用的 Ubuntu 18.04LTS 桌面版使用 GNOME 3 作为默认的桌面环境。

1. 桌面环境基本操作

要熟悉 Ubuntu 桌面环境的基本操作，首先要了解活动概览视图（Activity Overview）。进入桌面后系统默认处于普通视图，单击屏幕左上角的“活动”（Activities）按钮或者按 Super 键可在普通视图和活动概览视图之间来回切换。Super 键是指 Windows（窗口）键。如图 3-38 所示，活动概览是一种全屏模式，提供从一个活动切换到另一个活动的多种途径。它会显示所有已打开的窗口的预览，以及收藏的应用程序和正在运行的应用程序的图标，另外，还集成了搜索和浏览功能。

在视图的左边可以看到 Dash 浮动面板。它是一个收藏夹，放置最常用的程序和当前正在运行的程序，单击其中的图标可以打开相应的程序，如果程序已经运行了，会高亮显示。单击图标会显示最近使用的窗口，也可以从 Dash 浮动面板中拖动图标到视图，或者拖动到右边的任意工作区。

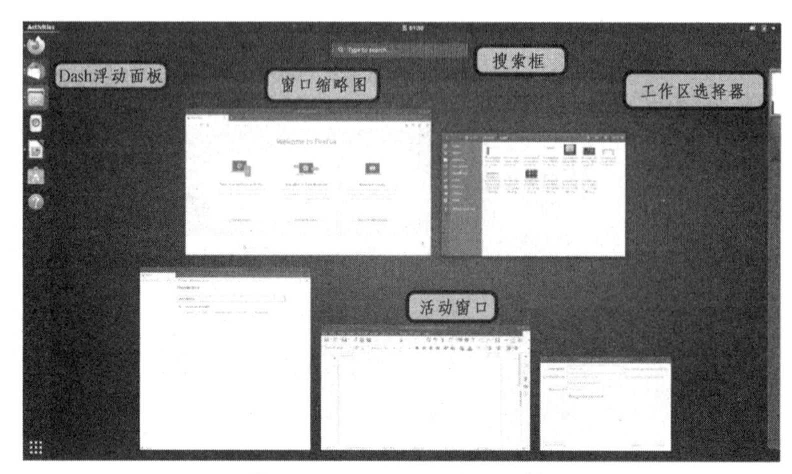

图 3-38　Ubuntu 桌面环境

切换到活动概览视图时桌面上显示的是窗口概览视图，显示当前工作区中所有窗口的实时缩略图，其中一个是处于活动状态的窗口。每个窗口代表一个在运行的图形界面应用程序。上部有一个搜索框，可用于查找主目录中的应用程序、设置及文件。工作区选择器位于活动概览视图右侧，可用于切换到不同的工作区。

2. 启动应用程序

启动并运行图形界面应用程序（见图 3-39）的方法有很多，可以单击

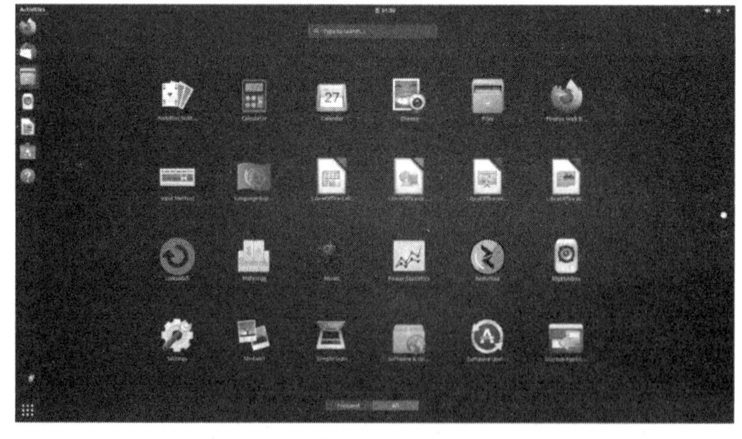
图 3-39 应用程序

Dash 浮动面板底部的“九宫格”图标按钮，会显示应用程序列表，或打开活动概览视图后直接输入程序的名称，系统自动搜索该应用，单击该图标可运行。当然在终端窗口中执行命令来运行图形化应用程序是开发者使用最多且最高效的方法。

如果想将应用程序添加到 Dash 面板，可以进入活动概览视图，单击 Dash 面板底部的“九宫格”按钮，右击要添加的应用程序，从快捷菜单中选择“添加到收藏夹”命令。要从 Dash 面板中删除某个应用程序，右击该应用程序，并选择“从收藏夹中移除”命令即可。

3. 窗口操作

在 Ubuntu 中运行图形界面应用程序时都会打开相应的窗口，如图 3-40 所示。应用程序窗口的标题栏右上角通常提供窗口关闭、窗口最小化和窗口最大化按钮。一般窗口都有菜单，默认菜单位于顶部面板左侧的菜单栏（要弹出下拉菜单）。一般窗口也可以通过拖动边缘来改变大小，多个窗口之间可以使用“Alt+Tab”键进行切换。

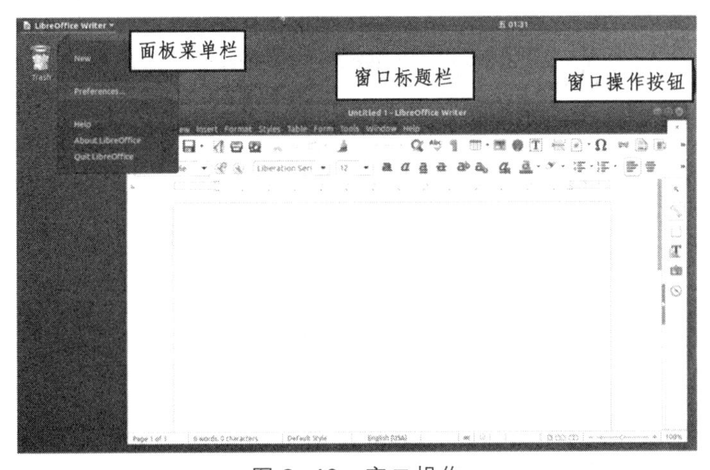

图 3–40　窗口操作

4. 文件管理器

单击“文件”按钮打开如图 3-41 所示的界面，其类似于 Windows 资源管理器，用于访问本地文件和文件夹以及网络资源。展开“其他位置”可以选择“位于本机”，以查看主机上的所有资源，或选择“网络”浏览网络资源。

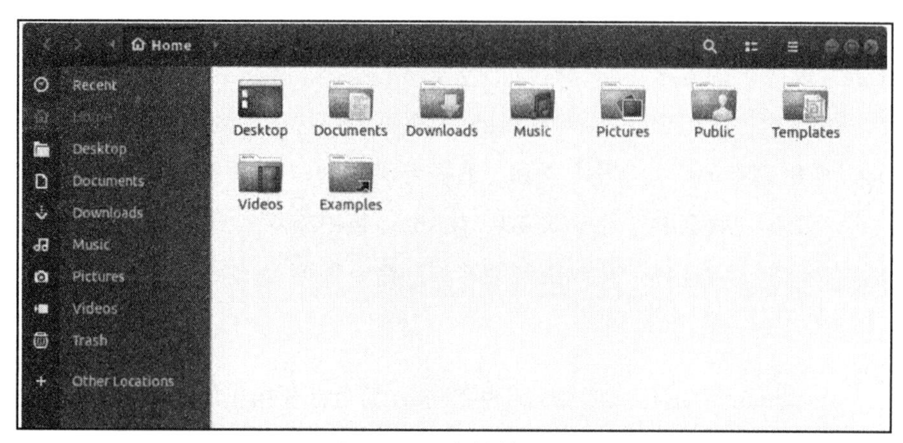

图 3-41　文件管理器

5. FireFox 浏览器

Linux 一直将 Mozilla FireFox 作为默认的 Web 浏览器，Ubuntu 也不例外。FireFox 浏览器如图 3-42 所示。

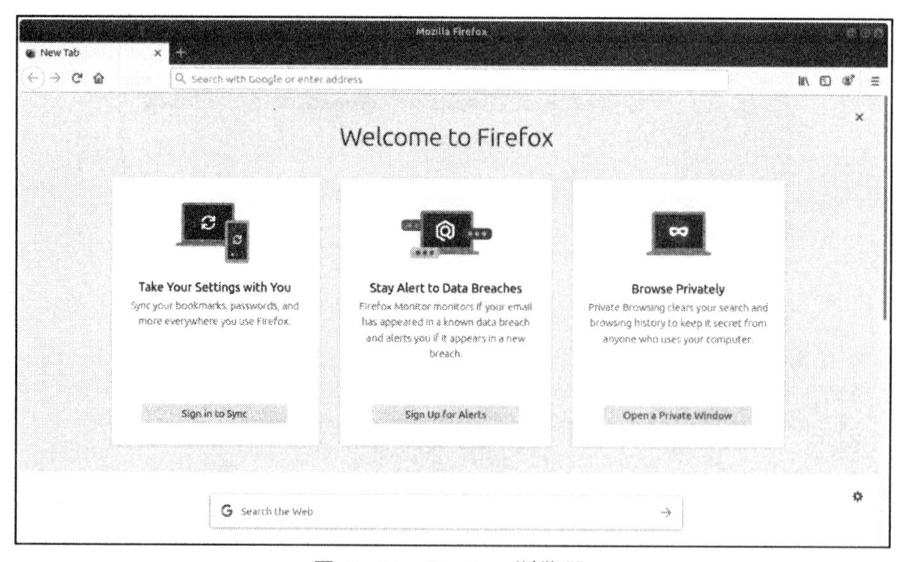

图 3-42　FireFox 浏览器

6. 软件和更新

从应用程序列表中找到“软件和更新”（Software&Update）程序并运行，如图 3-43 所示。默认出现图 3-44（a）所示的界面，在“Ubuntu Software”选项卡中查看和设置软件源，从“Download from”下拉菜单中选择所需要的软件源（默认选择的是中国的服务器）。如果选择“其他站点”，将打开选择对话框，从列表中选择一个下载服务器作为软件源。这里选择的是中国科技大学的软件镜像源（mirrors.ustc.edu.cn）。之后点击“choose server”，紧接着点击“close”，稍等片刻之后就换到了国内的镜像源了，如图 3-44（b）所示。

图 3-43　Software&Update 选项

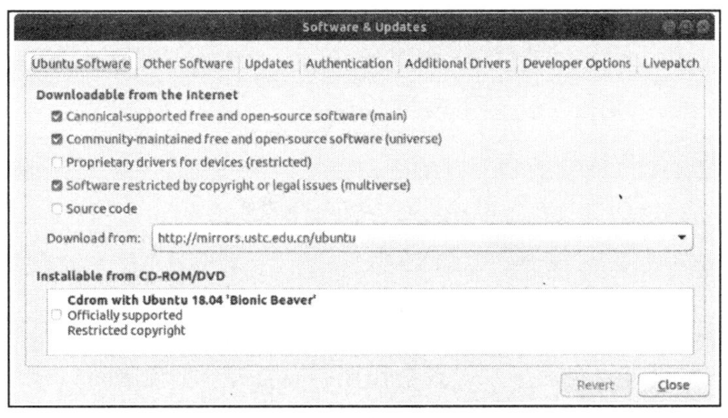

（a）

（b）

图 3-44　Software&Update 设置

除了设置软件源之外，“软件和更新”程序还有一项重要的功能是更新软件。切换到“Updates”选项卡，可以设置系统更新选项，如图 3-45 所示。默认允许自动更新，如果有更新升级，会自动提醒可用的系统升级，并自动打开软件更新器。

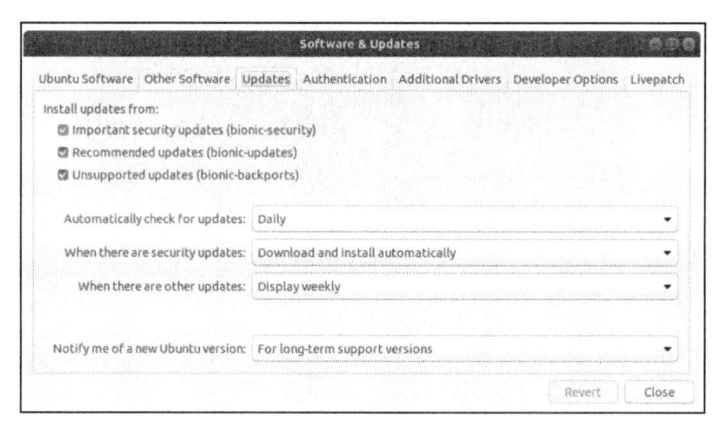

图 3-45　Updates 设置

7. 桌面个性化设置

从应用程序列表中找到“设置”程序并运行，可执行各类系统设置任务，如网络设置、桌面显示设置、快捷键设置等，开发者可以根据自己的需求进行，如图 3-46 所示。

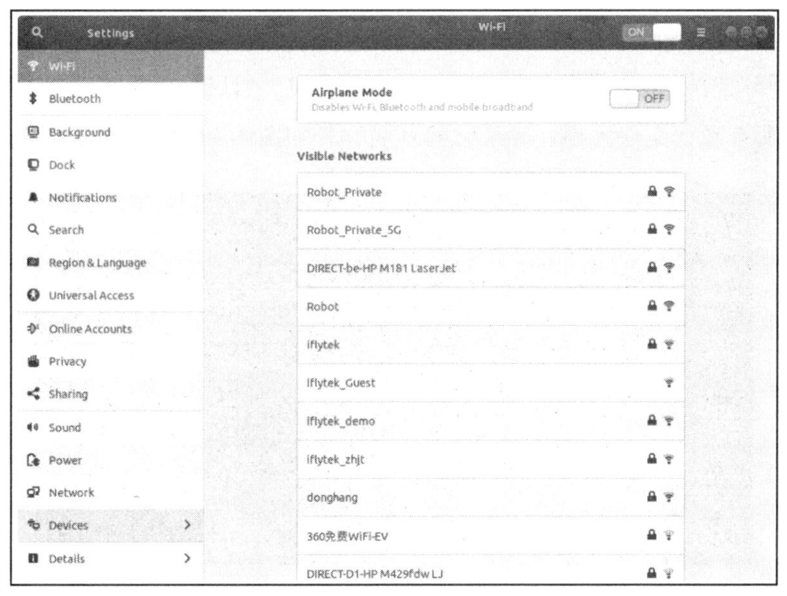

图 3-46　个性化设置

3.1.3　Shell 命令入门

Shell 是一个命令行解释器，用户可以通过 Shell 和 Linux 内核进行交互，熟练掌握并运用 Shell 可以极大提高开发效率，所以掌握常用的 Shell 命令是基于 Ubuntu 进行开发的基础。

常用基础 Shell 命令如下：

（1）echo：此命令常用于打印字符内容，如图 3-47 所示。

```
[root@localhost ~]# echo 'Hello Shell'
Hello Shell
```

图 3-47　echo 命令

（2）cat：此命令常用于展示文件中的内容，展示时无法修改内容，如图 3-48 所示。

```
[root@localhost test]# cat app.log
[2021-8-27 8:23:32] 进入日志模块
```

图 3-48　cat 命令

（3）ls：可以列出目录下的文件，如果想获得详细的内容，如文件大小、修改时间、文件类型，还可以输入参数-l，列出目录下所有文件的权限、所有者、文件大小、修改时间及名称，如图 3-49 所示。

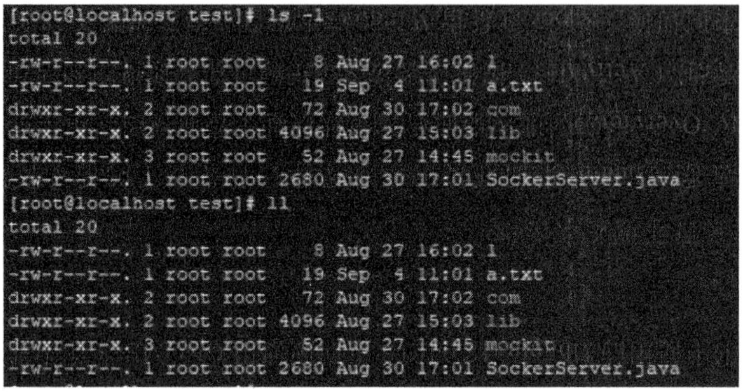

```
[root@localhost test]# ls -l
total 20
-rw-r--r--. 1 root root    8 Aug 27 16:02 1
-rw-r--r--. 1 root root   19 Sep  4 11:01 a.txt
drwxr-xr-x. 2 root root   72 Aug 30 17:02 com
drwxr-xr-x. 2 root root 4096 Aug 27 15:03 lib
drwxr-xr-x. 3 root root   52 Aug 27 14:45 mockit
-rw-r--r--. 1 root root 2680 Aug 30 17:01 SockerServer.java
[root@localhost test]# ll
total 20
-rw-r--r--. 1 root root    8 Aug 27 16:02 1
-rw-r--r--. 1 root root   19 Sep  4 11:01 a.txt
drwxr-xr-x. 2 root root   72 Aug 30 17:02 com
drwxr-xr-x. 2 root root 4096 Aug 27 15:03 lib
drwxr-xr-x. 3 root root   52 Aug 27 14:45 mockit
-rw-r--r--. 1 root root 2680 Aug 30 17:01 SockerServer.java
```

图 3-49　ls 命令

（4）pwd：这个命令可以获得当前所处的目录路径，如图 3-50 所示。

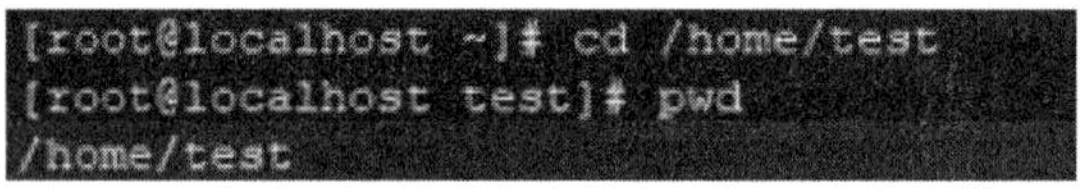

```
[root@localhost ~]# cd /home/test
[root@localhost test]# pwd
/home/test
```

图 3-50　pwd 命令

（5）mkdir&cd：mkdir 命令用于创建目录，cd 命令用于进入指定目录，返回上级目录可以使用 cd ..命令，如图 3-51 所示。

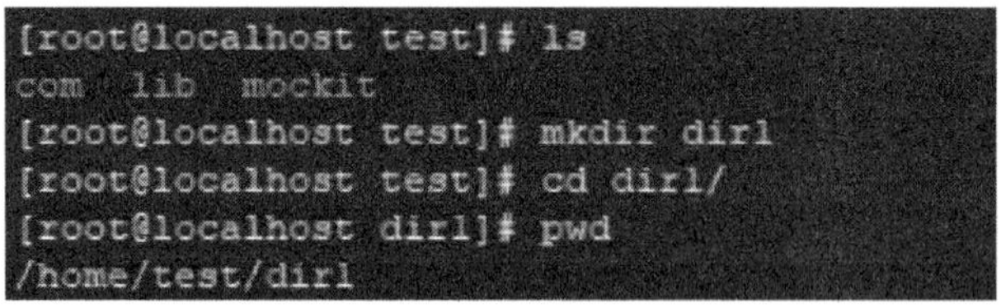

```
[root@localhost test]# ls
com  lib  mockit
[root@localhost test]# mkdir dir1
[root@localhost test]# cd dir1/
[root@localhost dir1]# pwd
/home/test/dir1
```

图 3-51　mkdir&cd 命令

（6）ifconfig：这个命令用于配置内核驻留的网络接口，一般调试网络时会需要使用这个命令，如图 3-52 所示。

（7）cp：此命令可以进行文件复制。

```
[root@localhost ~]# ifconfig
br-456883cd4d14: flags=4099<UP,BROADCAST,MULTICAST>  mtu 1500
        inet 172.18.0.1  netmask 255.255.0.0  broadcast 172.18.255.255
        ether 02:42:81:f8:dc:1d  txqueuelen 0  (Ethernet)
        RX packets 0  bytes 0 (0.0 B)
        RX errors 0  dropped 0  overruns 0  frame 0
        TX packets 0  bytes 0 (0.0 B)
        TX errors 0  dropped 0 overruns 0  carrier 0  collisions 0
```

图 3–52　ifconfig 命令

（8）rm：此命令可以进行文件或目录的删除。

Linux 中可能有无数个用于编写 Shell 脚本的命令，要掌握所有命令几乎是不可能的，开发者更多的是需要在实际开发过程中熟悉和掌握常用的命令。

3.1.4　ROS 的具体安装过程

（1）点击系统左侧菜单栏“FireFox 浏览器”，进入 ROS 官方网站，并选择简体中文显示，如图 3-53 所示。

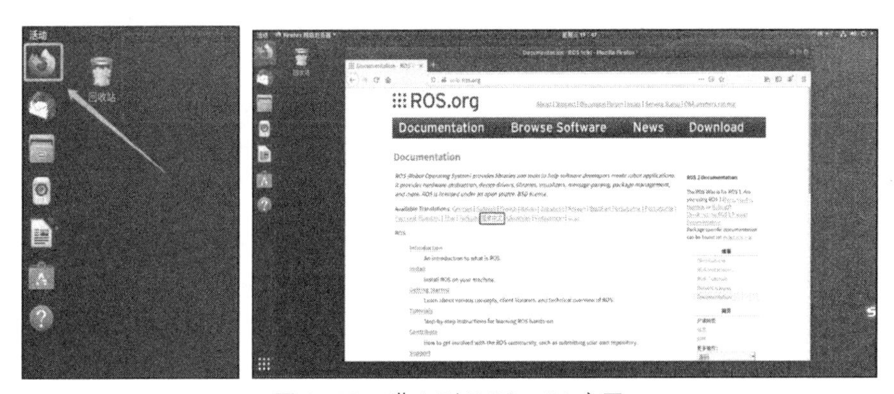

图 3–53　进入到 ROS wiki 官网

（2）选择“安装”，进入安装界面，选择 ROS 系统版本为 ROS Melodic Morenia，如图 3-54 所示。

（3）安装平台选择为 Ubuntu，如图 3-55 所示。

（4）根据安装提示进行安装。

在键盘上按下“CTRL+Alt+T”，打开一个终端窗口，依次运行以下安装命令：

图 3-54　选择对应的 ROS 版本

图 3-55　选择所用的 Ubuntu 系统

① 设置 sources.list[为了提高下载速度，可以点击 ROS 镜像源，选择国内下载源，此处选择清华（tsinghua）下载源]，如图 3-56 所示。

```
$sudo sh -c '. /etc/lsb-release && echo "deb http://mirrors.tuna.tsinghua.edu.cn/ros/ubuntu/ `lsb_release -cs` main" > /etc/apt/sources.list.d/ros-latest.list'
```

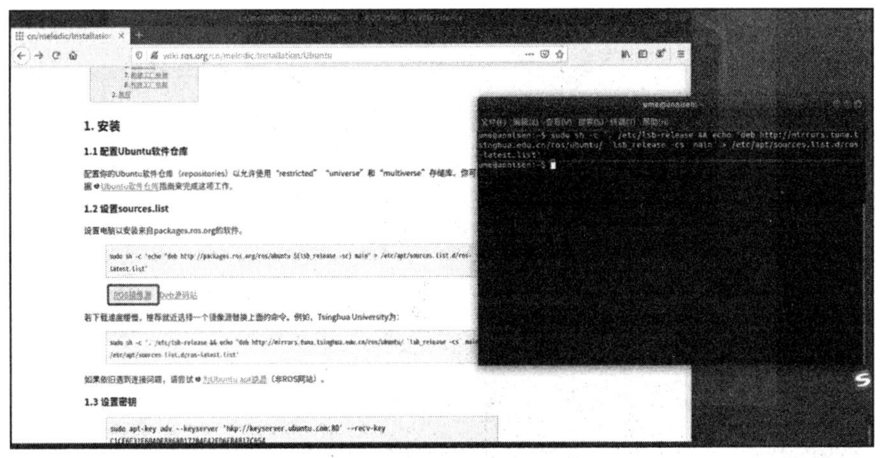

图 3-56　镜像源选择

② 设置密钥，如图 3-57 所示。

```
$sudo apt-key adv --keyserver 'hkp://keyserver.ubuntu.com:80' --recv-key
C1CF6E31E6BADE8868B172B4F42ED6FBAB17C654
```

图 3-57　导入密钥

③ 更新索引，如图 3-58 所示。

```
$sudo apt update
```

④ 安装完整版 ROS。

输入命令后，根据提示输入“y”，回车确认开始安装，如图 3-59 所示。

```
$sudo apt install ros-melodic-desktop-full
```

```
ume@annisen: ~
文件(F) 编辑(E) 查看(V) 搜索(S) 终端(T) 帮助(H)
忽略:5 file:/var/visionworks-tracking-repo  InRelease
获取:6 file:/var/cuda-repo-cross-aarch64-ubuntu1804-10-2-local  Release [563 B]
获取:7 file:/var/cuda-repo-ubuntu1804-10-2-local  Release [564 B]
获取:8 file:/var/visionworks-repo  Release [1,999 B]
获取:9 file:/var/visionworks-sfm-repo  Release [2,003 B]
获取:6 file:/var/cuda-repo-cross-aarch64-ubuntu1804-10-2-local  Release [563 B]
获取:7 file:/var/cuda-repo-ubuntu1804-10-2-local  Release [564 B]
获取:10 file:/var/visionworks-tracking-repo  Release [2,008 B]
获取:8 file:/var/visionworks-repo  Release [1,999 B]
获取:9 file:/var/visionworks-sfm-repo  Release [2,003 B]
获取:10 file:/var/visionworks-tracking-repo  Release [2,008 B]
忽略:11 http://mirrors.tuna.tsinghua.edu.cn/ros/ubuntu bionic InRelease
命中:12 http://mirrors.tuna.tsinghua.edu.cn/ros/ubuntu bionic Release
命中:13 http://mirrors.aliyun.com/ubuntu bionic InRelease
命中:14 http://packages.microsoft.com/repos/code stable InRelease
命中:15 http://mirrors.aliyun.com/ubuntu bionic-updates InRelease
命中:16 http://mirrors.aliyun.com/ubuntu bionic-backports InRelease
命中:17 http://packages.osrfoundation.org/gazebo/ubuntu-stable bionic InRelease
命中:18 http://mirrors.aliyun.com/ubuntu bionic-security InRelease
正在读取软件包列表... 完成
正在分析软件包的依赖关系树
正在读取状态信息... 完成
有 2 个软件包可以升级。请执行 'apt list --upgradable' 来查看它们。
ume@annisen:~$
```

图 3-58　更新索引

安装完成后进行下一步，如安装因为延时或者网络中断，可以按下“Ctrl+C”结束安装，再次运行此步安装命令，会继续安装剩余未安装的内容。

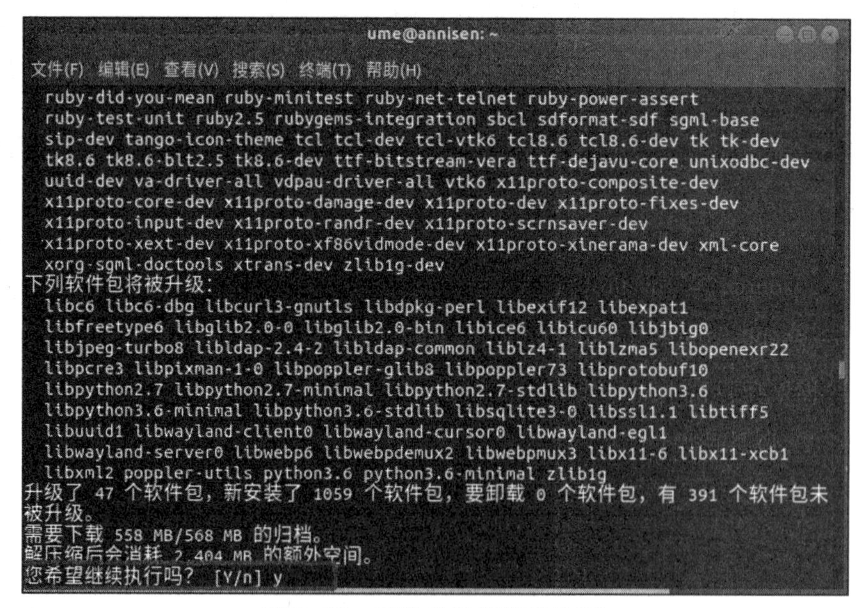

图 3-59　下载安装完整版 ROS

⑤ 设置环境。

依次运行以下两行命令（见图 3-60）：

```
$echo "source /opt/ros/melodic/setup.bash" >>  ~/.bashrc
$source  ~/.bashrc
```

```
ume@annisen: ~
文件(F) 编辑(E) 查看(V) 搜索(S) 终端(T) 帮助(H)
ume@annisen:~$ echo "source /opt/ros/melodic/setup.bash" >> ~/.bashrc
ume@annisen:~$ source ~/.bashrc
ume@annisen:~$
```

图 3-60　设置环境变量

⑥ 安装依赖包。

ROS 官网未提供 python-rosdep、net-tools 和 openssh*三个依赖包的安装，需要自行安装，如图 3-61 和图 3-62 所示。

```
$sudo apt-get install python-rosinstall python-rosinstall-generator python-wstool build-essential python-rosdep net-tools openssh*
```

图 3-61　安装依赖包

```
ume@annisen: ~
文件(F) 编辑(E) 查看(V) 搜索(S) 终端(T) 帮助(H)
正在解包 ssh-import-id (5.7-0ubuntu1.1) ...
正在设置 ncurses-term (6.1-1ubuntu1.18.04.1) ...
正在设置 python-wstool (0.1.17-1) ...
正在设置 liblockfile-bin (1.14-1.1) ...
正在设置 python-rosdistro (0.9.0-100) ...
正在设置 build-essential (12.4ubuntu1) ...
正在设置 liblockfile1:amd64 (1.14-1.1) ...
正在设置 python-rosinstall (0.7.8-1) ...
正在设置 openssh-client-ssh1 (1:7.5p1-10) ...
正在设置 python-rosdep (0.22.2-1) ...
正在设置 lockfile-progs (0.1.17build1) ...
正在设置 net-tools (1.60+git20161116.90da8a0-1ubuntu1) ...
正在设置 openssh-client (1:7.6p1-4ubuntu0.7) ...
正在设置 ssh-import-id (5.7-0ubuntu1.1) ...
正在设置 python-rosinstall-generator (0.1.23-1) ...
正在设置 openssh-known-hosts (0.6.2-1) ...
正在设置 openssh-sftp-server (1:7.6p1-4ubuntu0.7) ...
正在设置 openssh-server (1:7.6p1-4ubuntu0.7) ...
正在处理用于 systemd (237-3ubuntu10.57) 的触发器 ...
正在处理用于 man-db (2.8.3-2ubuntu0.1) 的触发器 ...
正在处理用于 ufw (0.36-0ubuntu0.18.04.2) 的触发器 ...
正在处理用于 ureadahead (0.100.0-21) 的触发器 ...
正在处理用于 libc-bin (2.27-3ubuntu1.6) 的触发器 ...
ume@annisen:~$
```

图 3-62 安装完成

⑦ 初始化 rosdep。

按下"Ctrl+Alt+T"，打开一个新的终端窗口，运行命令进入目标路径：

```
$cd /usr/lib/python2.7/dist-packages/rosdep2/
```

运行命令打开并修改路径下的 gbpdistro_support.py 文件（见图 3-63）：

```
$sudo gedit gbpdistro_support.py
```

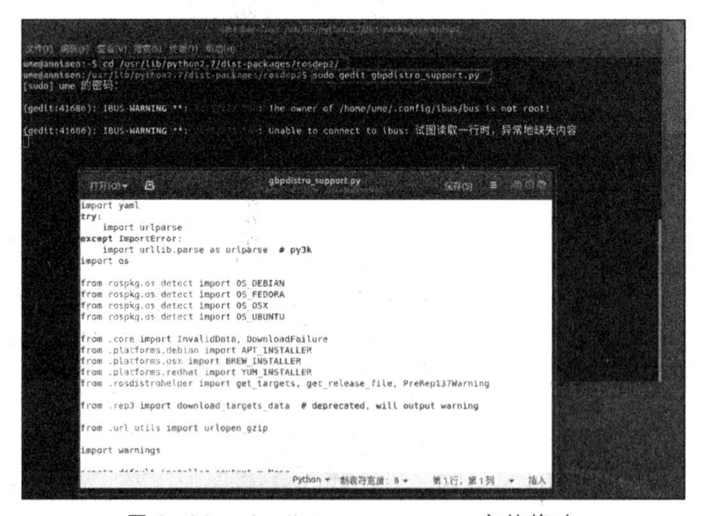

图 3-63 gbpdistro_support.py 文件修改

将文件中 34 行增加“https://ghproxy.com/……”, 38 行超时改为“150”，如图 3-64 所示。

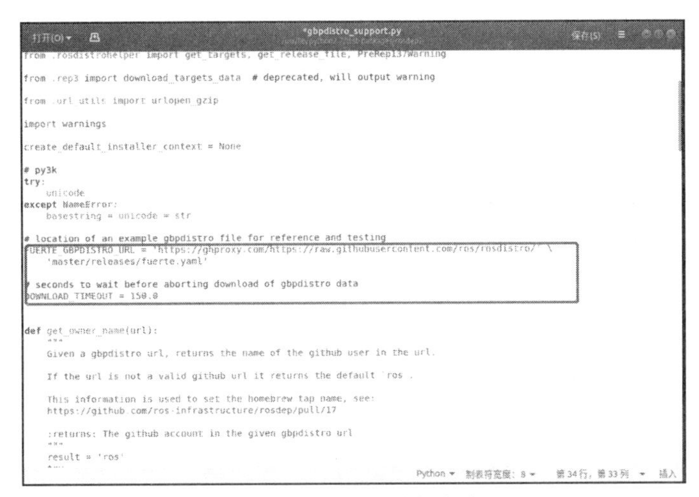

图 3-64　修改增加命令

在 200 行下增加一行“gbpdistro_url=‘https://ghproxy.com/’+gbpdistro_url”，点击文件右上角“保存”，然后关闭即可，如图 3-65 所示。

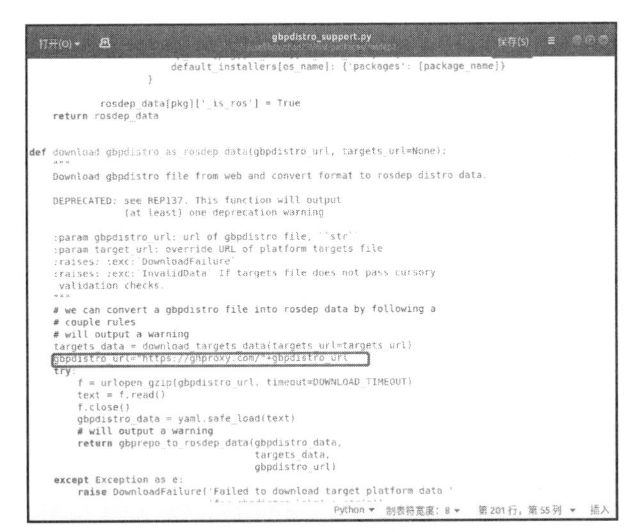

图 3-65　增加命令

用同样的方法，修改此目录下的 rep3.py 文件的第 36 行，修改后如图 3-66 所示。

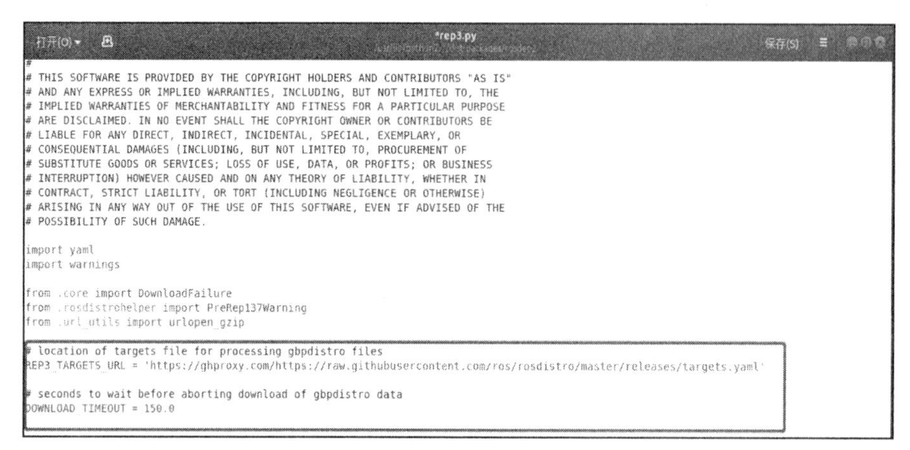

图 3-66　rep3.py 文件修改

修改此目录下的 sources_list.py 文件的第 64 行，并在 301 行后增加一行命令，如图 3-67 和图 3-68 所示。

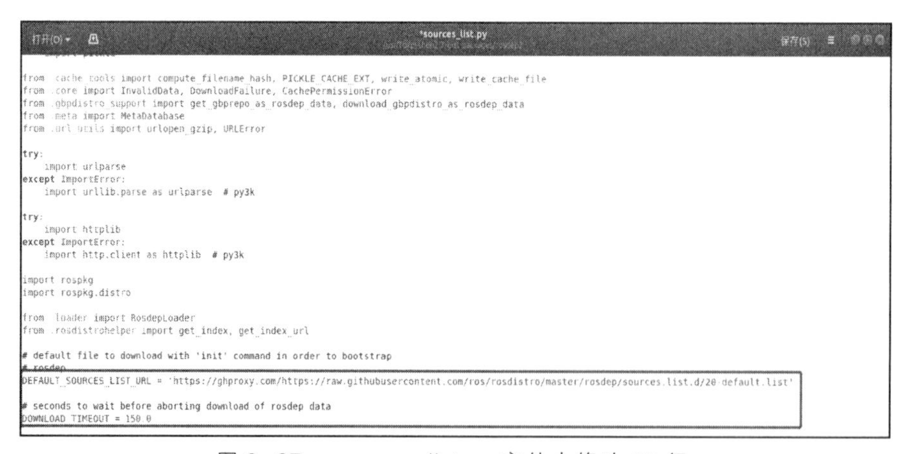

图 3-67　sources_list.py 文件中修改 64 行

```
打开(O) ▾                         *sources_list.py
        distro_name = rospkg.distro.current_distro_codename()
        if os_override is None:
            os_detect = rospkg.os_detect.OsDetect()
            os_name, os_version, os_codename = os_detect.detect_os()
        else:
            os_name, os_codename = os_override
        tags = [t for t in (distro_name, os_name, os_codename) if t]
        return DataSourceMatcher(tags)


def download_rosdep_data(url):
    """
    :raises: :exc:`DownloadFailure` If data cannot be
        retrieved (e.g. 404, bad YAML format, server down).
    """
    url="https://ghproxy.com/"+url
    try:
        f = urlopen_gzip(url, timeout=DOWNLOAD_TIMEOUT)
        text = f.read()
        f.close()
        data = yaml.safe_load(text)
        if type(data) != dict:
            raise DownloadFailure('rosdep data from [%s] is not a YAML dictionary' % (url))
        return data
    except (URLError, httplib.HTTPException) as e:
        raise DownloadFailure(str(e) + ' (%s)' % url)
    except yaml.YAMLError as e:
        raise DownloadFailure(str(e))


def download_default_sources_list(url=DEFAULT_SOURCES_LIST_URL):
    """
    Download (and validate) contents of default sources list.

    :param url: override URL of default sources list file
    :return: raw sources list data, ``str``
```

图 3-68　增加命令

输入命令进入到以下路径：

```
$cd /usr/lib/python2.7/dist-packages/rosdistro/
```

修改此目录下的*__init__.py 文件的第 68 行，修改后如图 3-69 所示。

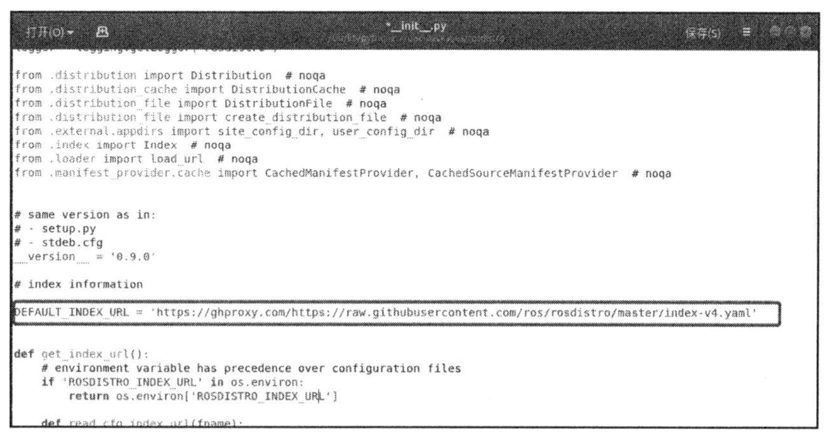

```
from .distribution import Distribution  # noqa
from .distribution_cache import DistributionCache  # noqa
from .distribution_file import DistributionFile  # noqa
from .distribution_file import create_distribution_file  # noqa
from .external.appdirs import site_config_dir, user_config_dir  # noqa
from .index import Index  # noqa
from .loader import load_url  # noqa
from .manifest_provider.cache import CachedManifestProvider, CachedSourceManifestProvider  # noqa


# same version as in:
# - setup.py
# - stdeb.cfg
__version__ = '0.9.0'

# index information

DEFAULT_INDEX_URL = 'https://ghproxy.com/https://raw.githubusercontent.com/ros/rosdistro/master/index-v4.yaml'


def get_index_url():
    # environment variable has precedence over configuration files
    if 'ROSDISTRO_INDEX_URL' in os.environ:
        return os.environ['ROSDISTRO_INDEX_URL']
```

图 3-69__init__.py 文件修改

输入命令进入到以下路径：

```
$cd /usr/lib/python2.7/dist-packages/rosdistro/manifest_provider/
```

修改此目录下的 github.py 文件的第 68、83 和 119 行，修改后如图 3-70 所示。

```
    if not repo.has_remote_tag(release_tag):
        raise RuntimeError('specified tag "%s" is not a git tag' % release_tag)

    url = 'https://ghproxy.com/https://raw.githubusercontent.com/%s/%s/package.xml' % (path, release_tag)
    try:
        logger.debug('Load package.xml file from url "%s"' % url)
        return _get_url_contents(url)
    except URLError as e:
        logger.debug('- failed (%s), trying "%s"' % (e, url))
        raise RuntimeError()


def github_source_manifest_provider(repo):
    server, path = repo.get_url_parts()
    if not server.endswith('github.com'):
        logger.debug('Skip non-github url "%s"' % repo.url)
        raise RuntimeError('can not handle non github urls')

    tree_url = 'https://ghproxy.com/https://api.github.com/repos/%s/git/trees/%s?recursive=1' % (path, repo.version)
    req = Request(tree_url)
    if GITHUB_USER and GITHUB_PASSWORD:
        logger.debug('- using http basic auth from supplied environment variables.')
        credential_pair = '%s:%s' % (GITHUB_USER, GITHUB_PASSWORD)
```

```
    cache = SourceRepositoryCache.from_ref(tree_json['sha'])
    for package_xml_path in package_xml_paths:
        url = 'https://ghproxy.com/https://raw.githubusercontent.com/%s/%s/%s' % \
            (path, cache.ref(), package_xml_path + '/package.xml' if package_xml_path else 'package.xml')
        logger.debug('- load package.xml from %s' % url)
        package_xml = _get_url_contents(url)
        name = parse_package_string(package_xml).name
        cache.add(name, package_xml_path, package_xml)

    return cache
```

图 3-70　github.py 文件修改

修改完成后依次输入以下三个命令：

```
$cd
$sudo rosdep init
$rosdep update
```

如运行 rosdep update 出现报错（error）或超时（Timeout），则重复运行 rosdep update 命令，直到出现如图 3-71 所示内容，表示更新成功。

```
ume@annisen:~$ rosdep update
reading in sources list data from /etc/ros/rosdep/sources.list.d
Hit https://raw.githubusercontent.com/ros/rosdistro/master/rosdep/osx-homebrew.yaml
Hit https://raw.githubusercontent.com/ros/rosdistro/master/rosdep/base.yaml
Hit https://raw.githubusercontent.com/ros/rosdistro/master/rosdep/python.yaml
Hit https://raw.githubusercontent.com/ros/rosdistro/master/rosdep/ruby.yaml
Hit https://raw.githubusercontent.com/ros/rosdistro/master/releases/fuerte.yaml
Query rosdistro index https://ghproxy.com/https://raw.githubusercontent.com/ros/rosdistro/master/index-v
4.yaml
Skip end-of-life distro "ardent"
Skip end-of-life distro "bouncy"
Skip end-of-life distro "crystal"
Skip end-of-life distro "dashing"
Skip end-of-life distro "eloquent"
Add distro "foxy"
Skip end-of-life distro "galactic"
Skip end-of-life distro "groovy"
Add distro "humble"
Skip end-of-life distro "hydro"
Skip end-of-life distro "indigo"
Skip end-of-life distro "jade"
Skip end-of-life distro "kinetic"
Skip end-of-life distro "lunar"
Add distro "melodic"
Add distro "noetic"
Add distro "rolling"
updated cache in /home/ume/.ros/rosdep/sources.cache
ume@annisen:~$
```

图 3-71　rosdep update 成功

3.2　ROS 的介绍

3.2.1　ROS 的架构和特点

ROS 作为一种“次级操作系统”，其架构如图 3-72 所示，一般有三个部分：（1）开源社区级——描述了开发者之间是如何共享知识、算法和代码的；（2）文件系统级——描述了程序文件在硬盘上是如何组织的，ROS 的内部结构、文件结构和核心文件都在这一层；（3）计算图级——说明程序的运行方式，即进程与进程，进程与系统之间的通信。

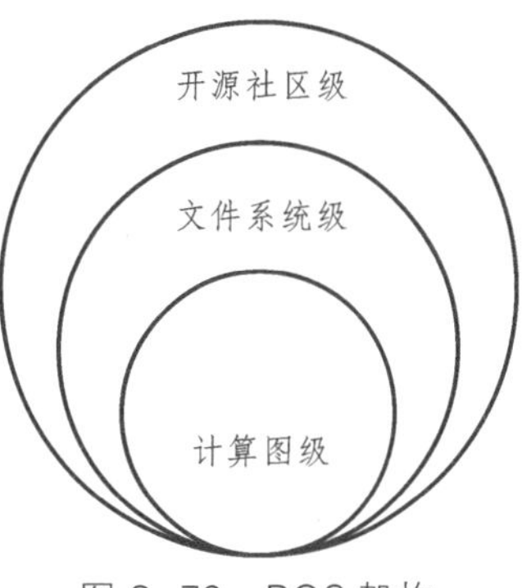

图 3-72　ROS 架构

1. ROS 开源社区级

ROS 开源社区级的概念主要用于 ROS 资源管理，供开发者分享软件和知识。主要包括以下资源：

（1）发行版（Distribution）：可以独立安装且带有版本号的一系列功能包的集合。

（2）软件源（Repository）：ROS 依赖于共享代码与软件源的网站或主机服务，在这里可以发布和分享各自的机器人软件和程序。

（3）ROS Wiki：记录 ROS 文档信息的主要论坛。

（4）Bug 提交系统：用于用户发现提交 Bug（程序缺陷）的系统。

（5）ROS 问答：用于用户提问 ROS 相关问题。

（6）博客：用于发布 ROS 开源社区的最新动态。

2. ROS 文件系统级

ROS 文件系统级主要包括功能包集、功能包、功能包清单、消息类型、服务类型和代码等。文件系统级结构如图 3-73 所示。

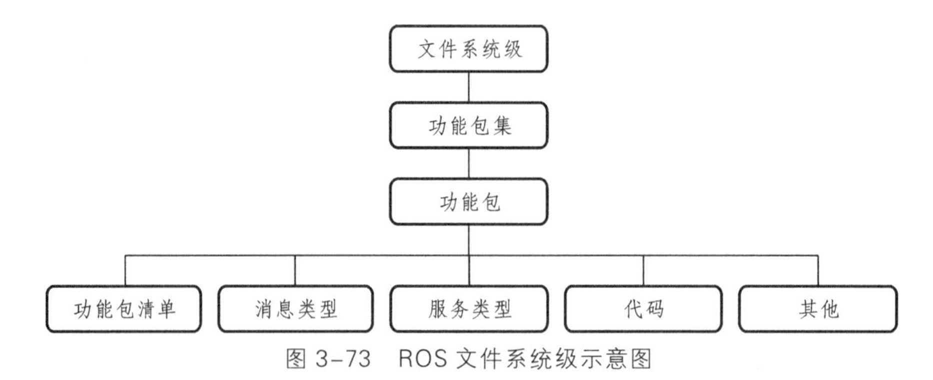

图 3-73　ROS 文件系统级示意图

各部分的功能和组成介绍如下：

（1）功能包集（Metapackage）。功能包集是将某些特定作用的功能包组合在一起，如移动机器人导航功能包集 navigation 由构图包 gmapping 和定位包 amcl 等功能包组合构成。

（2）功能包（Package）。功能包是 ROS 系统中软件组织的主要形式，一个功能包包含了创建 ROS 程序的最小结构和最少内容，如 ROS 运行的进程（节点）、ROS 依赖库和配置文件等。

（3）功能包清单（Package Manifest）。功能包清单是一个 package.xml 文件，它提供了功能包的相关信息，如许可信息、依赖关系和编译标志等，通过 package.xml 能够对功能包进行管理。

（4）消息类型（Message Type）。ROS 通过消息进行信息传递，其中提供了大量的标准消息类型，同时读者也可以在拓展名为.msg 的文件中定义消息类型，.msg 的文件存储在功能包的 msg 文件夹下。

（5）服务类型（Service Type）。在 ROS 中，拓展名为.srv 的服务描述文件定义了 ROS 中的请求和回应的数据结构，其存储在功能包的 srv 文件夹下。读者可以使用标准服务类型，也可以自定义服务类型。

（6）代码（Code）：功能包的源程序存储在 src 文件夹里。

工作空间主要用于存储 ROS 功能包（Package），一个工作空间的典型结构如图 3-74 所示。

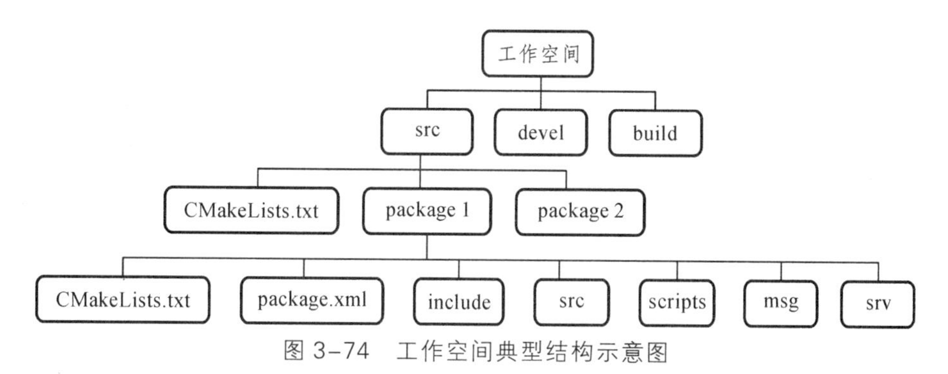

图 3–74　工作空间典型结构示意图

图 3-74 中，工作空间可分为源文件空间、编译空间和开发空间，各自的功能作用如下：

源文件空间（默认为 src 文件夹）：此空间主要存放功能包的源代码文件，可包含多个功能包，但是这些功能包不可以重名。在 src 下初始化工作空间后，会在 src 下生成 CMakeLists.txt 文件。

编译空间（默认为 build 文件夹）：此空间是在编译工作后生成的，主要存放 CMake 和 catkin 的缓存信息以及中间文件。

开发空间（默认为 devel 文件夹）：此空间也是在编译工作后生成的，主要存放生成的目标文件，如头文件、可执行文件和库文件等。

3. ROS 计算图级

计算图级是由一些共同处理数据的 ROS 进程形成的点对点网络，主要描述进程和系统之间的通信。计算图级中有以下几个重要概念：节点（Node）、主题（Topic）、消息（Message）、服务（Service）、节点管理器（Master）、参数服务器（Parameter Server）和消息记录包（Bag），计算图级中的重要组成部分都以各自的方式向计算图级提供数据。

4. ROS 特点

ROS 的宗旨在于构建一个能够整合不同研究成果，实现算法发布、代码重用的通用机器人软件平台。其核心虽然是通信机制，但如今实际上是由四个部分组成：通信机制、开发工具、应用功能、生态系统，如图 3-75 所示。

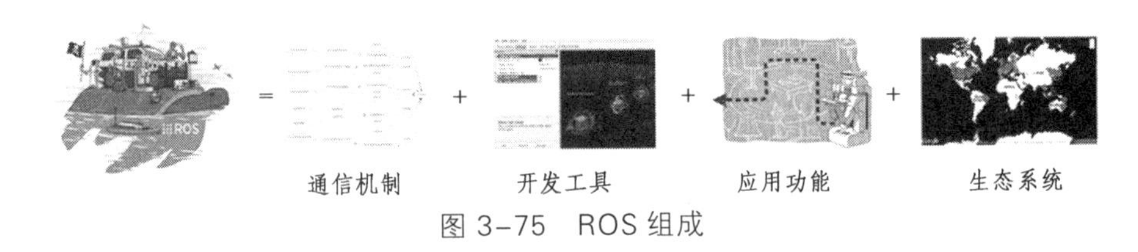

图 3-75　ROS 组成

ROS 采用了基于 TCP/IP 的分布式通信机制，来实现模块间点对点的松耦合连接，从而可以执行多种类型的通信，如基于服务（Service）的同步 RPC 通信，基于主题（Topic）的异步数据流通信及用于数据存储的参数服务器等。

ROS 集成了丰富的开发工具，常见的有三维可视化工具 rviz，命令行工具 rostopic、rosservice、rosnode、rosparam 等，轻量化可视化工具 rqt_graph（显示计算图）、rqt_bag（显示数据包）、rqt_plot（绘制数据曲线）等，编译和测试工具 catkin、gtest 等，第三方工具 Gazebo、Matlab、Qt Creator、SolidWorks 等。

ROS 涵盖了底层驱动、上层功能、控制模块、常用组件等四类功能。ROS 提供了很多常用硬件的驱动功能包，如摄像头、伺服电机等；提供了

SLAM、导航、定位、图像处理、机器人控制等众多机器人常用的上层功能；提供了一个控制框架 ros_control 以及针对不同类型机器人（移动机器人、工业机器人等）的常用控制器 ros_controllers；提供了一些常用组件，如 TF（坐标运算的数学库）、URDF（机器人建模工具）、Message 等。

ROS 拥有一个庞大的开源社区，奠定了 ROS 生态系统的基础，可以提供从硬件到软件、从框架到功能、从驱动到应用的全方位机器人技术。随着众多机器人基础工具和应用功能的不断融入，全球范围内众多开发者的持续支持，以及第三方开源软件的逐渐吸收，使得 ROS 生态系统中的各部分协调统一、相互促进、共同成长，成为一个整体，形成了目前最大的机器人知识库。

总体上看，ROS 具有如下几个特点：

1）点对点设计

ROS 将每个工作进程都看作一个节点，使用节点管理器进行统一管理，并提供了一套消息传递机制。这些节点可以运行在任何具备网络连接的主机上，从而实现分布式计算。这种点对点的设计可以分散由定位、导航、视觉识别、语音识别等功能带来的实时计算压力，适应多机器人的协同工作。

2）多语言支持

ROS 不依赖特定的编程语言，目前已经支持 C++、Python、Lisp、Octave、Java 等多种现代编程语言。为了支持多语言编程，ROS 使用了一种独立于编程语言的接口定义语言（Interface Definition Language，IDL）来描述模块之间的消息接口，并且实现了多种编程语言对 IDL 的封装，从而使得开发者可以同时使用多种编程语言来完成不同模块的开发。

3）精简与集成

ROS 框架具有的模块化特点使得每个功能模块代码可以单独编译，并且使用统一的消息接口让模块的移植和复用更加便捷。同时，ROS 开源社区中集成了大量已有开源项目中的代码，例如从 Player 项目中借鉴了驱动、运动控制和仿真方面的代码，从 OpenCV 中借鉴了视觉算法方面的代码，从 OpenRAVE 借鉴了规划算法方面的代码，开发者可以利用这些资源实现机器人应用的快速开发。

4）开源且免费

ROS 所有的源代码全部公开发布，从而极大地提高了 ROS 框架各层次错误更正的效率。同时，ROS 遵循 BSD 协议给使用者较大的自由，允许个人修改和发布新的应用，甚至可以进行商业化开发和销售，这就使得 ROS 拥有了强大的生命力。在短短的几年内，ROS 软件包的数量呈指数级增长，从而大大加速了机器人应用的开发。

3.2.2 ROS 命令行工具

ROS 中有非常多的命令行工具，可以帮助我们深入了解 ROS，使我们操作 ROS 的时候更加方便。

1. rostopic：显示系统中所有与主题相关消息的指令

主题（Topic）是用于标识消息（Message）内容的名称，消息可以通过一种发布/订阅的方式传递，而节点可以向一个指定的主题发布消息。一个节点对特定类型的数据感兴趣就订阅相应的主题。一个节点可以同时订阅或者发布多个主题的消息，多个节点也发布或者订阅同一个主题的消息。发布者和订阅者彼此独立，不互相影响。实际上主题并不关注哪些节点发布或订阅它的消息，它只关注消息的类型是否匹配。需要注意的是主题的名字必须具有唯一性。rostopic 命令行工具用于对主题进行操作，具体说明如下：

1）rostopic list：显示当前正在发送和接收的所有主题的列表

rostopic list -p：仅显示正在发送的所有主题的列表。

rostopic list -s：仅显示正在接收的所有主题的列表。

rostopic list -v：显示详细信息，可以分开发布主题和订阅主题，并将每个主题的消息类型一起显示。

2）rostopic echo：实时显示主题的消息内容

用法：rostopic echo [主题名称]。例如，实时显示主题/turtle1/pose 上的消息内容：

```
$ rostopic echo /turtle1/pose
```

3）rostopic find：显示使用指定类型的消息的主题

用法：rostopic find [类型名称]。例如，显示使用消息 turtlesim/pose 的主题：

```
$ rostopic find turtlesim/pose
```

4）rostopic type：显示指定主题的消息类型

用法：rostopic type [主题名称]。例如，显示主题/turtle1/pose 的消息类型：

```
$ rostopic type /turtle1/pose
```

5）rostopic bw：显示指定主题的消息数据带宽

用法：rostopic bw [主题名称]。例如，显示主题/turtle1/pose 消息数据带宽：

```
$ rostopic bw /turtle1/pose
```

6）rostopic hz：显示指定主题的消息数据发布周期

用法：rostopic hz [主题名称]。例如，显示主题/turtle1/pose 上消息的发布周期：

```
$ rostopic hz /turtle1/pose
```

7）rostopic info：显示指定主题的信息，包括类型、发布者、主题接收者等

用法：rostopic info [主题名称]。例如，显示主题/turtle1/pose 的信息：

```
$ rostopic info /turtle1/pose
```

8）rostopic pub [主题名称] [消息类型] [参数]：向指定的主题发布消息

（1）闭锁模式。

向指定的主题发布一条消息，并将其保持锁定，就是启动 rostopic 后联机的任何新主题接收者都将听到此消息。例如，向主题/turtle1/cmd_vel geometry_msgs/Twist 发布线速度 linear 和角速度 angular 消息：

```
$ rostopic pub /turtle1/cmd_vel geometry_msgs/Twist '{linear:{ x:2.0 ,
y:0.0 ,z:0.0},angular:{x:0.0 ,y:0.0 ,z:2.0}}'
```

可以通过按“Ctrl+C”随时停止此操作。如果不想用“Ctrl+C”停止rostopic，可以使用单次模式停止。

（2）单次模式。

在该模式下，rostopic将保持信息锁定3 s，然后退出。例如：

```
$ rostopic pub -1 /turtle1/cmd_vel geometry_msgs/Twist '{linear:{ x:2.0 ,
y:0.0 ,z:0.0},angular:{x:0.0 ,y:0.0 ,z:2.0}}'
```

（3）频率模式。

在该模式下，rostopic将以给定的频率发布消息。例如，-r 10表示以10 Hz的频率发布消息：

```
$ rostopic pub -r 10 /turtle1/cmd_vel geometry_msgs/Twist '{linear:{ x:2.0 ,
y:0.0 ,z:0.0},angular:{x:0.0 ,y:0.0 ,z:2.0}}'
```

2. rosservice：显示系统中所有与服务相关消息的指令

ROS提供了rosservice和rossrv两个命令行工具用于显示服务信息，区别在于rosservice命令针对的是活动的服务，而rossrv命令针对的是静态的服务文件*.srv，具体说明如下：

（1）rosservice：显示活动的服务信息。

rosservice list：列出所有活动的服务信息。

rosservice info /[服务名称]：显示指定服务的信息，包括服务的节点名称、URI、类型和参数。例如，显示服务/turtle1/set_pen的信息：

```
$ rosservice info /turtle1/set_pen
```

rosservice type /[服务名称]：显示服务类型。例如：

```
$ rosservice type /turtle1/set_pen
```

rosservice find [服务类型]：查找指定服务类型的服务。例如：

```
$ rosservice find /turtle1/set_pen
```

rosservice uri [服务名称]：显示服务的 uri 信息。例如：

```
$ rosservice uri /turtle1/set_pen
```

rosservice args /[服务名称]：显示服务的参数。例如：

```
$ rosservice args /turtle1/set_pen
```

rosservice call [服务名称] [参数]：用输入的参数请求服务。例如：

```
$ rosservice call /turtle1/set_pen 0 0 0 5 0
```

（2）rossrv：显示静态的服务信息。

rossrv list：列出所有静态的服务信息，该命令显示了 ROS 当前安装的功能包的所有服务。根据目前包含在 ROS 中的功能包，其显示结果可能会有所不同。

rossrv show /[服务名称]：显示服务的信息。例如，显示静态服务 /turtlesim/SetPen 的信息：

```
$ rossrv show /turtlesim/SetPen
```

rossrv md5 /[服务名称]：显示服务的 md5sum。

如果在服务请求和响应期间遇到 md5 问题，则需要检查 md5sum，这时会用到该命令，一般不常用。例如：

```
$ rossrv md5 /turtlesim/SetPen
```

rossrv package [功能包名称]：显示用于指定功能包的所有服务。例如，显示用于功能包 turtlesim 的所有服务。

```
$ rossrv package turtlesim
```

rossrv packages：显示使用服务的所有功能包。例如：

```
$ rossrv packages
```

3. rosnode：显示系统中所有与节点相关消息的指令

ROS 提供了 rosnode 命令行工具用于显示与节点相关的消息，用法说明如下：

（1）rosnode list：列出正在运行的所有节点。

（2）rosnode ping [节点名称]：对节点进行连接测试，例如：

```
$ rosnode ping /turtlesim
```

（3）rosnode info [节点名称]：显示节点的信息，包括发布者、订阅者和服务信息等，例如：

```
$ rosnode info /turtlesim
```

（4）rosnode kill [节点名称]：终止指定节点的运行，例如：

```
$ rosnode kill /turtlesim
```

用户也可以在运行节点的终端窗口中使用“Ctrl+C”组合按键直接终止节点。

（5）rosnode clean：清除无法访问的节点的注册信息。

4. rosrun：运行 ROS 节点

rosrun 命令可以运行一个 ROS 相关的节点，说明如下：

用法：rosrun [功能包名称] [节点名称]，例如，运行小海龟功能包 turtlesim 中的 turtlesim_node 节点：

```
$ rosrun turtlesim turtlesim_node
```

需要注意的是：在使用 rosrun 命令运行 ROS 节点时，需要首先运行 roscore 命令启动节点管理器，且无论使用 rosrun 命令运行多少个节点，roscore 命令都只须执行一次，占用单独的一个终端窗口。

此外，ROS 还可以在启动节点时重映射更改节点、主题和参数的名称，这样无须重新编译代码就可以重新配置节点。重映射可以理解为取别名，开发者可以不修改功能包的接口，仅需重映射接口就可以使用，便于提高代码的复用率。例如，一个节点 A 订阅了“/chatter”主题，然而其他开发者开发的节点 B 只能发布到“/my_chatter”主题，如果想让这两个节点进行通信，那么当这两个主题的消息类型一致时，我们可以把 chatter 主题重映射到 my_chatter，这样无须修改任何代码，就可以让两个节点进行通信。例如，将节点 node1 的主题“/chatter”重映射为主题“/my_chatter”，则可以通过如下命令实现：

```
$ rosrun change_topic node1 chatter:=/my_chatter
```

5. rosmsg：显示系统中所有与消息相关消息的指令

消息本质上是节点之间用于交换信息的数据结构，节点通过消息实现彼此之间的通信。ROS 提供了多种标准数据类型（如整型，浮点型，布尔型等），用户也可以基于标准消息自定义某种类型的消息。ROS 提供了 rosmsg 命令行工具用于显示消息信息，说明如下：

（1）rosmsg list：显示所有消息。

该命令显示当前 ROS 中安装的功能包的所有消息。根据当前系统中包含的功能包，显示结果可能会有所不同。

（2）rosmsg show：显示消息。

用法：rosmsg show[消息名称]。例如，显示消息 turtlesim/Pose 的信息。

```
$ rosmsg show turtlesim/Pose
```

（3）rosmsg md5：显示消息的 md5sum。

用法：rosmsg md5 [消息名称]。

如果在消息通信期间遇到 MD5 问题，则需要检查 md5sum，此时会用到该命令，一般不常用。例如：

```
$ rosmsg md5 turtlesim/Pose
```

（4）rosmsg package：显示用于指定功能包的所有消息。

用法：rosmsg package[功能包名称]。例如，显示功能包 turtlesim 中的所有消息。

```
$ rosmsg package turtlesim
```

（5）rosmsg packages：显示使用消息的所有功能包。

根据当前系统中包含的功能包，其显示结果可能会有所不同。

6. rosparam：显示系统中所有与参数相关消息的指令

节点在运行时使用参数服务器存储和检索参数，参数服务器是一个可通过网络 API（应用程序接口）访问的共享多变量字典。参数服务器中的配置参数通常是全局可见的，这便于查看和更改系统的配置状态。由于参数管理器是由 XML-RPC 实现的，所以参数服务器使用 XML-RPC 数据类型为参数赋值，其包括 32 位整数、布尔值、字符串、双精度浮点数、ISO 8601 日期等。

rosparam 命令行工具用于对参数进行操作，具体说明如下：

（1）rosparam list：列出参数服务器中所有的参数。

（2）rosparam get /[参数名称]：获取参数值。例如，显示 background_r 参数值：

```
$ rosparam get /background_r
```

在终端显示所有参数值，可采用如下命令：

```
$ rosparam get /
```

（3）rosparam dump [文件名]：将参数服务器中的参数保存到指定的文件中。例如，将参数保存到文件 parameters.yaml 中：

```
$ rosparam dump  ~/parameters.yaml
```

（4）rosparam set [参数名称] [参数值]：设置参数值。例如，将参数 background_r 的值设置为 1，即将颜色的红色通道 r 的值改为 1：

```
$ rosparam set /background_r 1
```

（5）rosparam load [文件名称]：从文件中加载参数到参数服务器。例如：

```
$ rosparam load  ~/parameters.yaml
```

（6）rosparam delete [参数名称]：删除参数。例如：

```
$ rosparam delete /background_r
```

7. catkin：ROS 在 CMake 基础上定制的编译系统，其工作流程与 CMake 相似

在早期的 ROS 发行版中，ROS 都使用 rosbuild 工具来编译，因为该工具难以将 ROS 程序安装到其他系统或架构上，所以在 ROS Groovy 发行版之后，ROS 提供了更加方便的工具 catkin 来执行编译和安装。

（1）catkin_init_workspace：把指定的工作目录初始化为 ROS 的工作空间。

catkin_init_workspace 是初始化用户工作目录（如 ~ /catkin_ws/src）的命令。

（2）catkin_create_pkg：创建功能包。

用法：catkin_create_pkg [功能包名称] [依赖性功能包 1] ...

通过 catkin_create_pkg 能够创建一个包含 CMakeLists.txt 和 package.xml 文件的空功能包。例如，使用 catkin_create_pkg 命令创建一个依赖于 roscpp 和 std_msgs 的功能包 my_package，则终端输入如下命令：

```
$ catkin_create_pkg my_package roscpp std_msgs
```

（3）catkin_make：编译功能包。

用法：catkin_make [选项]。

catkin_make 是编译功能包的命令。例如，编译现有工作空间 catkin_ws 中所有功能包，则终端输入如下命令：

```
$ cd  ~ /catkin_ws
$ catkin_make
```

如果只编译一部分功能包，而不是全部功能包，则使用“--pkg [功能包名称]”选项来运行。例如，只编译功能包 ros_tutorials：

```
$ catkin_make --pkg ros_tutorials
```

（4）catkin_find：搜索工作目录。

用法：catkin_find [功能包名称]。

用户可以通过运行 catkin_find 命令来找出正在使用的所有工作目录。此外，如果执行“catkin_find [功能包名称]”，则会看到选项中指定的与功能包相关的工作目录，例如：搜索正在使用功能包 turtlesim 的所有工作目录。

```
$ catkin_find turtlesim
```

8. ROS 功能包相关命令，便于用户快速操作功能包

（1）roscd：更改目录。

用法：roscd [功能包名称]。

通过 roscd 可以切换工作目录到某个功能包或者功能包集当中。例如，切换工作目录到功能包 turtlesim 下：

```
$ roscd turtlesim
```

注意，要运行此示例并获得相同的结果，必须安装功能包 turtlesim。可使用以下命令进行安装：

```
$ sudo apt-get install ros-melodic-turtlesim
#melodic 为版本号，用户可以更改为自己安装的 ROS 版本
```

（2）rosls：列出功能包下的文件目录。

用法：rosls [功能包名称]。

该命令查看指定的 ROS 功能包的文件列表。例如，查看功能包 turtlesim 下包含哪些文件：

```
$ rosls turtlesim
```

（3）rosed：ROS 编辑命令。

用法：rosed [功能包名称] [文件名称]。

该命令用于编辑功能包中的文件。运行时，它会利用用户设置的编辑器打开文件，用于快速修改相对简单的内容，rosed 默认的编辑器是 vim。

（4）rospack：显示指定的 ROS 功能包的相关信息。

用法：rospack [选项] [功能包名称]。

（5）rospack find：显示功能包的存储位置。

用法：rospack find [功能包名称]。

（6）rospack list：显示所有的功能包。

用户可以结合 rospack list 命令与 Linux 搜索命令 grep 来轻松找到功能包。例如，“rospack list | grep turtle”将显示所有功能包中只与 turtle 相关的功能包：

```
$ rospack list | grep turtle
```

（7）rospack depends-on：显示依赖于指定功能包的功能包列表。

用法：rospack depends-on [功能包名称]。

（8）rospack depends：显示运行该功能包所依赖的功能包列表。

用法：rospack depends [功能包名称]。

（9）rospack profile：重建功能包索引。

rospack profile 命令通过检查存储功能包的工作目录和功能包的信息来重建功能包索引。

（10）rosinstall：安装 ROS 附加功能包。

rosinstall 是一个自动安装或更新由源代码管理软件（如 SVN、Mercurial、Git 和 Bazaar）管理的 ROS 包命令。当功能包有更新时，其会自动安装需要的功能包或进行更新。

（11）rosdep：安装功能包的依赖文件。

用法：rosdep [选项]。

rosdep 是安装指定功能包的依赖文件的命令，[选项]包括 check、install、init 和 update。例如：

rosdep check [功能包名称]：会检查指定功能包的依赖关系。

rosdep install <package>：将安装指定功能包的依赖功能包。

rosdep init：初始化 rosdep 的下载源。

rosdep update：更新 rosdep 下载源。

9. rosbag：消息记录包用于保存和回放 ROS 消息数据，文件拓展名为.bag

rosbag 命令可以实现消息记录包的记录、播放和压缩等，也可以获取并记录各种传感器数据，在没有实际传感器的情况下，其可以通过回放消息记录包获取实验数据，极大地方便了算法的开发与测试。

（1）rosbag record /[主题名称]：记录指定主题的消息。例如，记录主题/turtle1/cmd_vel 的消息：

```
$ rosbag record /turtle1/cmd_vel
```

记录所有主题的消息，可采用如下命令：

```
$ rosbag record –a
```

（2）rosbag record -O [文件名字] /[主题名称]：记录指定主题的消息到指定文件。例如，将主题/turtle1/cmd_vel 的消息记录到文件 turtlesim_1.bag 中：

```
$ rosbag record -O turtlesim_1.bag /turtle1/cmd_vel
```

（3）rosbag info [bag 文件名]：查看 bag 文件的信息。例如：

```
$rosbag info turtlesim_1.bag
```

（4）rosbag play [bag 文件名]：回放 bag 文件。例如：

```
$ rosbag play turtlesim_1.bag
```

3.2.3 ROS 的实例

本节将通过 ROS 系统自带的一个经典案例小海龟（turtlesim），帮助开发者更快速地理解、掌握 ROS 概念和命令行工具。

首先确保 roscore 已经运行，打开一个新的终端：

```
$ roscore
```

在一个新的终端中运行 turtlesim 节点：

```
$ rosrun turtlesim turtlesim_node
```

运行成功后可以看到弹出一个显示窗口，并且窗口中生成一只小乌龟，如图 3-76 所示。

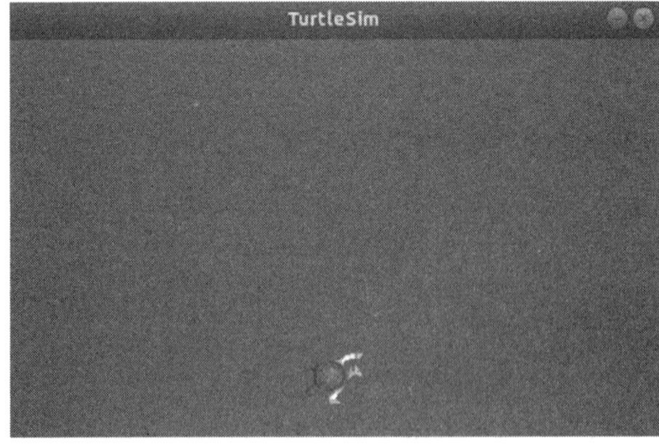

图 3–76　Turtlesim 小乌龟

在一个新的终端中运行键盘控制节点：

```
$ rosrun turtlesim turtle_teleop_key
```

运行成功后，根据窗口提示，按下键盘方向键就可以控制窗口中小乌龟运动，如图 3-77 所示。

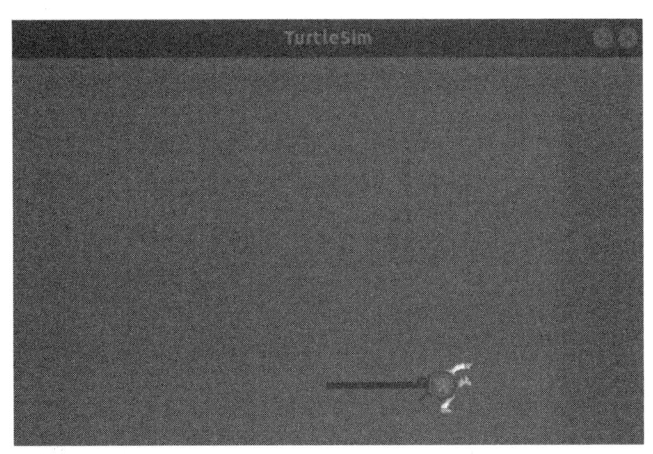

图 3-77　控制小乌龟运动

此时可以运行 rqt_graph 观察 ROS 环境中的通信情况，rqt_graph 能够创建一个显示当前系统运行情况的动态图形：

```
$ rosrun rqt_graph rqt_graph
```

运行成功后能看到如图 3-78 所示图形。

图 3-78　rqt_graph 创建动态图

如果将鼠标放在/turtle1/command_velocity 上方，相应的 ROS 节点（蓝色和绿色）和话题（红色）就会高亮显示，表明 turtlesim_node 和

turtle_teleop_key 节点正通过一个名为/turtle1/command_velocity 的话题来互相通信，如图 3-79 所示。

图 3-79 动态显示

用 rostopic 命令行工具查询当前 ROS 环境中有哪些主题：

```
$ rostopic list
```

反馈有 5 个主题，小海龟就是通过/turtle1/cmd_vel 主题接收 Twist 速度消息，从而进行相应的运动：

```
/rosout
/rosout_agg
/turtle1/cmd_vel
/turtle1/color_sensor
/turtle1/pose
```

用 rosservice 命令行工具查询当前 ROS 环境中有哪些服务：

```
$ rosservice list
```

反馈有若干服务，且每个服务都有不同的功能：

```
/clear
/kill
/reset
/rosout/get_loggers
/rosout/set_logger_level
/spawn
```

```
/turtle1/set_pen
/turtle1/teleport_absolute
/turtle1/teleport_relative
/turtlesim/get_loggers
/turtlesim/set_logger_level
```

3.2.4 ROS 图形用户接口：rviz 和 rqt

ROS 提供了一些可视化工具用于帮助检查和调试，以提高开发效率。以下对几种常用的可视化工具进行介绍。

1. rviz

rviz 是 ROS 提供的三维可视化工具，主要用于机器人、传感器以及算法的可视化。除此之外，rviz 还可以利用其控制面板中的按钮和更改数值等方式控制机器人的行为。目前，rviz 已经集成到桌面完整版的 ROS 系统，如果没有安装 rviz，则可以如下命令安装：

```
$ sudo apt-get install ros-melodic-rviz
```

安装完成后，在终端中启动节点管理器和 rviz 平台：

```
$ roscore
$ rosrun rviz rviz
```

rviz 界面如图 3-80 所示。

该界面主要包含以下几个部分：

（1）3D 视图（3D view）：如图 3-80 中的红框“0”部分，用于 3D 可视化显示数据，目前没有任何数据，所以显示黑色。

（2）工具栏：如图 3-80 中的红框“1”部分，允许用户选择多种功能的工具，包括视角控制、机器人位姿估计、导航目标设置、发布地点等。

（3）显示栏（Displays）：如图 3-80 中的红框“2”部分，用于显示当前选择的显示插件，可以配置每个插件的属性，点击下方的“Add”按键，rviz 会弹出支持的所有类型的显示插件，如图 3-81 所示。

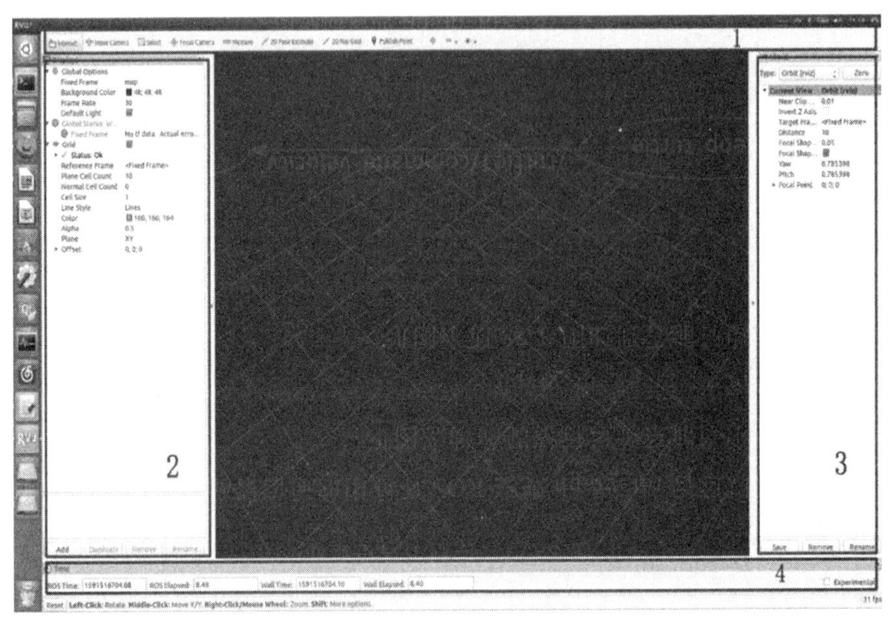

图 3-80　rviz 默认启动界面

图 3-81　rviz 支持的显示插件

图中常用的显示插件描述如表 3-1 所示。

表 3–1　常用显示插件

名　称	描　述	使用的消息
Axes	显示一组坐标轴	
Camera	创建一个新的窗口，并显示相机图像	sensor_msgs/Image, sensor_msgs/CameraInfo
GridCells	显示 navigation 包代价地图中的障碍物栅格信息	nav_msgs/GridCells
Image	创建一个新窗口并显示图像，与 Camera 不同，它不使用相机信息	sensor_msgs/Image
LaserScan	显示来自激光雷达的数据	sensor_msgs/LaserScan
Map	在地平面上显示地图	nav_msgs/OccupancyGrid
Markers	绘制箭头、立方体和圆柱体等基本形状	visualization_msgs/Marker, visualization_msgs/MarkerArray
Path	显示导航过程的路径信息	nav_msgs/Path
Pose	使用箭头/坐标轴绘制位姿	geometry_msgs/PoseStamped
PointCloud	显示点云数据	sensor_msgs/PointCloud, sensor_msgs/PointCloud2
Polygon	绘制多边形的轮廓	geometry_msgs/Polygon
Odometry	绘制里程计位姿信息	nav_msgs/Odometry
Range	显示表示声呐或红外距离传感器的测量值	sensor_msgs/Range
RobotModel	显示机器人模型（依据 TF 变换确定的机器人模型位姿）	
TF	显示 TF 的层次关系	
Wrench	显示力信息	geometry_msgs/WrenchStamped

（4）视图（Views）：如图 3-80 中的红框“3”部分，用来设置三维视图的视角，其选项包括：

Orbit：以指定的视点（称为 Focus）为中心旋转，默认情况下为最常用的基本视图。

FPS：显示第一人称视点所看到的画面。

ThirdPersonFollower：显示用第三人称的视点跟随特定目标的视图。

TopDownOrtho：这是 *Z* 轴的视图，与其他视图不同，使用直射视图显示，而非透视法。

XYOrbit：类似于 Orbit 的默认值，但焦点固定在 *Z* 轴值为 0 的 *XY* 平面。

时间（Time）：显示当前的系统时间和 ROS 时间。这主要用于仿真，如果需要重新启动，请点击底部的“Reset”按钮。

（5）时间显示区：如图 3-80 中的红框“4”部分，显示当前的系统时间和 ROS 时间。

2. rqt

rqt 是一个基于 qt 框架开发的可视化工具，具有良好的拓展性且简单易用。rqt 提供了三十余种插件，包括动作（Action）、配置（Configuration）、自检（Introspection）、日志（Logging）、机器人工具（Robot Tools）、服务（Services）、主题（Topics）以及可视化（Visualization）等多个方面。除此之外，用户也可以添加自己开发的插件。

可以使用以下命令安装 rqt：

```
,$ sudo apt-get install ros-melodic-rqt*
```

以下将主要介绍 rqt_graph 和 rqt_plot。

1）rqt_graph

rqt_graph 通过有向图来显示 ROS 系统当前的计算图。使用以下命令启动 rqt_graph：

```
$ rqt_graph
```

在启动 rqt_graph 之前，可以先使用 roslaunch 启动多个节点，然后再启动 rqt_graph，之后出现图 3-82 所示界面。

图 3-82 中椭圆表示点节，矩形表示主题消息，箭头表示消息的传递。若要关闭该界面可使用快捷键“Ctrl+C”指令。

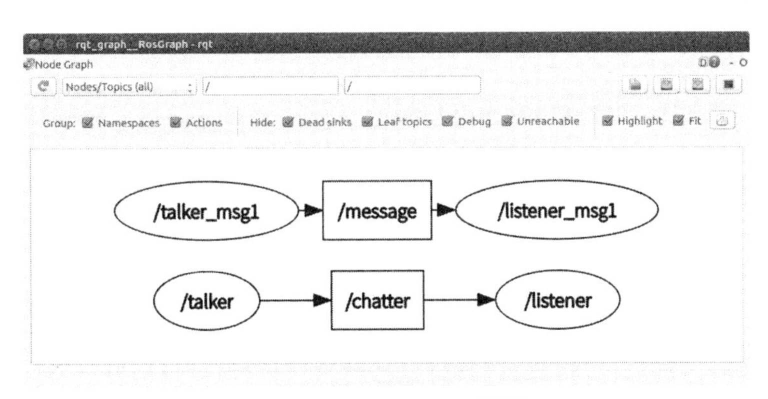

图 3-82　rqt_graph 界面

2）rqt_plot

rqt_plot 可以将主题消息数据以曲线的形式在二维平面内绘制出来。使用以下命令启动 rqt_plot：

```
$ rqt_plot
```

弹出界面中的“Topic”输入框用来输入想要显示的主题消息。比如，显示 turtlesim 功能包中/turtle1/pose 主题消息，就可以在“Topic”输入框中输入“/turtle1/pose”，则可以得到图 3-83 所示曲线。

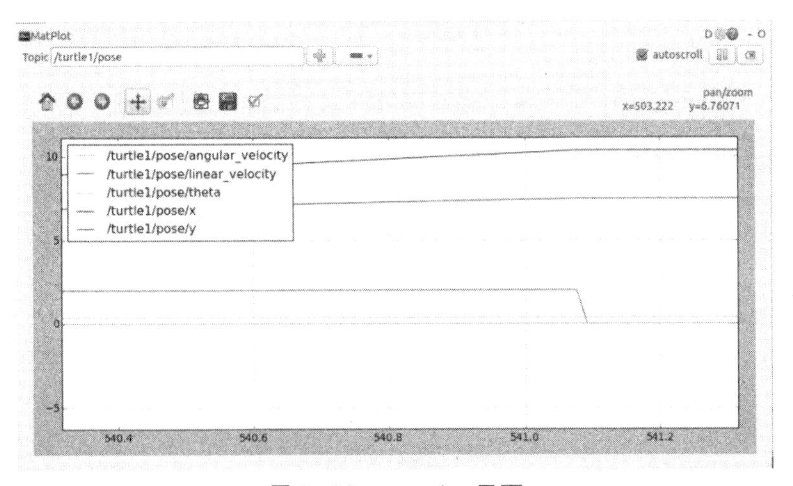

图 3-83　rqt_plot 界面

除了上述方法，也可以直接在命令行启动时指定主题消息。例如，指定主题/turtle1/pose/x 和/turtle1/pose/y，则需输入如下指令：

```
$ rqt_plot /turtle1/pose/x /turtle1/pose/y
```

同样，可以使用“Ctrl+C”来关闭 rqt_graph。

3.2.5 创建 ROS 工作空间和功能包

前面介绍了 ROS 工作空间主要用于存储 ROS 功能包（Package），本小节以创建工作空间 catkin_ws 和功能包 tutorials 为例，对 ROS 工作空间和功能包的创建与编译过程进行介绍。

1. 工作空间的创建与编译

1）创建工作空间

在终端输入如下命令来创建工作空间 catkin_ws 及其子文件夹 src：

```
$ mkdir -p ~/catkin_ws/src
```

其中，-p 表示创建目标路径上的所有文件夹。执行完上述命令，会在用户主目录下生成 catkin_ws 文件夹和子文件夹 src。此时，catkin_ws 为创建的工作空间，src 为存放功能包的文件夹，src 可以存放多个不同名称的功能包。

2）编译工作空间

在终端输入如下命令来切换目录到工作空间 catkin_ws：

```
$ cd ~/catkin_ws/
```

在终端输入如下命令编译工作空间：

```
$ catkin_make
```

此时，在 catkin_ws 文件夹下会生成 build 文件夹和 devel 文件夹。build 文件夹是编译空间的默认所在位置，catkin_make 在此被调用来配置并编译功能包。devel 文件夹是开发空间的默认所在位置，存放着可执行文件和库文件。

3）写入环境变量

在终端输入如下命令将工作空间 catkin_ws 的路径设置到 ROS 环境变量 ROS_PACKAGE_PATH 中：

```
$ source devel/setup.bash
```

如果新打开一个终端，那么在使用工作空间 catkin_ws 之前，必须先将该工作空间的路径加入环境变量 ROS_PACKAGE_PATH 中。为了方便起见，也可以将上述的 source 命令写入到 ~ /.bashrc 中，这样每次启动终端就会自动运行 source，即在终端输入如下命令：

```
$ echo "source ~/catkin_ws/devel/setup.bash" >> ~/.bashrc
```

为了确保环境变量配置成功，在终端输入如下命令进行查看：

```
$ echo $ROS_PACKAGE_PATH
```

若终端返回以下信息：

```
/home/用户名/catkin_ws/src:/opt/ros/melodic/share
```

则表示工作变量已经配置正确。至此，一个工作空间的创建和编译就完成了。

2. 功能包的创建与编译

1）创建功能包

在终端输入如下命令以切换到工作空间 catkin_ws 的 src 文件夹下：

```
$ cd ~/catkin_ws/src
```

在终端输入如下命令以实现在 src 下创建功能包 tutorials，并将 std_msgs、rospy 和 roscpp 作为该功能包的依赖项：

```
$ catkin_create_pkg tutorials std_msgs rospy roscpp
```

执行上述命令后，src 文件夹下就会出现文件夹 tutorials，该文件夹下至少包括 CMakeLists.txt 和 package.xml 两个文件。需要注意的是，功能包的目录不能相互嵌套，即若需要创建一个新的功能包，不能建在 tutorials 文件夹下。

2）编译功能包

完成功能包的创建后，需要再次编译工作空间并执行 source 命令置顶环境变量。在终端输入如下命令来切换目录到工作空间 catkin_ws 并编译：

```
$ cd ~/catkin_ws/
```

```
$ catkin_make
```

在终端输入如下命令配置环境变量：

```
$ source devel/setup.bash
```

至此，一个功能包就创建和编译就完成了。

3.2.6 使用 ROS 客户端库

ROS 客户端库（Client Libarary），简单地理解就是一套接口（API）。ROS 为机器人用户和开发者提供了不同语言的接口，比如 roscpp 是 C++ 语言 ROS 接口，rospy 是 python 语言的 ROS 接口，Clinet Lirary 有点类似开发中的 Helper Class，把一些常用的基本功能做了封装，直接调用它所提供的函数就可以实现 topic、service 等通信功能。

目前 ROS 支持的 Clinet Library 如表 3-2 所示。

表 3-2 ROS 支持的客户端库

ROS 客户端库	介 绍
roscpp	ROS 的 C++库，是目前最广泛应用的 ROS 客户端库，执行效率高
rospy	ROS 的 Python 库，开发效率高，通常用在对运行时间没有太大要求的场合，例如配置、初始化等操作
roslisp	ROS 的 LISP 库
roscs	Mono/.NET.库，可用任何 Mono/.NET 语言，包括 C#,Iron Python,Iron Ruby 等
rosgo	ROS Go 语言库
rosjava	ROS Java 语言库
rosnodejs	Javascript 客户端库
……	……

目前最常用的只有 roscpp 和 rospy，而其余的语言版本基本都还是测

试版。从开发客户端库的角度看，一个客户端库至少需要能够包括 master 注册、名称管理、消息收发等功能，给用户和开发者提供对 ROS 通信架构进行配置的方法。

ROS 包含的 packages 如图 3-84 所示，可以看到 roscpp、rospy 处于语言层。

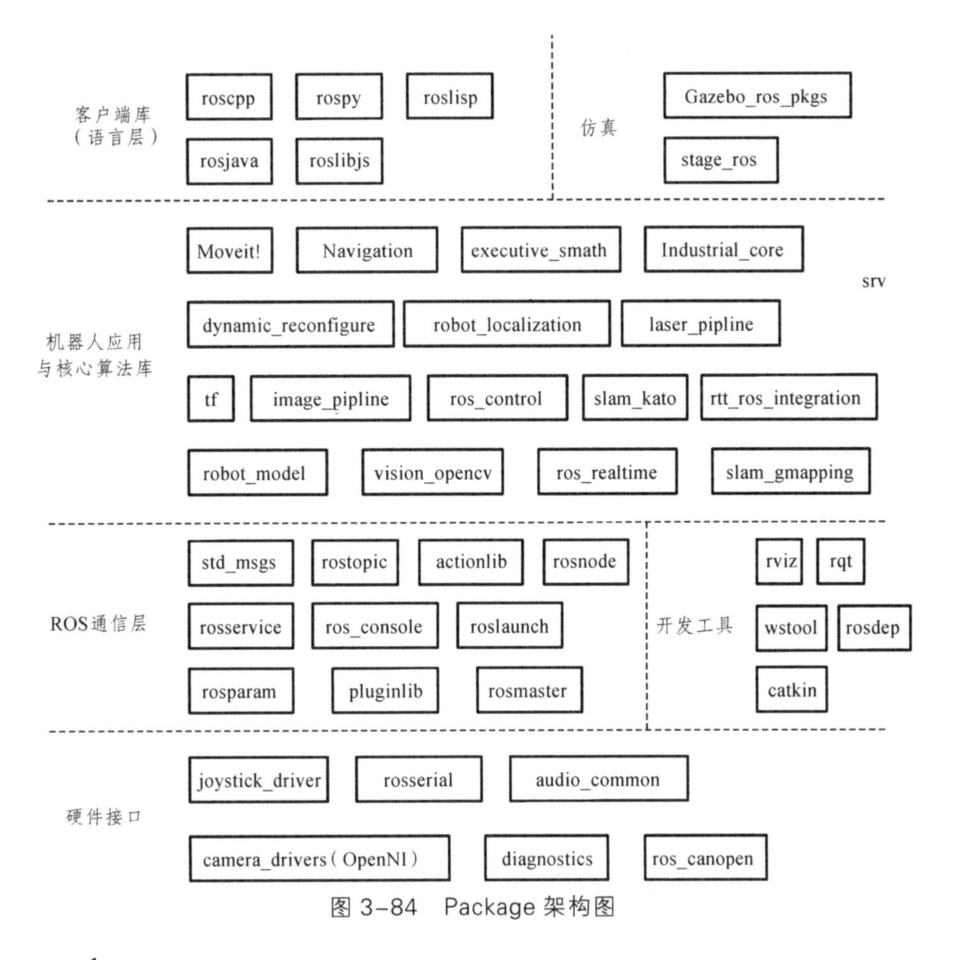

图 3-84　Package 架构图

1. roscpp

roscpp 位于/opt/ros/melodic 下，用 C++实现了 ROS 通信。在 ROS 中，C++的代码是通过 catkin 编译系统（扩展的 CMake）来进行编译构建的，也可以把 roscpp 当作为一个 C++库。当创建一个 CMake 工程，在其中包含（include）了 roscpp 等 ROS 库（libraries），就可以在工程中使用 ROS 提供的函数了。

要调用 ROS 的 C++接口，首先需要 #include <ros/ros.h> 。

roscpp 的主要部分包括：

ros::init()：解析传入的 ROS 参数，创建 node 第一步需要用到的函数。

ros::NodeHandle：与 topic、service、param 等交互的公共接口。

ros::master：包含从 master 查询信息的函数。

ros::this_node：包含查询这个进程（node）的函数。

ros::service：包含查询服务的函数。

ros::param：包含查询参数服务器的函数，而不需要用到 NodeHandle。

ros::names：包含处理 ROS 图资源名称的函数。

日常开发中并不会用到所有的功能，开发者只需掌握几个比较常见和重要的用法就足够了，下面介绍其中关键的用法。

1）初始化节点

对于一个 C++编写的 ROS 程序，它与普通 C++程序的区别是在代码中做了两层工作：

（1）调用了 ros::init()函数，初始化节点的名称和其他信息，ROS 程序一开始都会以这种方式实现。

（2）创建 ros::NodeHandle 对象，也就是节点的句柄，它可以用来创建 Publisher、Subscriber 以及做其他事情。

句柄（Handle）这个概念可以理解为一个“门把手”，用户握住了门把手，就可以很容易把整扇门拉开，而不必关心门是什么样子。NodeHandle 就是对节点资源的描述，有了它就可以操作这个节点了，比如为程序提供服务，监听某个 topic 上的消息，访问和修改 param 等。

2）关闭节点

通常要关闭一个节点，可以直接在终端上按“Ctrl + C”，系统会自动触发句柄来关闭这个进程。也可以通过调用 ros::shutdown()来手动关闭节点。

以下是一个节点初始化、关闭的例子：

```
#include<ros/ros.h>
int main(int argc,char** argv)
{
    ros::init(argc,argv,"your_node_name");
    ros::NodeHandle nh;
    //....节点功能
    //....
    ros::spin();//用于触发 topic、service 的响应队列
    return 0;
}
```

这段代码是最常见的一个 ROS 程序过程，即要启动节点，获取句柄。关闭节点的工作系统会自动帮开发者完成，也可以通过在编程过程中调用 ros::shutdown()立即关闭节点。而开发者可能更为关心句柄可以用来做些什么，接下来看看 NodeHandle 常用的接口函数。

3）NodeHandle 常用接口函数

NodeHandle 是 Node 的句柄，用来对当前节点进行各种操作。在 ROS 中，NodeHandle 是一个定义好的类，通过 include<ros/ros.h>，开发者可以创建这个类，以及使用它的接口函数。

NodeHandle 常用接口函数包括：

```
    //创建话题的 publisher
    ros::Publisher advertise(const string &topic,uint32_t queue_size,bool latch=false);
    //第一个参数为发布话题的名称
    //第二个参数是消息队列的最大长度，如果发布的消息超过这个长度而
    //没有被接收，那么旧的消息就会出队。通常设为一个较小的数即可
```

//第三个参数为是否锁存。某些话题并不是会以某个频率发布，比如/map 这个 topic，只有在初次订阅或者地图更新这两种情况下，/map 才会发布消息。这里就用到了锁存

//创建话题的 subscriber

ros::Subscriber subscribe(const string &topic,uint32_t queue_size, void(*)(M));

//第一个参数是订阅话题的名称

//第二个参数是订阅队列的长度，如果收到的消息都没来得及处理，那么新消息入队，旧消息就会出队

//第三个参数是回调函数指针，指向回调函数来处理接收到的消息

//创建服务的 server，提供服务

ros::ServiceServer advertiseService(const string &service,bool(*srv_func)(Mreq &,Mres &));

//第一个参数是 service 名称。

//第二个参数是服务函数的指针，指向服务函数。指向的函数应该有两个参数，分别接受请求和响应。

//创建服务的 client

ros::ServiceClient serviceClient(const string &service_name,bool persistent=false);

//第一个函数式 service 名称。

//第二个参数用于设置服务的连接是否持续，如果为 true，client 将会保持与远程主机的连接，这样后续的请求会快一些。通常设为 flase。

//查询某个参数的值

bool getParam(const string &key,std::string &s);

```
bool getParam(const std::string &key,double &d)const;
bool getParam(const std::string &key,int &i)const;
//从参数服务器上获取 key 对应的值，已重载了多个类型

//给参数赋值
void setParam(const std::string &key,const std::string &s)const;
void setParam(const std::string &key,const char *s)const;
void setParam(const std::string &key,int i)const;
//给 key 对应的 val 赋值，重载了多个类型的 val
```

2. rospy

rospy 是除 roscpp 外开发者使用最多的 ROS 客户端库，也是 Python 语言的 ROS 库。rospy 提供了 Python 编程需要的接口，可以认为 rospy 就是一个 Python 的模块（Module）。这个模块位于/opt/ros/kineetic/lib/python2.7/dist-packages/rospy 之中。接下来将对 rospy 库最核心的接口函数进行介绍。

rospy.init_node：注册和初始化节点（node）。

rospy.is_shutdown()：判断节点是否关闭。

rospy.on_shutdown(fn)：在节点关闭时调用回调函数 fn。

wait_for_message()：等待某个主题的消息。

spin()：触发 topic 或 service 的回调/处理函数，会阻塞直到关闭节点。

rospy.Publisher()：创建一个 ROS 主题发布者。

publish(msg)：发布消息。

rospy.Subscriber()：创建一个 ROS 主题订阅者。

rospy.Service()：创建一个 service 服务器。

rospy.wait_for_service()：等待 service 服务器可执行。

rospy.ServiceProxy()：创建一个 service 客户端。

3.3 ROS 环境中的 C++编程

3.3.1 发布节点与订阅节点的编写

本小节将创建两个节点，通过 ROS 主题实现字符串消息的发布和订阅，具体内容如下。

1. 创建发布节点

首先在 3.2.5 小节创建的 tutorials 功能包下新建并打开脚本文件：

```
$ cd ~/catkin_ws/src/tutorials/src
$ gedit talker.cpp
```

然后以发布 ROS 标准消息类型 std_msgs:: String 为例（当 ROS 中标准数据类型不满足需要时，开发者可以自定义消息和服务类型。)，用 C++编写发布器，程序代码如下：

```
1 #include "ros/ros.h"
2 #include "std_msgs/String.h"
3 #include <sstream>
4
5 int main(int argc, char** argv)
6  {
7    ros::init(argc, argv, "talker");
8    ros::NodeHandle n;
9    ros::Publisher chatter_pub = n.advertise<std_msgs::String>("chatter",
10    1000);
11
12   ros::Rate loop_rate(10);
13    int count = 0;
14    while (ros::ok())
15   {
```

```
16        std_msgs::String msg;
17        std::stringstream ss;
18        ss << "Hello ROS " << count;
19        msg.data = ss.str();
20        ROS_INFO("%s", msg.data.c_str());
21        chatter_pub.publish(msg);
22      ros::spinOnce();
23        loop_rate.sleep();
24        ++count;
25    }
26    return 0;
27  }
```

核心代码解释：

（1）第 1～3 行：包含头文件。使用 roscpp 编写程序时必须包含 ros/ros.h，其包含了 roscpp 中绝大多数的头文件；程序中使用 String 类型的消息需添加包含该消息类型的头文件 std_msgs/String.h，std_msgs 是 ros 标准消息包的名称。

（2）第 7 行初始化节点。节点名称为“talker”，该名称需保证唯一性。在调用其他 roscpp 函数之前，必须先调用 ros::init()函数初始化节点。其中，argc 和 argv 是命令行文件输入的参数，其可以实现名称重映射；node_name 即指定的节点的名称。在 ROS 中如果启动同名的节点，就会先自动关闭之前的节点。

（3）第 8 行：创建节点句柄。创建的第一个节点句柄用来初始化节点，最后一个销毁的节点句柄会清除所有节点占用的资源。

（4）第 9～10 行：设置该节点为发布器，并告知节点管理器在名为 chatter 的主题发布类型为 std_msgs::String、队列长度为 1000 的消息，超过设定的长度后，旧的消息就会被丢弃。advertise()函数返回一个

ros::Publisher 对象，它有两个作用：该对象有一个 publish()成员函数可以在主题上发布消息；如果消息类型不匹配，则拒绝发布。

（5）第 16 ~ 20 行：将数据传入消息，std_msgs/String 类型只有一个成员 data，因此先创建一个正确类型的消息变量（如代码中 msg），然后将数据传入消息变量中。

2. 创建订阅节点

在 tutorials 功能包下新建一个 listener.cpp 并打开脚本文件：

```
$ gedit listener.cpp
```

在文件中写入代码如下：

```
1 #include "ros/ros.h"
2 #include "std_msgs/String.h"
3
4   void chatterCallback(const std_msgs::String::ConstPtr& msg)
5   {
6      ROS_INFO("I heard:[%s]",msg->data.c_str());
7    }
8
9    int main(int argc,char** argv)
10    {
11        ros::init(argc,argv,"listener");
12        ros::NodeHandle n;
13        ros::Subscriber sub = n.subscribe("chatter",1000,chatterCallback);
14        ros::spin();
15        return 0;
16    }
```

核心代码解释：

（1）第 4 ~ 7 行：回调函数 chatterCallback。当节点收到 chatter 主题的消息就会调用这个函数，并将收到的消息通过 ROS_INFO 函数显示到终端。

（2）第 13 行设置订阅者，订阅的主题名称为 chatter。一旦节点收到消息，则调用函数 chatterCallback 来处理。subscribe()函数返回一个 ros::Subscriber 对象，当订阅对象被销毁时，它会自动取消订阅 chatter 主题。

3. 编译并运行节点

打开功能包 tutorials 下的 CMakeLists.txt，添加如下语句：

```
include_directories(include ${catkin_INCLUDE_DIRS})
add_executable(talker src/talker.cpp)
target_link_libraries(talker ${catkin_LIBRARIES})
add_executable(listener src/listener.cpp)
target_link_libraries(listener ${catkin_LIBRARIES})
```

输入 catkin_make 命令编译工作空间，并配置环境变量：

```
$ cd ~/catkin_ws
$ catkin_make
$ source devel/setup.bash
```

终端输入如下命令启动节点管理器：

```
$ roscore
```

终端输入如下命令运行发布器节点：

```
$ rosrun tutorials talker
```

新打开一个终端输入如下命令运行订阅器节点：

```
$ rosrun tutorials listener
```

运行结果如图 3-85 所示。

```
ume@ANNISEN: ~
File Edit View Search Terminal Help
ume@ANNISEN:~$ rosrun tutorials talker
[ INFO] [1717481684.712527547]: Hello ROS 0
[ INFO] [1717481684.813250734]: Hello ROS 1
[ INFO] [1717481684.912629572]: Hello ROS 2
[ INFO] [1717481685.012830673]: Hello ROS 3
[ INFO] [1717481685.112891954]: Hello ROS 4
[ INFO] [1717481685.213468989]: Hello ROS 5
[ INFO] [1717481685.313333781]: Hello ROS 6
[ INFO] [1717481685.413406957]: Hello ROS 7
[ INFO] [1717481685.512789272]: Hello ROS 8
[ INFO] [1717481685.612893633]: Hello ROS 9
```

图 3-85 发布节点终端结果显示

新打开一个终端，输入如下命令运行订阅器节点：

```
$ rosrun tutorials listener
```

运行结果如图 3-86 所示。

```
ume@ANNISEN: ~
File Edit View Search Terminal Help
ume@ANNISEN:~$ rosrun tutorials listener
[ INFO] [1717481856.720197296]: I heard: [Hello ROS 3]
[ INFO] [1717481856.821040835]: I heard: [Hello ROS 4]
[ INFO] [1717481856.920662356]: I heard: [Hello ROS 5]
[ INFO] [1717481857.020482847]: I heard: [Hello ROS 6]
[ INFO] [1717481857.120391142]: I heard: [Hello ROS 7]
[ INFO] [1717481857.220634233]: I heard: [Hello ROS 8]
[ INFO] [1717481857.320772312]: I heard: [Hello ROS 9]
[ INFO] [1717481857.420072924]: I heard: [Hello ROS 10]
[ INFO] [1717481857.520331526]: I heard: [Hello ROS 11]
[ INFO] [1717481857.620252934]: I heard: [Hello ROS 12]
```

图 3-86 订阅节点终端结果显示

分别观察两个终端反馈结果。

3.3.2 服务器端与客户端编写

本小节将编写 ROS 服务器端和客户端，采用自定义服务 srv 实现接收两个参数并返回其乘积功能。

1. 创建自定义消息 msg

在编写服务器和客户端之前，先学习如何创建自定义消息和服务类型。同样在 tutorials 功能包下进行，新建一个 msg 文件夹去管理自定义消息：

```
$ cd ~/catkin_ws/src/tutorials
$ mkdir msg
```

输入命令切换到 msg 文件夹下，新建并打开消息文件 first1.msg：

```
$ cd msg
$ gedit first1.msg
```

在 first1.msg 文件下写入自定义的消息类型。例如，1 个整型变量 No 和 1 个字符串变量 Name：

```
int32 No
string Name
```

打开功能包 tutorials 的 package.xml 文件，增加以下语句：

```
<build_depend>message_generation</build_depend>
<build_export_depend>message_generation</build_export_depend>
<exec_depend>message_runtime</exec_depend>
```

打开功能包 tutorials 的 CMakeLists.txt 文件，为了生成该自定义的消息类型，需要在 CMakeLists.txt 文件的 find_package 中添加 message_generation：

```
find_package(catkin REQUIRED COMPONENTS
roscpp
rospy
std_msgs
message_generation
)
```

取消 add_message_files 部分的注释，在 add_message_files 中添加自定义消息文件 first1.msg 的名字：

```
add_message_files(
FILES
first1.msg
)
```

取消 generate_message 部分的注释，使得消息可以生成：

```
generate_message(
DEPENDENCIES
std_msgs
)
```

最后还需要在 catkin_package 中修改：

```
catkin_package(
CATKIN_DEPENDS message_runtime roscpp rospy std_msgs
)
```

在终端输入如下命令编译工作空间，即可生成自定义消息 first1.msg：

```
$ cd ~/catkin_ws
$ catkin_make
```

2. 创建自定义服务 srv

在终端输入如下命令切换到功能包 tutorials 下，创建 srv 文件夹用于管理自定义的服务：

```
$ cd ~/catkin_ws/src/tutorials
$ mkdir srv
```

输入如下命令切换到文件夹 srv 下，创建并编辑 first2.srv 文件：

```
$ cd srv
$ gedit first2.srv
```

在 first2.srv 文件中写入自定义的服务类型：

```
float32 h
float32 w
…
float32 area
```

其中，float32 h 和 float32 w 是请求，float32 area 是响应。

打开功能包 tutorials 的 package.xml 文件，增加以下语句：

```
<build_depend>message_generation</build_depend>
<build_export_depend>message_generation</build_export_depend>
<exec_depend>message_runtime</exec_depend>
```

打开功能包 tutorials 的 CMakeLists.txt 文件，在 find_package 中添加 message_generation：

```
find_package(catkin REQUIRED COMPONENTS
roscpp
rospy
std_msgs
message_generation
)
```

在 add_service_files 中添加自定义的服务文件 first2.srv:

```
add_service_files(
FILES
first2.srv
)
```

取消 generate_message 部分的注释，使得服务可以生成：

```
generate_message(
DEPENDENCIES
std_msgs
)
```

最后在 catkin_package 中修改：

```
catkin_package(
CATKIN_DEPENDS message_runtime roscpp rospy std_msgs
)
```

在终端输入如下命令编译工作空间，即可生成自定义的服务 first2.srv：

```
$ cd ~/catkin_ws
$ catkin_make
```

3. 服务器端与客户端程序编写

1）服务器端程序编写

在终端输入命令切换到功能包 tutorials 的 src 文件路径下，创建并打开 server.cpp 文件：

```
$ cd ~/catkin_ws/src/tutorials/src
$ gedit server.cpp
```

在 server.cpp 中写入如下代码：

```
1 #include "ros/ros.h"
2 #include "tutorials/first2.h"
3
4 bool area(tutorials::first2::Request &req,
5 tutorials::first2::Response &res)
6  {
7    res.area = req.h * req.w;
8    ROS_INFO("request: height=%f, width=%f", req.h, req.w);
9    ROS_INFO("sending back response: [%f]", res.area);
10    return true;
11    }
12
13   int main(int argc, char** argv)
14    {
15    ros::init(argc, argv, "server");
16    ros::NodeHandle n1;
17    ros::ServiceServer service = n1.advertiseService("first2", area);
```

```
18    ROS_INFO("Please input two numbers:");
19    ros::spin();
20    return 0;
21    }
```

核心代码解释：

（1）第 1 ~ 2 行：包含头文件。first2.h 是由编译系统根据先前创建的 first2.srv 文件自动生成的对应的头文件。

（2）第 4 ~ 12 行：服务的回调函数，真正实现了服务的功能。该函数的功能是计算两个浮点型变量之积，参数 req 和 res 就是自定义服务文件 first2.srv 中的请求和响应。在完成计算后，将结果放入响应数据中，反馈给客户端，回调函数返回 true。

（3）第 18 行：advertiseService 函数指定了服务的名称和对应的回调函数。一旦有服务请求，就调用服务函数 area。

2）客户端程序编写

同样的，先到功能包 tutorials 的 src 文件下，创建并打开一个新的 client.cpp 文件：

```
$ cd ~/catkin_ws/src/tutorials/src
$ gedit client.cpp
```

在 client.cpp 中写入如下代码：

```
1 #include "ros/ros.h"
2 #include "tutorials/first2.h"
3 #include <cstdlib>
4
5 int main(int argc, char** argv)
6 {
7 ros::init(argc, argv, "client");
8 if (argc != 3)
```

```
9  {
10  ROS_INFO("usage: input two numbers");
11  return 1;
12  }
13
14  ros::NodeHandle n1;
15  ros::ServiceClient client =
16  n1.serviceClient<tutorials::first2 >("first2");
17  tutorials::first2 srv;
18  srv.request.h = atof(argv[1]);
19  srv.request.w = atof(argv[2]);
20  if (client.call(srv))
21  {
22  ROS_INFO("area: %f", srv.response.area);
23  }
24  else
25  {
26  ROS_ERROR("Failed to call service ");
27  return 1;
28  }
29 }
```

核心代码解释：

（1）第 14 ~ 16 行：创建了一个名为 first2 的客户端，设定服务类型为 tutorials::first2。

（2）第 17 ~ 19 行：创建服务类型变量并赋值，该服务类型变量含有两个成员：request 与 response。request 是在运行节点时需要输入的参数。

（3）第 20 ~ 27 行：用于调用服务并发送数据。一旦调用完成，将向函数返回调用结果。如果调用成功，call()函数将返回 true 值，srv.response 里的值将是合法的。如果调用失败，call()函数将返回 false 值，srv.response 里的值将是非法的。

3）编译程序并测试

打开功能包 tutorials 下的 CMakeLists.txt 文件，添加如下语句：

```
add_executable(server src/server.cpp)
target_link_libraries(server ${catkin_LIBRARIES})
add_dependencies(server$ {${PROJECT_NAME}_EXPORTED_TARGETS}
${catkin_EXPORTED_TARGETS})

add_executable(client src/client.cpp)
target_link_libraries(client ${catkin_LIBRARIES})
add_dependencies(client ${${PROJECT_NAME}_EXPORTED_TARGETS}
${catkin_EXPORTED_TARGETS})
```

输入如下命令编译工作空间，配置环境变量：

```
$ cd ~/catkin_ws
$ catkin_make
$ source devel/setup.bash
```

输入如下命令运行节点管理器：

```
$ roscore
```

输入如下命令启动服务器端：

```
$ rosrun tutorials server
```

运行结果如图 3-87 所示。

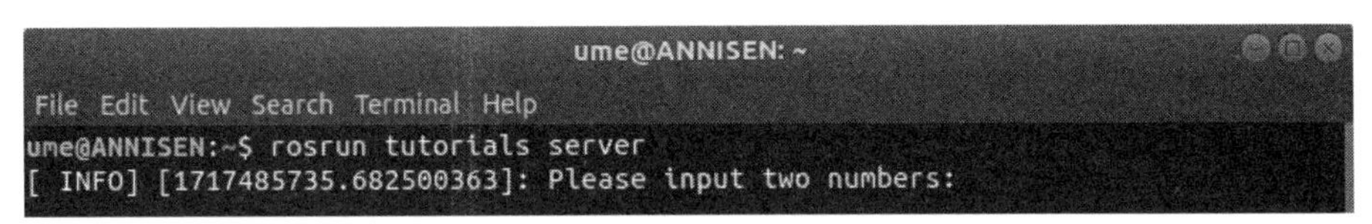

图 3-87　服务器端终端结果显示

新打开一个终端输入如下命令，在运行客户端同时传入参数：

```
$ rosrun tutorials client 1.2 5.0
```

运行结果如图 3-88 所示。

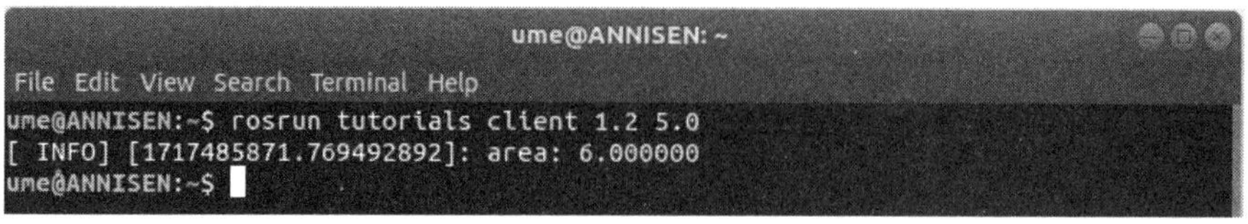

```
ume@ANNISEN: ~
File Edit View Search Terminal Help
ume@ANNISEN:~$ rosrun tutorials client 1.2 5.0
[ INFO] [1717485871.769492892]: area: 6.000000
ume@ANNISEN:~$
```

图 3-88　客户端终端结果显示

最终会返回两个参数的乘积 6 并显示在窗口中。

3.4　ROS 环境中的 Python 编程

3.4.1　发布节点与订阅节点编写

接下来介绍通过使用 Python 编写发布节点和订阅节点。

1. 创建发布节点

和使用 C++类似，进入到 tutorials 功能包并创建一个 scripts 文件夹：

```
$ roscd tutorials
$ mkdir scripts
$ cd scripts
```

在此路径下创建 talker.py 文件：

```
$ gedit talker.py
```

写入代码如下：

```
1 #!/usr/bin/env python
2 import rospy
3 from std_msgs.msg import String
4
```

```
5 def talker():
6    rospy.init_node('talker', anonymous=True)
7    pub = rospy.Publisher('chatter', String, queue_size=10)
8    rate = rospy.Rate(10)
9    while not rospy.is_shutdown():
10        hello_str = "Hello ROS"
11        rospy.loginfo(hello_str)
12        pub.publish(hello_str)
13        rate.sleep()
14
15 if __name__ == '__main__':
16   try:
17       talker()
18   except rospy.ROSInterruptException:
19       pass
```

核心代码解释：

（1）第 1～3 行：指定脚本解释器为 Python，导入 Python 的 ROS 客户端库 rospy，导入 std_msgs.msg 模块中的 String 类。

（2）第 6 行：初始化节点，节点名称为 talker，anonymous=True 标记告诉 rospy 为节点生成唯一的名称。

（3）第 7 行：设置发布的主题名称为 chatter，消息类型为 String，消息队列长度为 10。

（4）第 9 行：检测节点是否准备关闭。若节点准备好被关闭，则返回 False，否则返回 True。

（5）第 10 行：将字符串传入消息变量。

（6）第 12 行：发布消息到主题。

2. 创建订阅节点

在 scripts 文件夹下新建并编辑 listener.py 文件：

```
$ gedit listener.py
```

写入代码如下：

```
1 #!/usr/bin/env python
2
3 import rospy
4 from std_msgs.msg import String
5
6 def callback(msg):
7     rospy.loginfo('I heard %s',msg.data)
8
9 def listener():
10     rospy.init_node('listener', anonymous=True)
11     rospy.Subscriber('chatter', String, callback)
12     rospy.spin()
13
14 if __name__ == '__main__':
15     listener()
```

核心代码解释：

（1）第 6 行：定义回调函数。

（2）第 11 行：设置订阅主题 chatter、消息类型 String，同时调用回调函数 callback。当接收到新的消息时，callback 函数自动被调用。

（3）第 12 行：保持节点运行，直到节点关闭。与 roscpp 中的 ros::spin()不同，rospy.spin()不影响订阅的回调函数，因为回调函数有自己的线程。

通过如下命令将 Python 程序的权限设置为可执行：

```
$ chmod +x talker.py
$ chmod +x listener.py
```

3. 运行测试

在终端输入如下命令启动节点管理器：

```
$ roscore
```

输入如下命令运行发布节点：

```
$ rosrun tutorials talker.py
```

运行结果如图 3-89 所示。

```
ume@ANNISEN: ~/test_ws/src/tutorials/script
File Edit View Search Terminal Help
ume@ANNISEN:~/test_ws/src/tutorials/script$ rosrun tutorials talker.py
[INFO] [1717490430.236692]: Hello ROS
[INFO] [1717490430.336796]: Hello ROS
[INFO] [1717490430.436808]: Hello ROS
[INFO] [1717490430.537047]: Hello ROS
[INFO] [1717490430.637371]: Hello ROS
[INFO] [1717490430.736933]: Hello ROS
[INFO] [1717490430.837717]: Hello ROS
```

图 3-89　发布节点终端结果显示

新打开一个终端，输入如下命令运行订阅节点：

```
$ rosrun tutorials listener.py
```

运行结果如图 3-90 所示。

```
ume@ANNISEN: ~
File Edit View Search Terminal Help
ume@ANNISEN:~$ rosrun tutorials listener.py
[INFO] [1717490430.438073]: I heard Hello ROS
[INFO] [1717490430.538629]: I heard Hello ROS
[INFO] [1717490430.638875]: I heard Hello ROS
[INFO] [1717490430.738205]: I heard Hello ROS
[INFO] [1717490430.838915]: I heard Hello ROS
[INFO] [1717490430.939015]: I heard Hello ROS
[INFO] [1717490431.038654]: I heard Hello ROS
```

图 3-90　订阅节点终端结果显示

运行完成后，观察终端窗口反馈信息，可以看到订阅节点通过主题订阅到了发布者发布的消息。

3.4.2　服务器端与客户端编写

本节通过创建服务器端和客户端，并采用自定义的服务类型 first2.srv，实现接收两个参数并返回其乘积。

1. 服务器端程序编写

在文件夹 tutorials/scripts 下创建 server.py 文件，写入如下代码：

```
1  #!/usr/bin/env python
2
3  import rospy
4  from tutorials.srv import *
5
6  def handle_srv(req):
7      print "Returning [%sf * %f = %f]"%(req.h, req.w, (req.h * req.w))
8      area = req.h * req.w
9      return first2Response(area)
10
11  def server():
12      rospy.init_node('server')
13      s = rospy.Service('first2', first2,handle_srv)
14      rospy.loginfo("Ready to input numbers")
15      rospy.spin()
16
17  if __name__ == "__main__":
18      server()
```

在终端输入如下命令，设置权限为可执行：

```
$ chmod +x server.py
```

代码解释如下：

（1）第 6～9 行：回调函数用于处理请求，函数只接收 first2 Request 类型的参数，并返回一个 first2 Response 类型的值。first2 Request 类型和 first2 Response 类型的源代码可以在编译系统自动生成的对应服务的文件中看到。

（2）第 13 行：声明服务。

rospy.Service()函数声明了一个服务，并指定了服务的名称、类型以及对应的回调函数。

2. 客户端程序编写

在文件夹 tutorials/scripts 下创建 client.py 文件，写入如下代码：

```
1   #!/usr/bin/env python
2
3   import sys
4   import rospy
5   from tutorials.srv import *
6
7   def client(x,y):
8     rospy.wait_for_service('first2')
9   try:
10      client = rospy.ServiceProxy('first2',first2)
11      resp1 = client(x,y)
12      return resp1.area
13    except rospy.ServiceException,e:
14      rospy.logerr("Service call failed:%s"%e)
15
16    def usage():
17      return "%s [w h]"%sys.argv[0]
18
19    if __name__ == "__main__":
20      if len(sys.argv)== 3:
21        x = float(sys.argv[1])
```

```
22          y = float(sys.argv[2])
23      else:
24          print usage()
25          sys.exit(1)
26      print "Requesting %f*%f"%(x,y)
27      print "%f * %f = %f"%(x,y,client(x,y))
```

在终端输入如下命令，设置文件权限为可执行：

```
$ chmod +x client.py
```

代码解释如下：

（1）第 8 行：等待接入服务节点，在客户端程序中，不需要调用 rospy.init_node()。当 first2 服务不可用时，程序会一直阻塞。

（2）第 10 行：使用服务。rospy.ServiceProxy()函数用于调用服务的句柄，输入的第 1 个参数是服务名称，第 2 个参数是服务类型。

（3）第 11 行：client 被调用时，将帮助做服务调用。

3. 运行测试

在终端输入如下命令启动节点管理器：

```
$ roscore
```

输入如下命令运行服务器端：

```
$ rosrun tutorials server.py
```

运行结果如图 3-91 所示。

```
ume@ANNISEN: ~
File  Edit  View  Search  Terminal  Help
ume@ANNISEN:~$ rosrun tutorials server.py
[INFO] [1717494212.629781]: Ready to input numbers
```

图 3-91　服务器终端结果显示

新打开一个终端，输入如下命令运行客户端：

```
$ rosrun tutorials client.py 1.0 2.0
```

运行结果如图 3-92 所示。

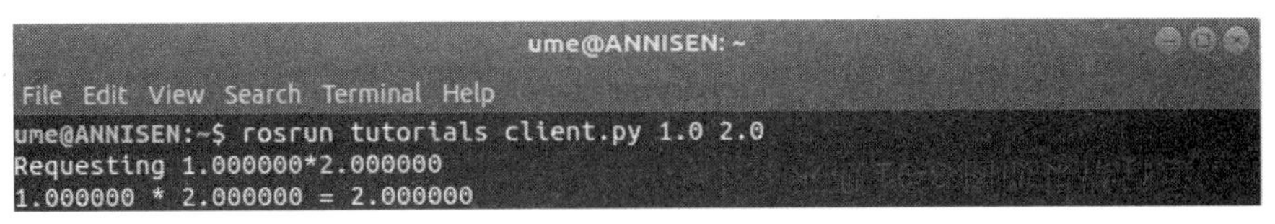

图 3–92　客户端终端结果显示

运行成功后，观察终端窗口反馈信息。

3.5　机器人的 ROS 功能包介绍

机器人除提供示教系统外，还支持 ROS 并提供了常用的功能包，便于高校和开发者基于 ROS 进行教学和二次开发。ROS 功能包介绍如下：

obot_bringup：包含真机模式和 Gazebo 仿真模式的启动程序。

obot_description：包含机器人的 URDF 描述文档、mesh 文件和机器人关节配置。

obot_msgs：包含系统通信所需的自定义消息 msg 和服务 srv 文件。

obot_moveit_config：包含 MoveIt 软件及接口配置文件和启动程序，用于机器人的编程控制、轨迹规划和碰撞检测。

obot_gazebo：包含 Gazebo 机器人仿真环境配置文件和启动程序。可以在 Gazebo World 中添加需要的仿真模型与环境，仿真机器人模型位姿和真机实时同步。

obot_example：包含机器人编程控制示例。

obot_interface：包含真机和 Gazebo 仿真机器人控制驱动包。

obot_rviz_plugin：包含 ROS 图形化驱动软件包，提供 rviz 可视化人机交互接口。

软件功能包的使用将在后续实验章节详细介绍。

桌面六轴机器人控制与编程

第二篇

桌面六轴机器人实验实训教程

第4章

桌面六轴机器人示教器实验实训

实验一　桌面六轴机器人轨迹示教实验

一、实验目的

（1）了解示教器编程指令。

（2）通过实现对矩形、三角形、圆弧及圆形的示教编程，掌握工业机器人的示教编程方法。

二、实验原理

机器人示教编程常用指令如图 4-1 所示。具体说明如下：

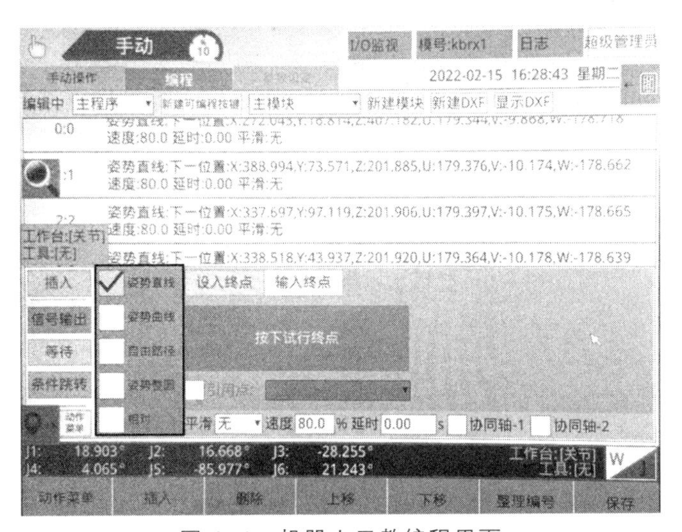

图 4–1　机器人示教编程界面

插入的动作类型：

（1）姿势直线：从当前点变换成目标姿势到“设为终点”的位置走直线。

（2）姿势曲线：从当前点变换成目标姿势到“设为中间点”和“设为终点”的位置走曲线。

（3）姿势整圆：姿势整圆分为圆心法和三点法。

圆心法：从当前点变换成目标姿势到“设为中间点”和“设为终点”的位置画圆。

三点法：利用已知圆上的三个点画出一个圆。

（4）自由路径：无轨迹运动，运动过程中轴同时动、同时停。

（5）相对：选择相对时为对应路径的相对动作。

相对关节：相对于关节坐标，向轴方向偏移。

相对姿势直线：以当前点为起点，U，V，W 保持一个姿势向坐标方向偏移。

相对姿势曲线：以当前点为起点，U，V，W 保持一个姿势向坐标方向偏移。

三、实验仪器、设备

（1）OBOT 桌面六轴机器人 1 套。

（2）轨迹训练模块 1 套。

四、实验方法及步骤

任务一　机器人矩形运动示教再现编程

机器人矩形运动轨迹如图 4-2 所示。

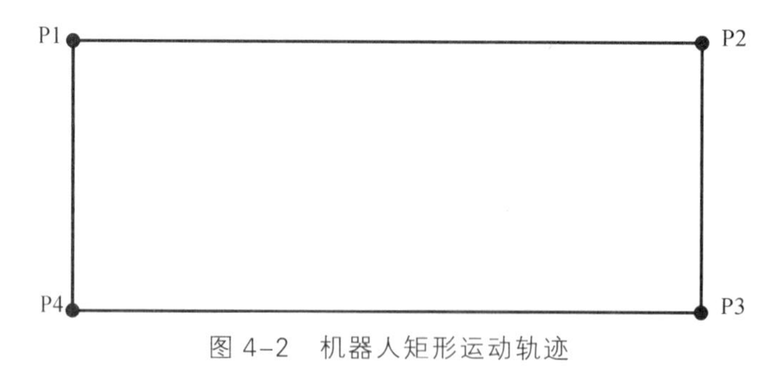

图 4-2　机器人矩形运动轨迹

1. 机器人夹具准备

使用配套工具箱内对应的六角扳手，松开工具底部固定螺丝，拆卸吸盘及夹爪工具，末端只留下轨迹工具，如图 4-3、图 4-4 所示。

图 4-3　机器人吸盘及夹爪工具拆卸

图 4-4　保留轨迹工具

2. 机器人编程准备

（1）打开机器人控制箱上的电源开关，如图 4-5 所示。

图 4-5　机器人控制箱电源开关

（2）将示教器模式旋钮旋转为“MANUAL”手动模式，如图 4-6 所示。

图 4-6　示教器模式旋钮

（3）点击示教器右上角“登录”按钮，如图 4-7 所示。

图 4-7　登录按钮

（4）选择“高级管理员”，输入密码“123456”，点击“登入”。

机器人编程准备完成。

3. 编　程

（1）示教编程：登录后点击示教器“编程”栏，进入编程界面，如图 4-8 所示。

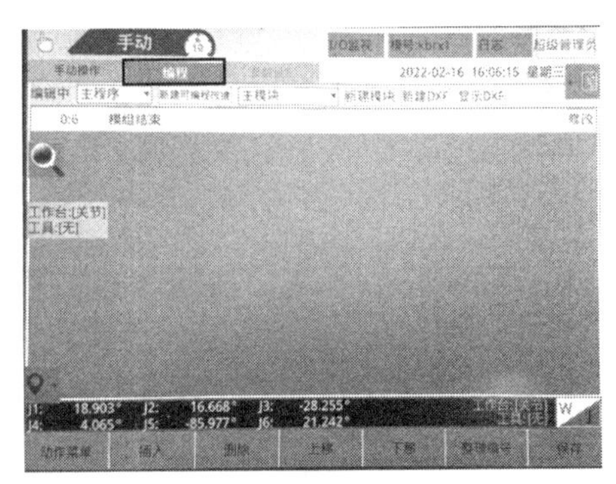

图 4-8　示教器编程栏

（2）点击“动作菜单”按钮，进入指令菜单界面，如图 4-9 所示。

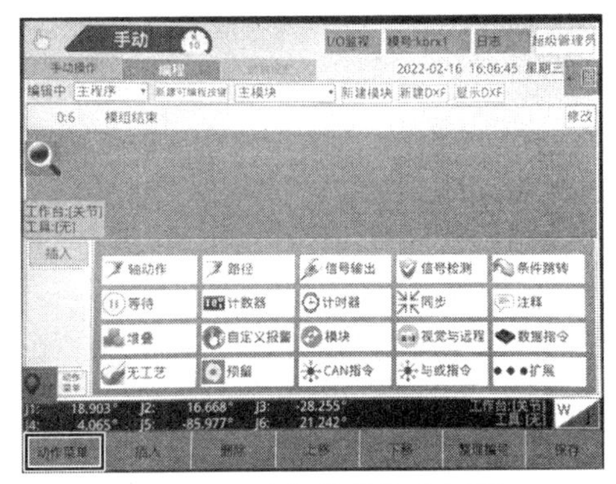

图 4-9　动作菜单指令界面

（3）点击“路径”按钮，进入示教编程指令选择界面，如图 4-10 所示。

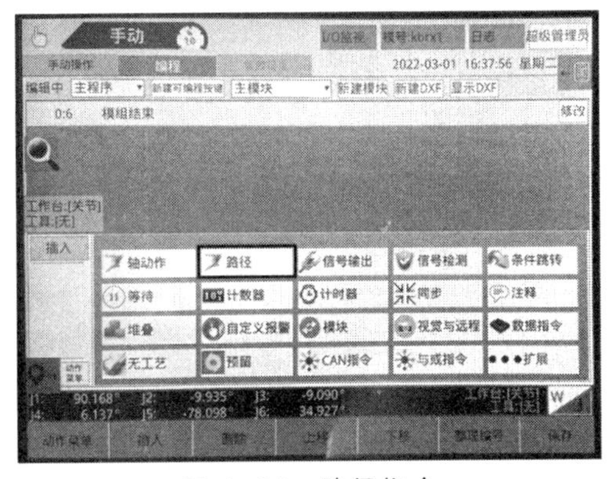

图 4-10　路径指令

（4）进入示教编程指令选择界面后，点击示教器右上方的键盘图标，选择“世界坐标”来进行机器人的移动控制，如图 4-11 所示。选择完成后，再次点击键盘符号即可关闭坐标系选择界面。

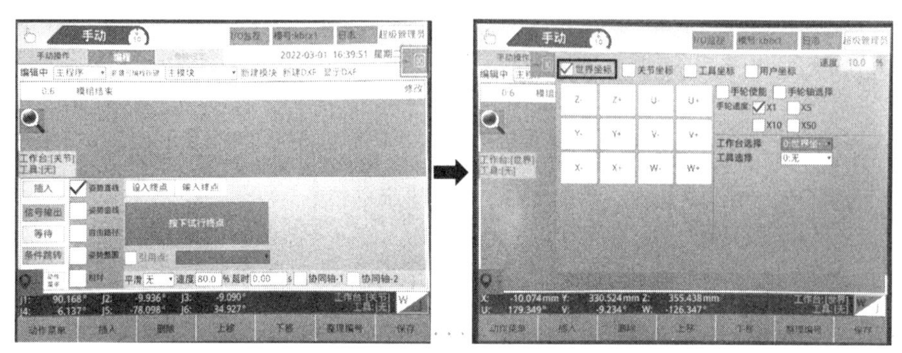

图 4-11　选择世界坐标

（5）按下示教器使能按键的同时，使用示教器右侧的按钮（X-，X+，Y-，Y+，Z-，Z+），控制示教器将机器人移动到一个目标点（如 P1 点正上方），如图 4-12 所示。

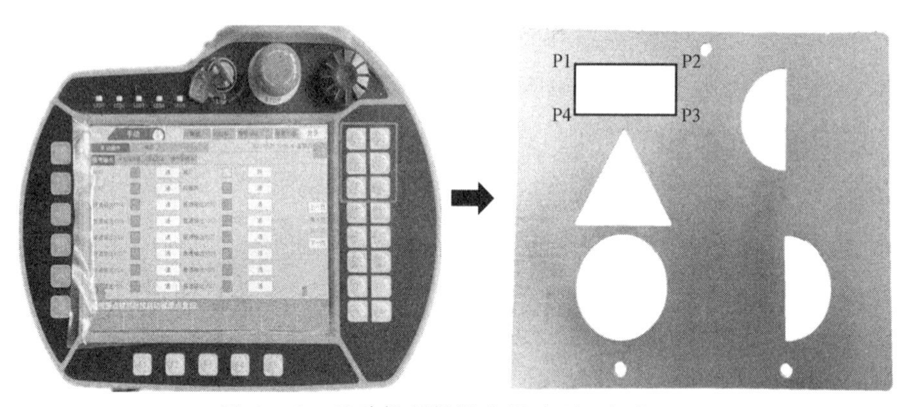

图 4-12　手动控制机器人运动到目标点 P1

（6）移动到 P1 点上方后，点击选择要插入程序语句的位置，再点击“设入终点”（即记录当前点位坐标值），再点击“插入”，将含点位坐标的指令插入到程序栏中，进行矩形轨迹示教编程，如图 4-13 所示。P1 点示教完成。

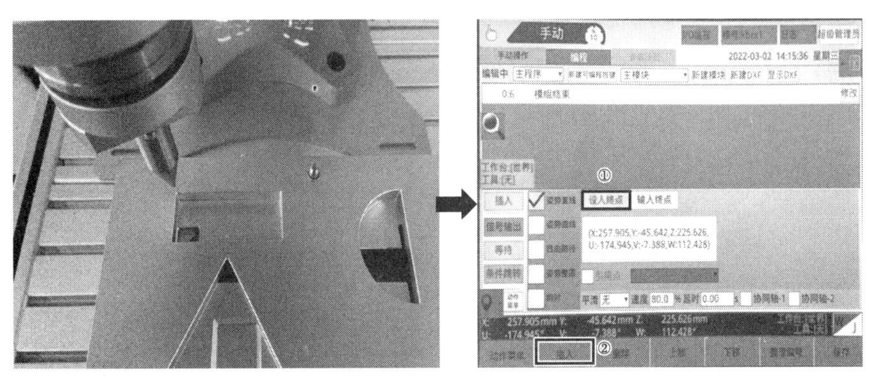

图 4-13　P1 点示教

（7）按照上述方法，分别将机器人末端轨迹工具移动到 P2、P3、P4 进行示教，如图 4-14 ~ 图 4-16 所示。

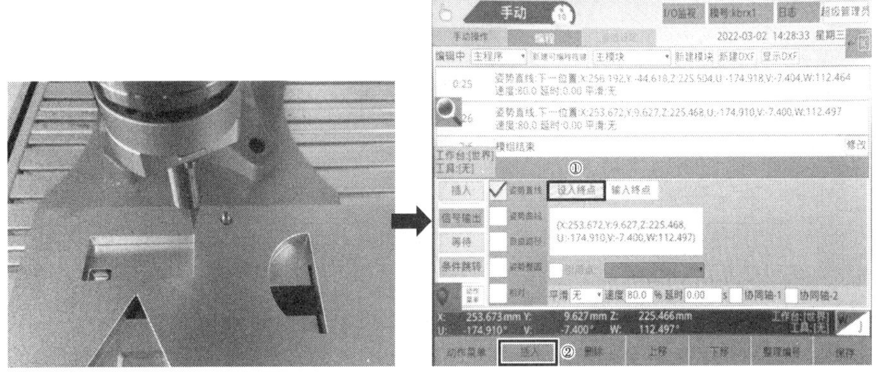

图 4-14　P2 点示教

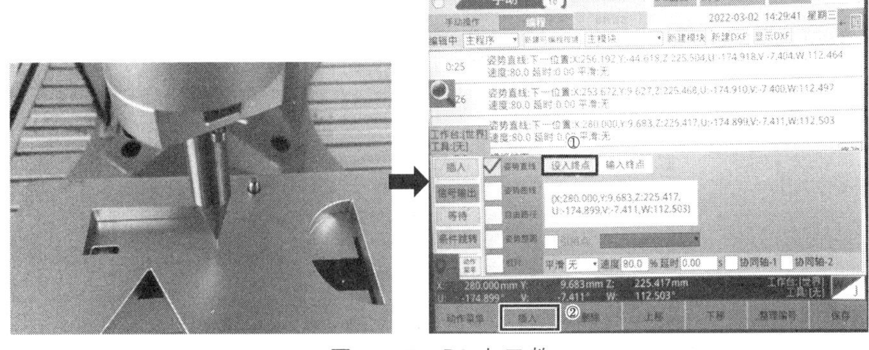

图 4-15　P3 点示教

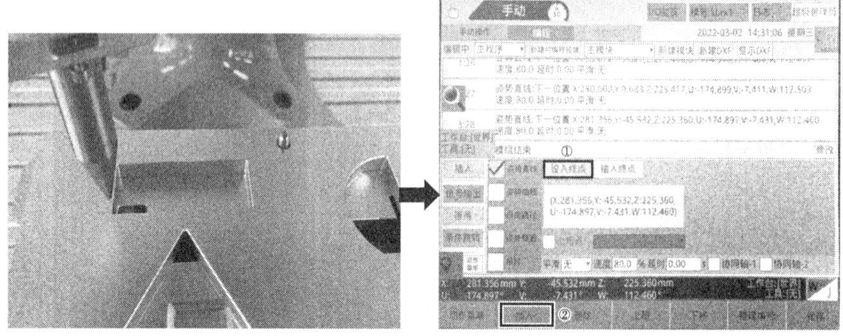

图 4–16　P4 点示教

（8）最后回到 P1 处再次示教，形成封闭的矩形，如图 4-17 所示。

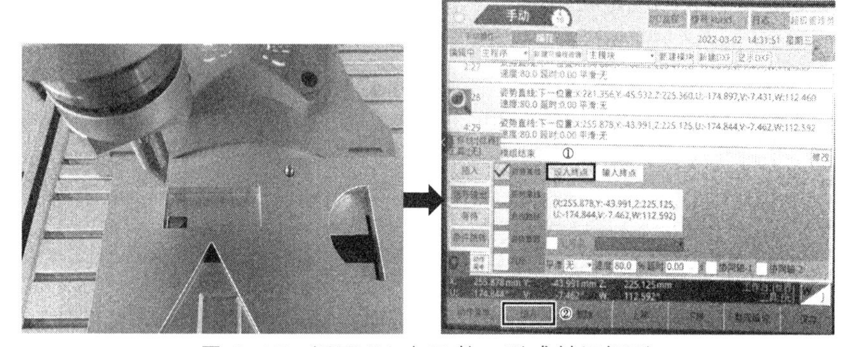

图 4–17　返回 P1 点示教，形成封闭矩形

（9）示教完成后，点击示教器右下角“保存”按钮，保存程序，如图 4-18 所示。

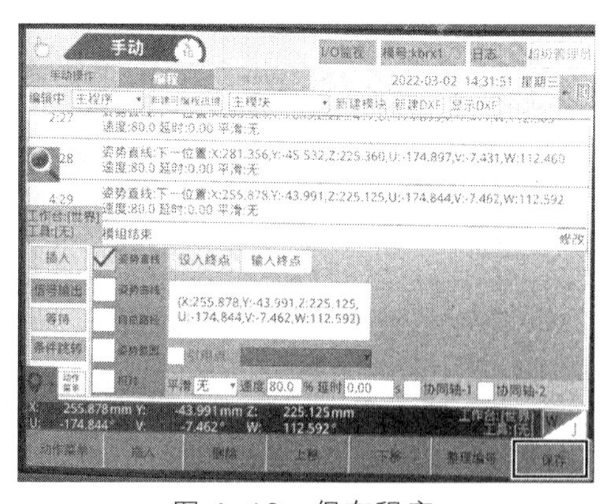

图 4–18　保存程序

4. 程序验证

旋转示教器上的“模式切换开关”到“AUTO”模式，将机器人切换到自动模式，按下示教器左侧的“启动”按钮，机器人将运行保存好的程序，如图 4-19 所示。

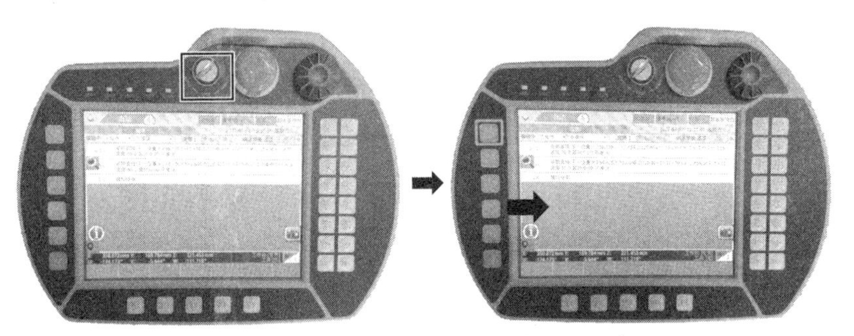

图 4-19　AUTO 模式下启动运行程序

如果机器人按照 P1→P2→P3→P4→P1 依次运动，则示教编程完成。

任务二　机器人三角形运动示教再现编程

机器人三角形运动轨迹如图 4-20 所示。

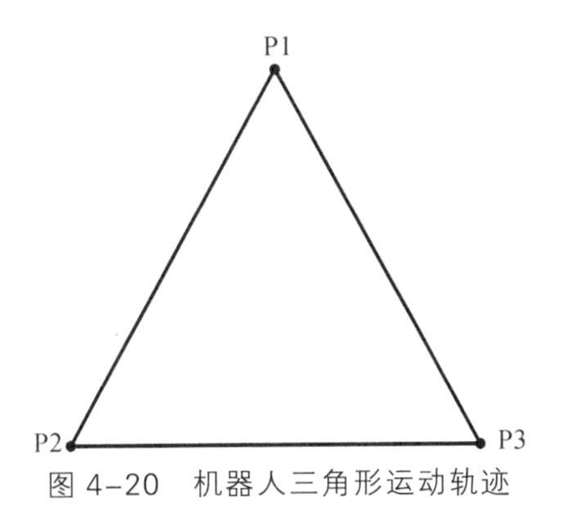

图 4-20　机器人三角形运动轨迹

1. 编　程

（1）示教编程：登录后点击示教器“编程”栏，进入编程界面，若存在程序语句，选中语句后，点击“删除”按钮删除之前的语句（如有多行，多次删除即可），如图 4-21 所示。

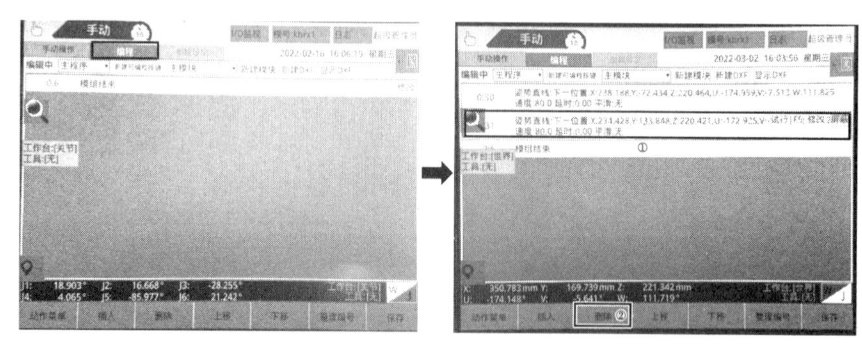

图 4-21　删除程序语句

（2）点击“动作菜单”按钮，进入指令菜单界面，如图 4-22 所示。

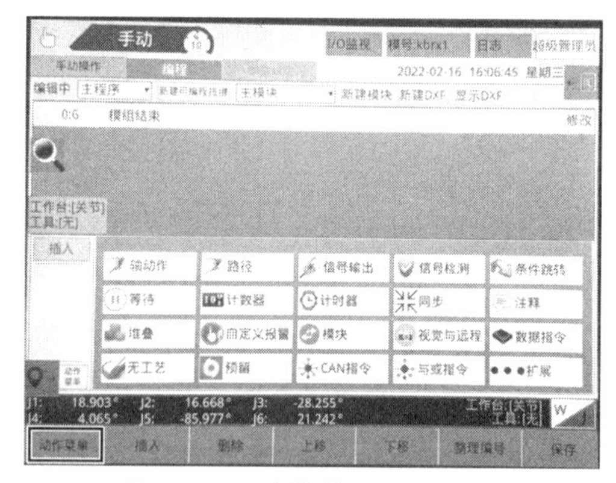

图 4-22　动作菜单指令界面

（3）点击“路径”按钮，进入示教编程指令选择界面，如图 4-23 所示。

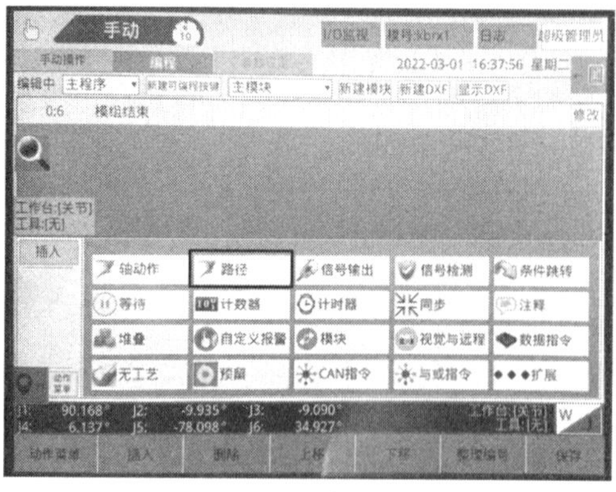

图 4-23　路径指令

（4）进入示教编程指令选择界面后，点击示教器右上方的键盘图标，选择“世界坐标”来进行机器人的移动控制，如图 4-24 所示。选择完成后，再次点击键盘符号即可关闭坐标系选择界面。

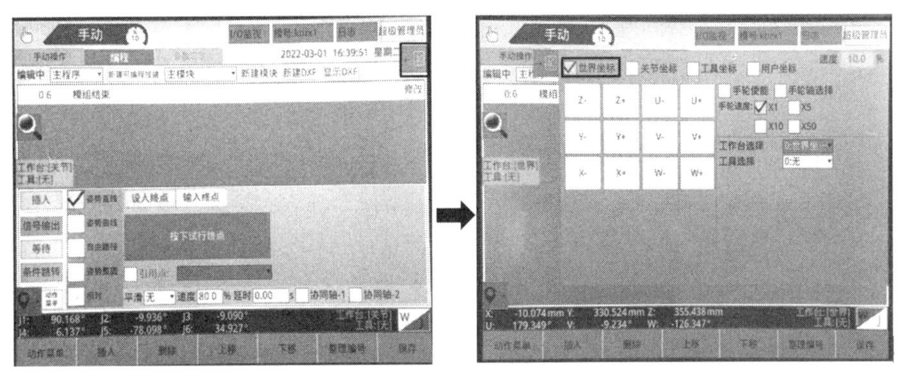

图 4–24　选择世界坐标

（5）按下示教器使能按键的同时，使用示教器右侧的按钮（X-，X+，Y-，Y+，Z-，Z+），控制示教器将机器人移动到一个目标点（如 P1 点正上方），如图 4-25 所示。

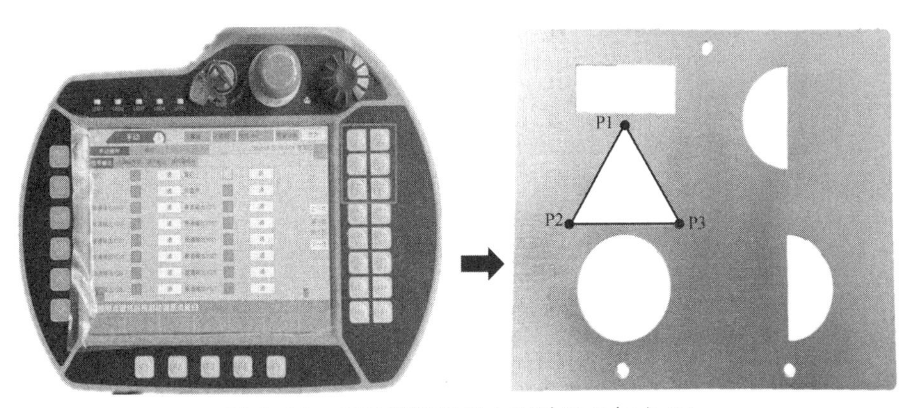

图 4–25　手动控制机器人运动到目标点 P1

（6）移动到 P1 点上方后，点击选择要插入程序语句的位置，再点击“设入终点”（即记录当前点位坐标值），再点击“插入”，将含点位坐标的指令插入到程序栏中，进行三角形轨迹示教编程，如图 4-26 所示。P1 点示教完成。

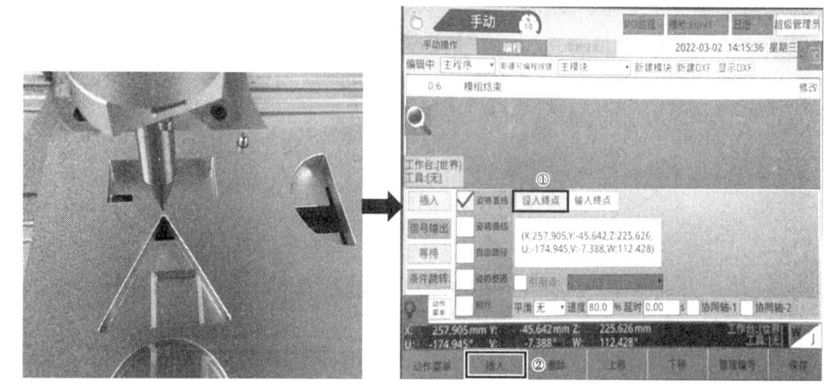

图 4-26　P1 点示教

（7）按照上述方法，分别将机器人末端轨迹工具移动到 P2、P3 进行示教，如图 4-27 和图 4-28 所示。

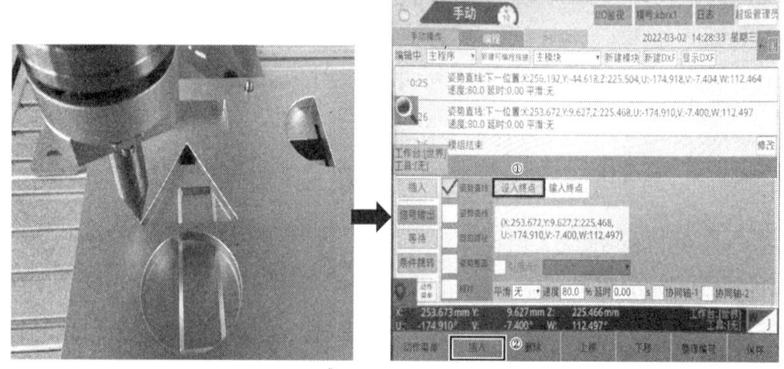

图 4-27　P2 点示教

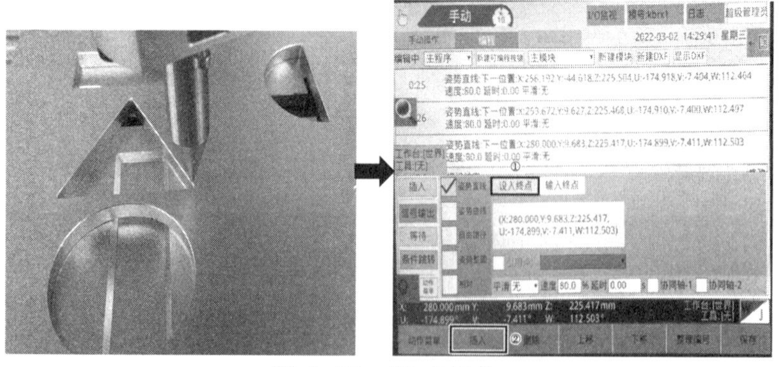

图 4-28　P3 点示教

（8）最后回到 P1 处再次示教，形成封闭的三角形，如图 4-29 所示。

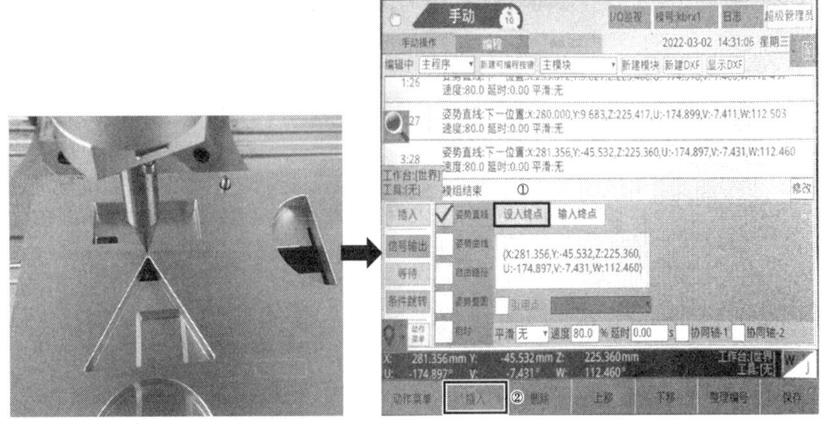

图 4–29　返回 P1 点示教，形成封闭三角形

（9）示教完成后，点击示教器右下角“保存”按钮，保存程序，如图 4-30 所示。

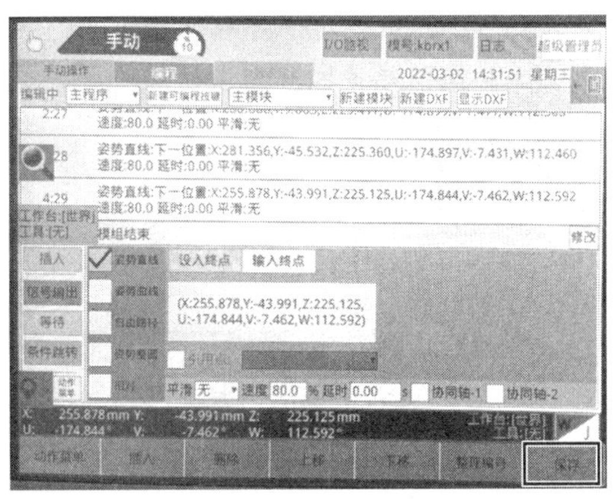

图 4–30　保存程序

2. 程序验证

旋转示教器上的“模式切换开关”到“AUTO”模式，将机器人切换到自动模式，按下示教器左侧的“启动”按钮，机器人将运行保存好的程序，如图 4-31 所示。

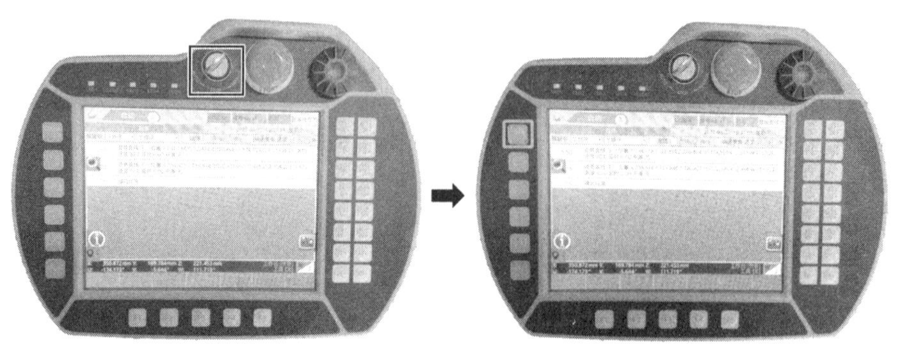

图 4-31　AUTO 模式启动运行程序

如果机器人将按照 P1→P2→P3→P1 依次运动，则示教编程完成。

任务三　机器人弧形运动示教再现编程

机器人弧形运动轨迹如图 4-32 所示。

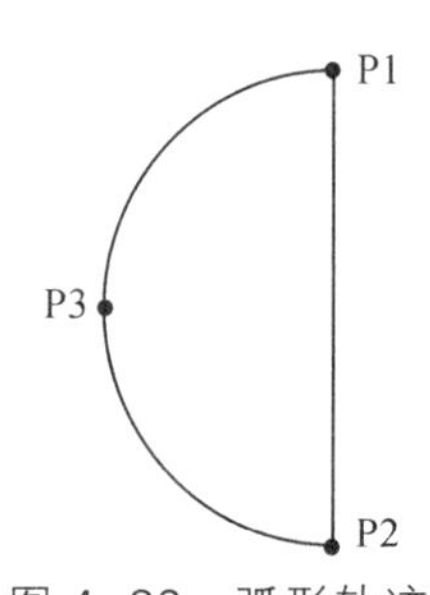

图 4-32　弧形轨迹

1. 编　程

（1）示教编程：登录后点击示教器“编程”栏，进入编程界面，若存在程序语句，选中语句后，点击“删除”按钮删除之前的语句（如有多行，多次删除即可），如图 4-33 所示。

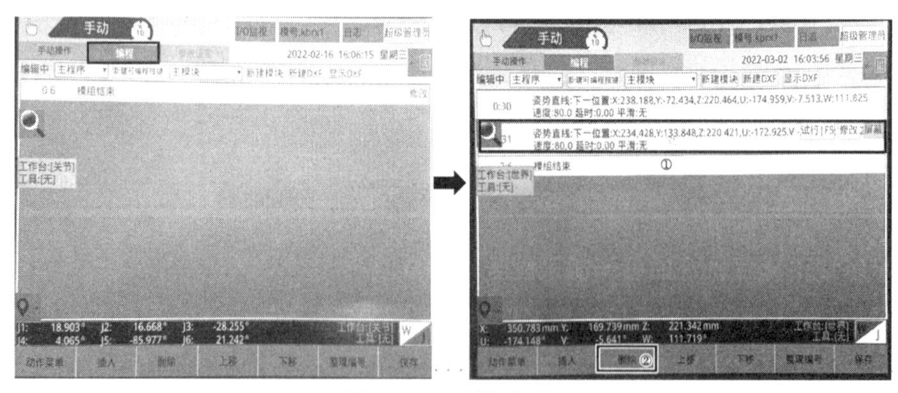

图 4-33　删除指令

（2）点击“动作菜单”按钮，进入指令菜单界面，如图 4-34 所示。

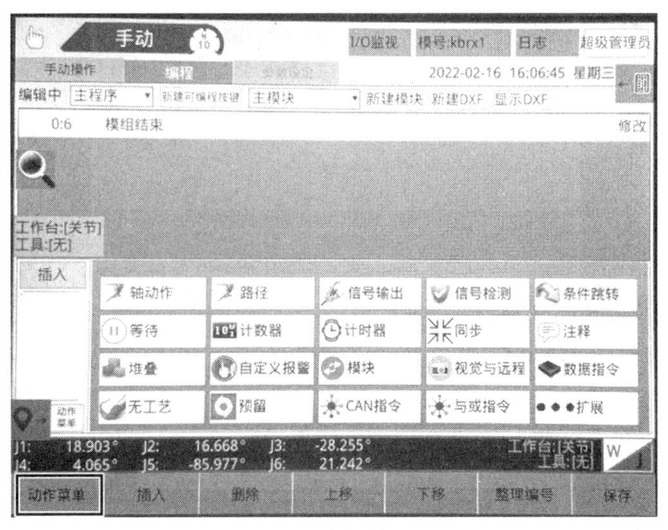

图 4–34　动作菜单选项

（3）点击“路径”按钮，进入示教编程指令选择界面，如图 4-35 所示。

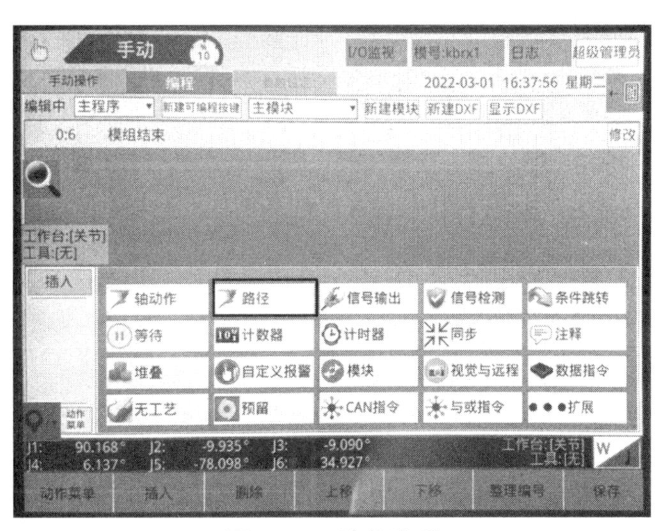

图 4–35　路径选项

（4）进入示教编程指令选择界面后，点击示教器右上方的键盘图标，选择“世界坐标”来进行机器人的移动控制，如图 4-36 所示。选择完成后，再次点击键盘符号即可关闭坐标系选择界面。

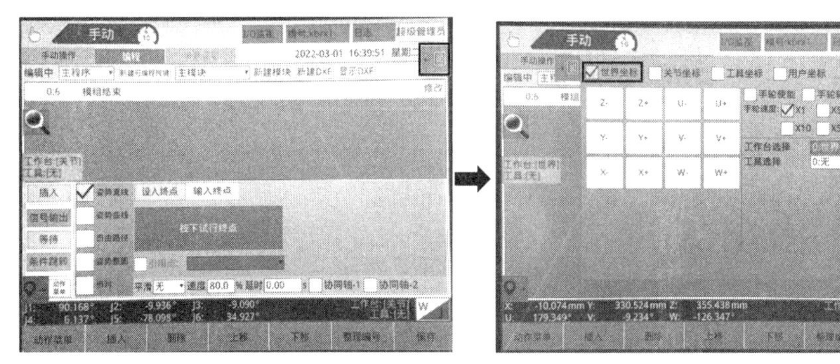

图 4–36　选择世界坐标

（5）按下示教器使能按键的同时，使用示教器右侧的按钮（X-，X+，Y-，Y+，Z-，Z+），控制示教器将机器人移动到一个目标点（如 P1 点正上方），如图 4-37 所示。

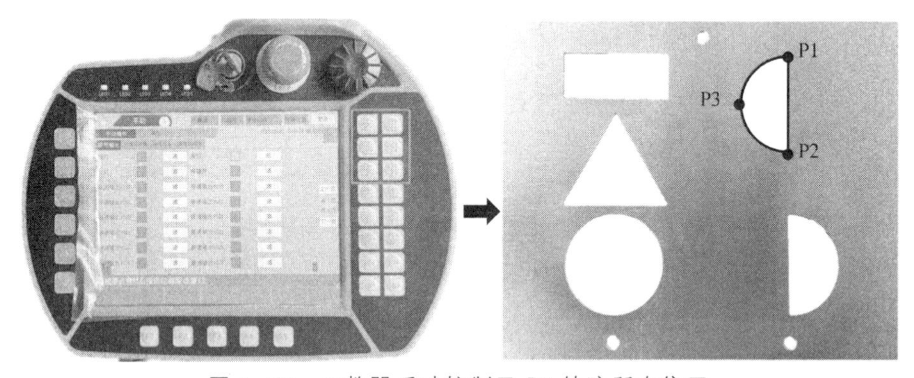

图 4–37　示教器手动控制及 P1 轨迹所在位置

（6）移动到 P1 点上方后，点击选择要插入程序语句的位置，再勾选“姿势直线”，再点击“设入终点”（即记录当前点位坐标值），点击“插入”，进行直线轨迹 P1 点示教，如图 4-38 所示。

（7）移动到 P2 点上方后，勾选“姿势直线”，再点击“设入终点”（即记录当前点位坐标值），点击“插入”，进行直线轨迹 P2 点示教，如图 4-39 所示。

（8）移动到 P3 点上方后，勾选“姿势曲线”，再点击“设入中间点”（即记录当前点位坐标值），进行圆弧轨迹 P3 点示教，如图 4-40 所示。

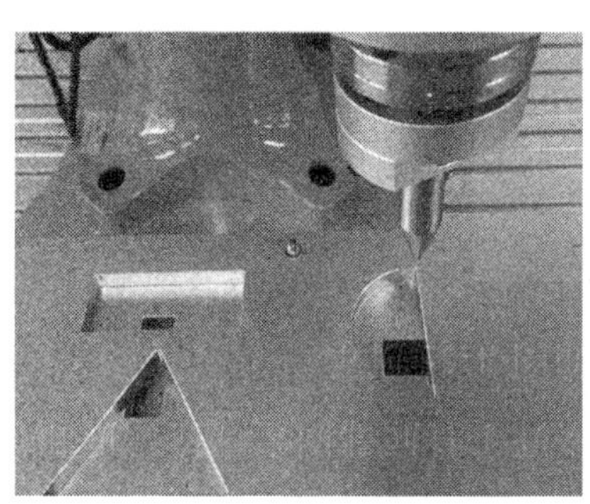
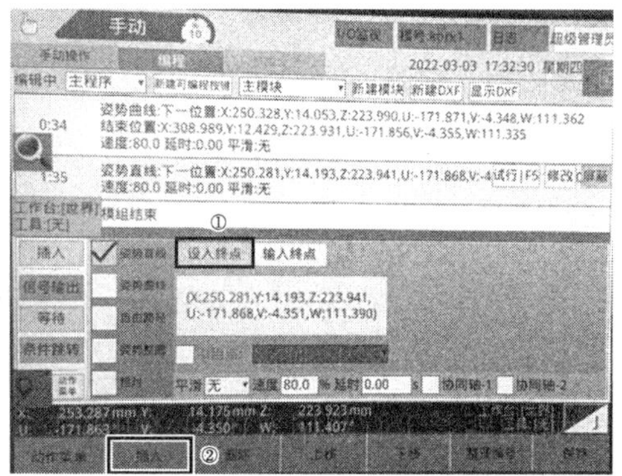

图 4-38　圆弧 P1 点示教

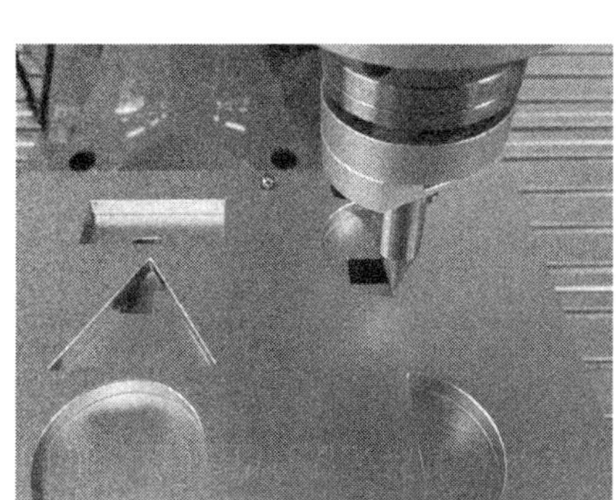
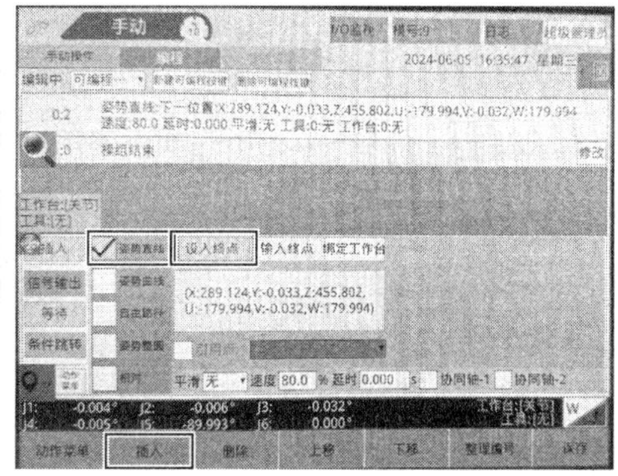

图 4-39　圆弧 P2 点示教

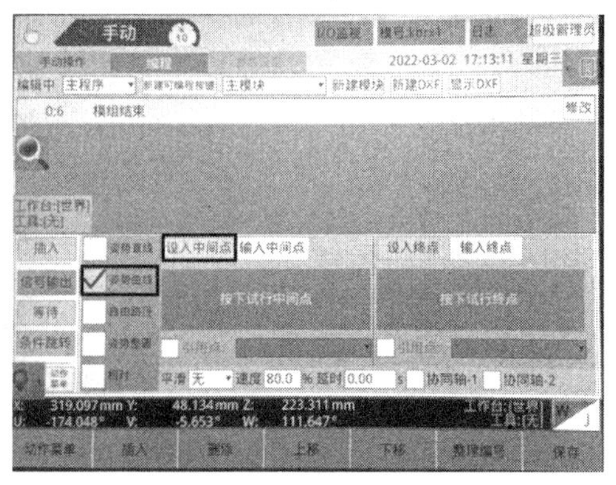

图 4-40　圆弧 P3 点示教

（9）按照上述方法，再将机器人末端轨迹工具移动到 P1 上方，再点击“设入终点”，对 P1 点示教完成后，点击界面下方“插入”按钮将圆弧指令插入到程序队列中，如图 4-41 所示。

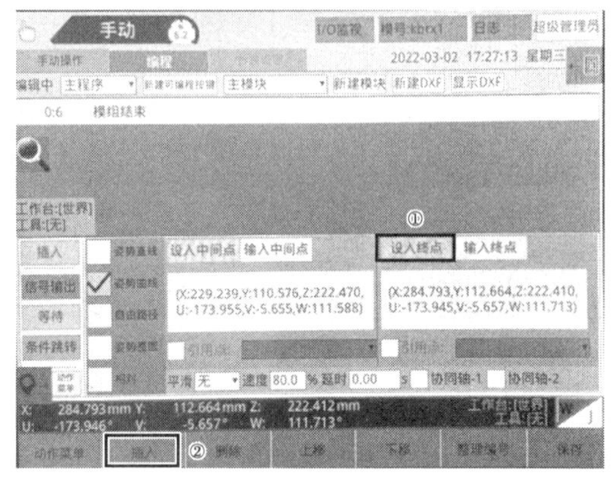

图 4-41　圆弧设入终点

（10）示教完成后，点击示教器右下角“保存”按钮，保存程序，如图 4-42 所示。

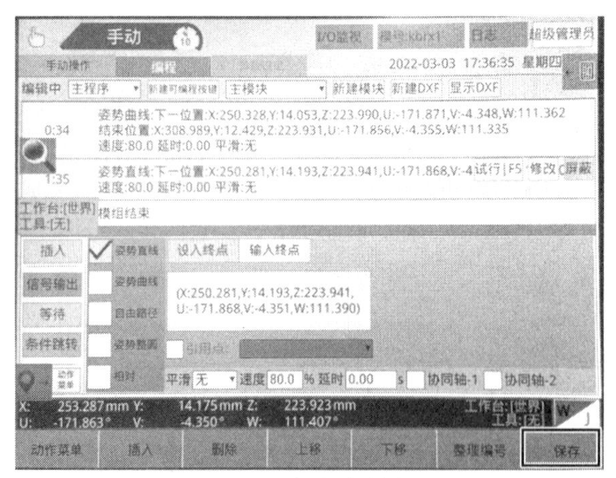

图 4-42　保存按钮

2. 程序验证

旋转示教器上的“模式切换开关”到“AUTO”模式，将机器人切换到自动模式，按下示教器左侧的“启动”按钮，机器人将运行保存好的程序，如图 4-43 所示。

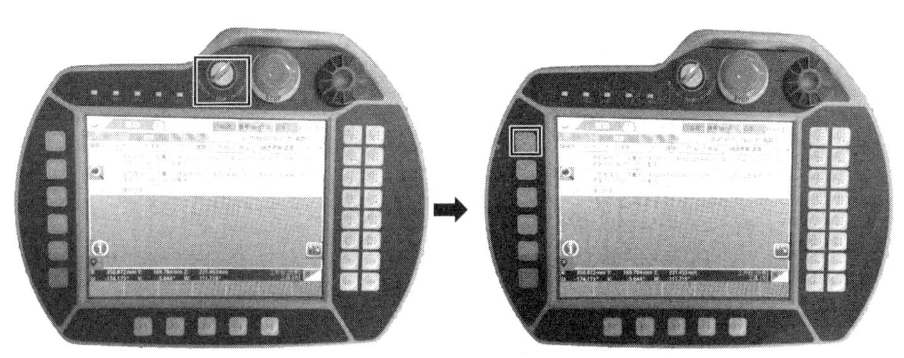

图 4-43　切换到自动模式并按下开始按钮

如果机器人按照 P1→P2→P1 先进行 P1→P2 圆弧运动，再进行 P2→P1 直线运动，则圆弧示教编程完成。

任务四　机器人圆运动示教再现编程

机器人圆运动轨迹如图 4-44 所示。

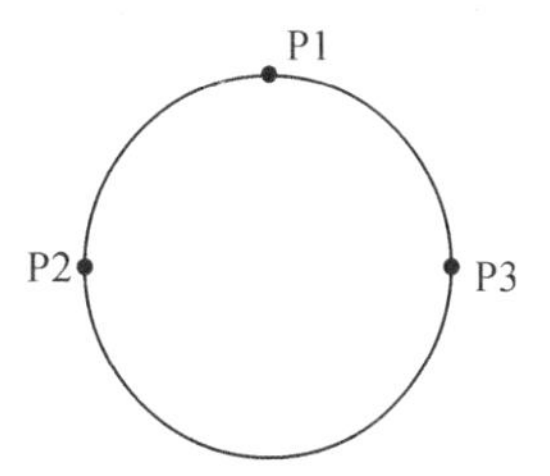

图 4-44　圆轨迹及点位

1. 编　程

（1）示教编程：登录后点击示教器“编程”栏，进入编程界面，若存在程序语句，选中语句后，点击“删除”按钮删除之前的语句（如有多行，多次删除即可），如图 4-45 所示。

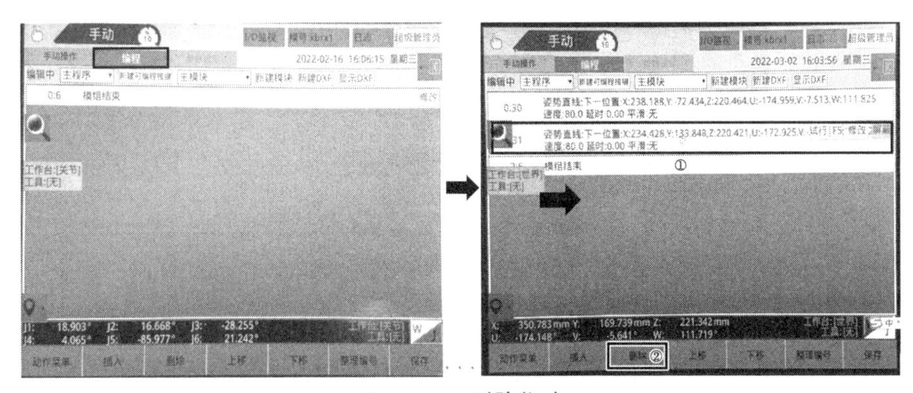

图 4-45　删除指令

（2）点击“动作菜单”按钮，进入指令菜单界面，如图 4-46 所示。

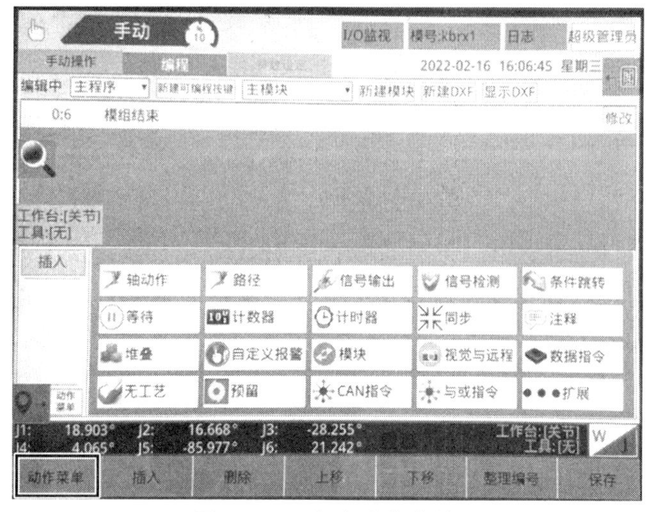

图 4-46　点击动作菜单

（3）点击“路径”按钮，进入示教编程指令选择界面，如图 4-47 所示。

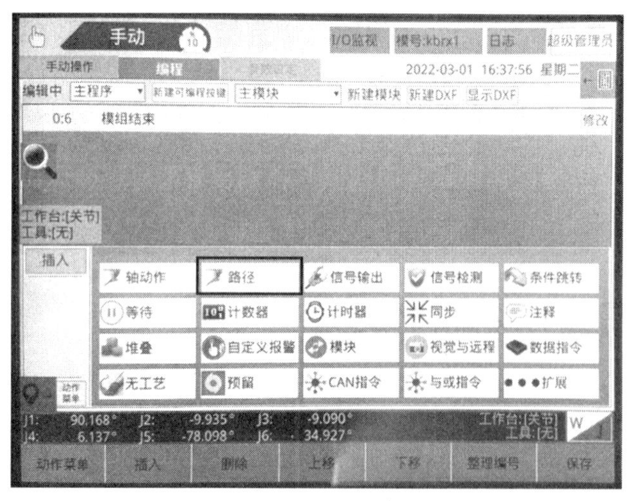

图 4-47　点击路径

（4）进入示教编程指令选择界面后，点击示教器右上方的键盘图标，选择“世界坐标”来进行机器人的移动控制，如图 4-48 所示。选择完成后，再次点击键盘符号即可关闭坐标系选择界面。

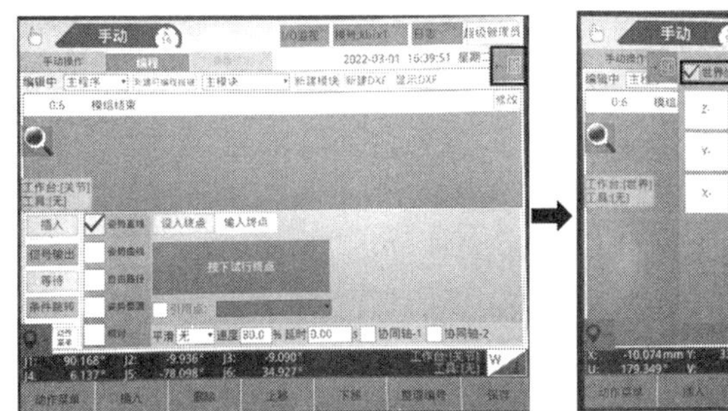
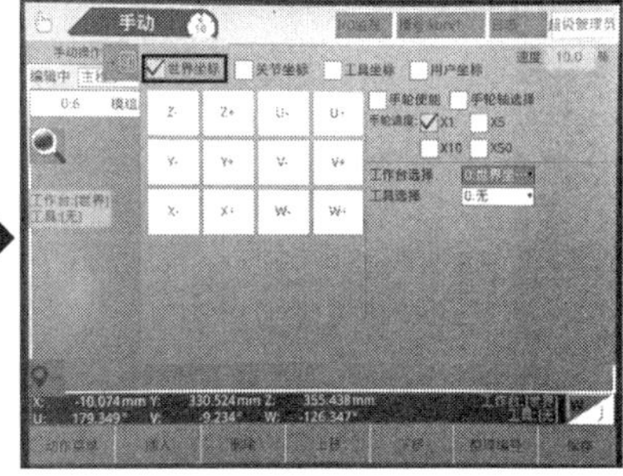

图 4-48　选择世界坐标系

（5）按下示教器使能按键的同时，使用示教器右侧的按钮（X-，X+，Y-，Y+，Z-，Z+），控制示教器将机器人移动到一个目标点（如 P1 点正上方），如图 4-49 所示。

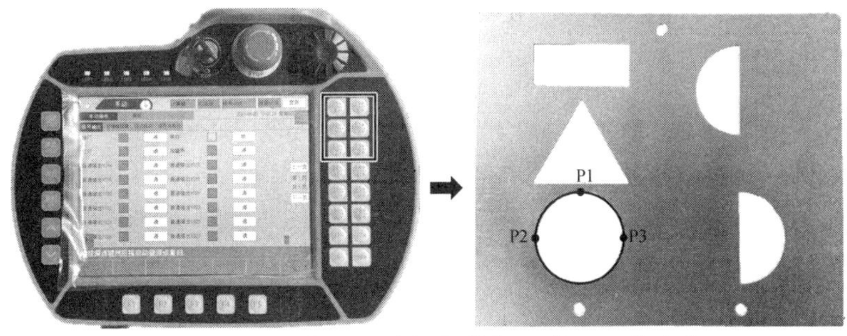

图 4-49　示教器手动控制按钮及整圆示教点位

（6）先以“姿势直线”指令将机器人末端轨迹工具移动到 P1 点上方，点击选择要插入程序语句的位置，点击“设入终点”，点击“插入”确定当前位置，进行整圆轨迹 P1 点示教，如图 4-50 所示。

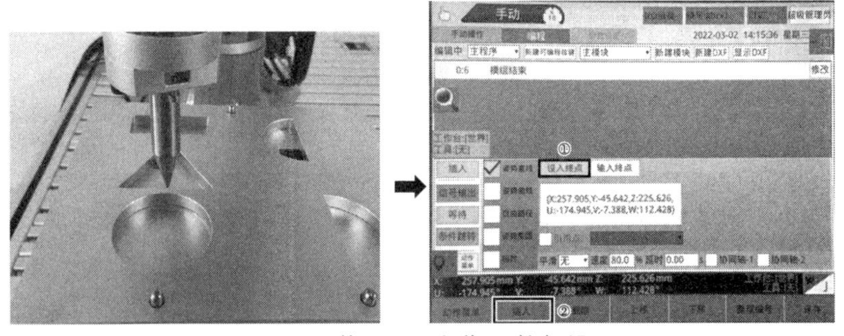

图 4-50　整圆 P1 点位示教与设入

（7）按照上述方法，再将机器人末端轨迹工具移动到 P3 上方，选择“姿势整圆”，点击“设入中间点”，对整圆 P3 点进行示教，如图 4-51 所示。

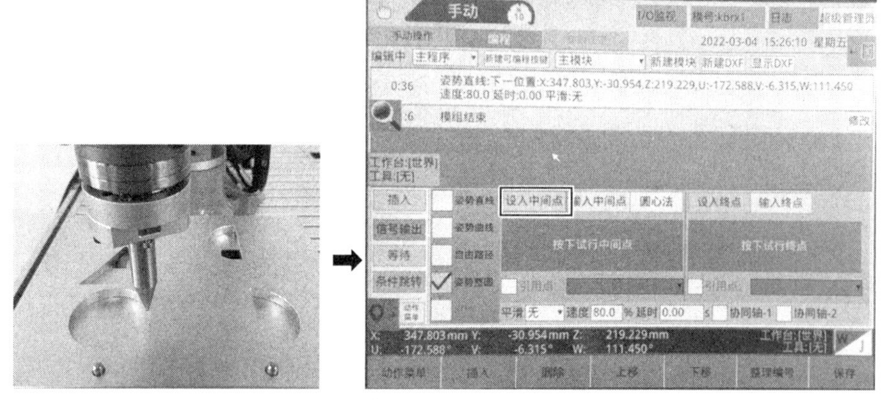

图 4-51　整圆 P3 点位示教与设入

（8）将机器人手动移动到 P2 处，再点击“设入终点”，对整圆 P2 点进行示教。点击界面下方“插入”按钮，将整圆指令插入到程序队列中，如图 4-52 所示。

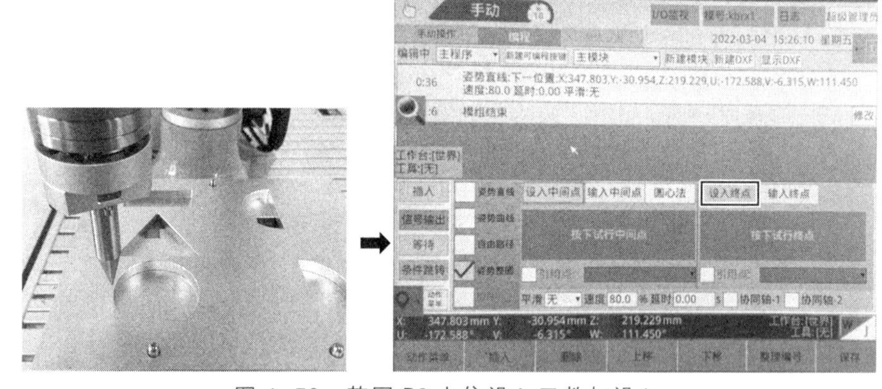

图 4-52　整圆 P2 点位设入示教与设入

（9）示教完成后，点击示教器右下角“保存”按钮，保存程序，如图 4-53 所示。

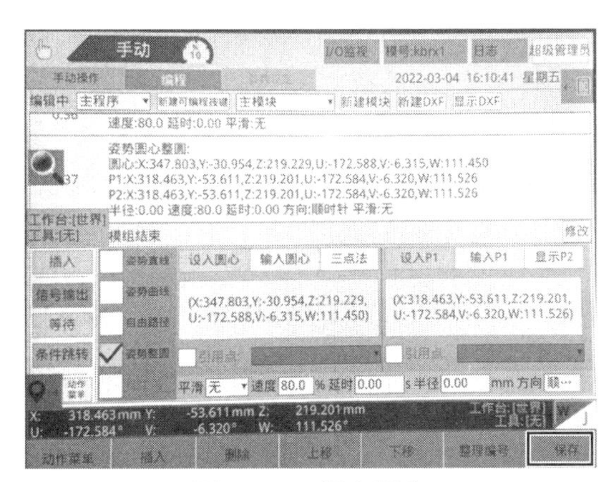

图 4–53　保存程序

2. 程序验证

旋转示教器上的“模式切换开关”到“AUTO”模式，将机器人切换到自动模式，按下示教器左侧的“启动”按钮，机器人将运行保存好的程序，如图 4-54 所示。

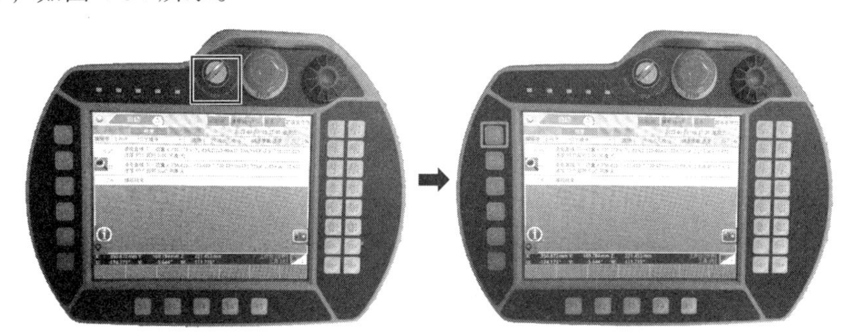
图 4–54　切换模式开关按下开始运动按钮

如机器人按照 P1→P2→P3→P1 依次运动，则整圆运动示教编程完成。

实验二　桌面六轴机器人物料搬运实验

一、实验目的

（1）在学习机器人各运动指令后，进一步学习机器人示教器姿势直线运动指令及 I/O 输出使用。

（2）通过对物料的搬运示教编程，掌握机器人的示教编程方法及物料搬运方法。

二、实验原理

利用示教器编程指令中“姿势直线”指令实现机器人搬运过程中的轨迹动作部分，利用“信号输出”指令控制机器人末端的吸盘工具实现物体吸取和放置，通过二者的配合使机器人能够实现物料搬运。其中，吸盘由电磁阀连通真空发生器产生真空，在吸盘紧贴搬运物料表面时形成吸附力吸取物料；关闭电磁阀停止流出空气后，真空发生器无法产生真空，此时可放置物料。

三、实验仪器、设备

（1）OBOT 桌面六轴机器人 1 套。

（2）拼图模块 1 套。

四、实验方法及步骤

1. 机器人末端工具准备

使用配套工具箱内对应的六角扳手，松开工具底部固定螺栓，拆卸轨迹笔及夹爪工具，末端只留下吸盘工具，如图 4-55 所示。

图 4-55　吸盘工具

2. 机器人编程准备

（1）打开机器人控制箱上的电源开关，如图 4-56 所示。

图 4-56　打开电源开关

（2）将示教器模式旋钮旋转为“MANUAL”手动模式，如图 4-57 所示。

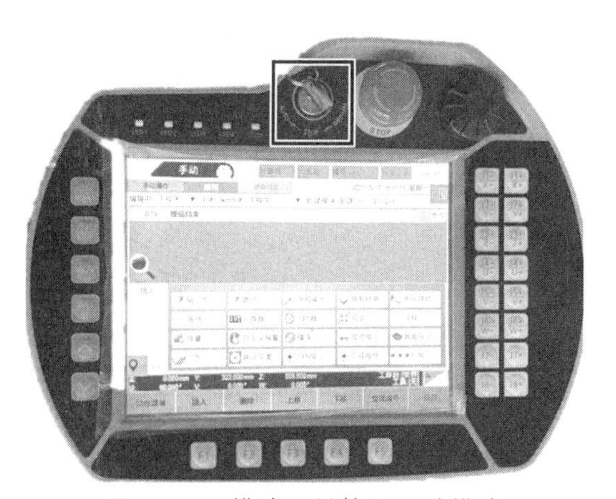

图 4-57　模式开关旋至手动模式

（3）点击示教器右上角“登录”按钮，如图 4-58 所示。

（4）选择“高级管理员”，输入密码“123456”，点击“登入”。

机器人编程准备完成。

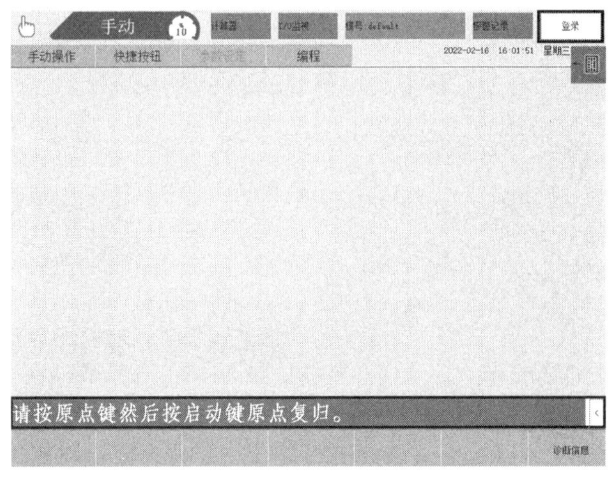

图 4-58　点击“登录”按钮

3. 编　程

（1）示教编程：登录后点击示教器“编程”栏，进入编程界面，如图 4-59 所示。

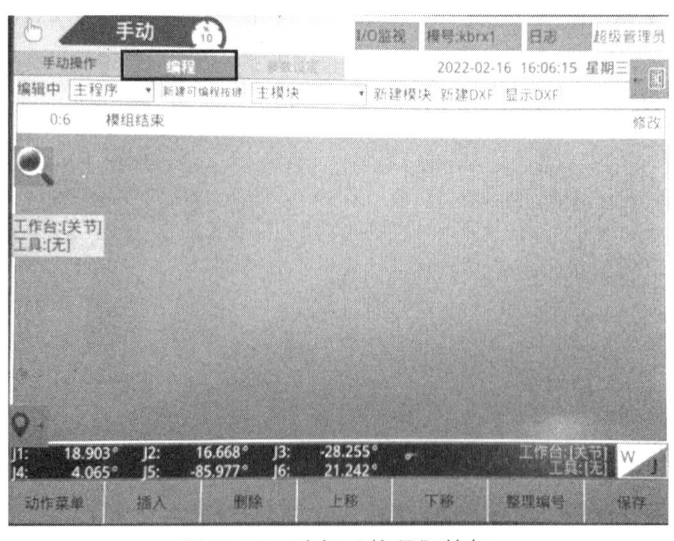

图 4-59　选择“编程”按钮

（2）点击“动作菜单”按钮，进入指令菜单界面，如图 4-60 所示。

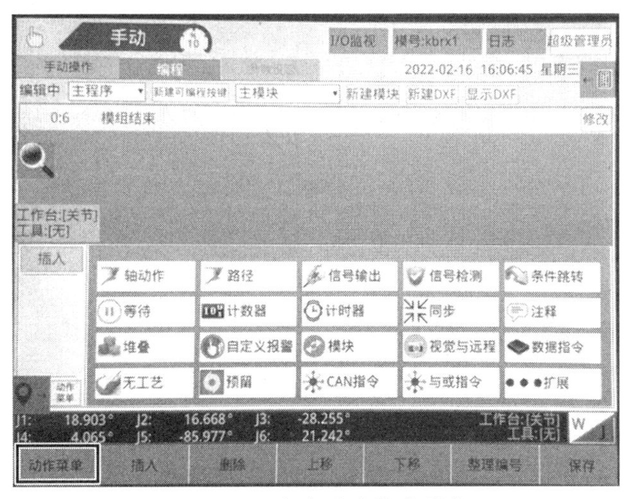

图 4-60　点击“动作菜单”

（3）点击“路径”按钮，进入示教编程指令选择界面，如图 4-61 所示。

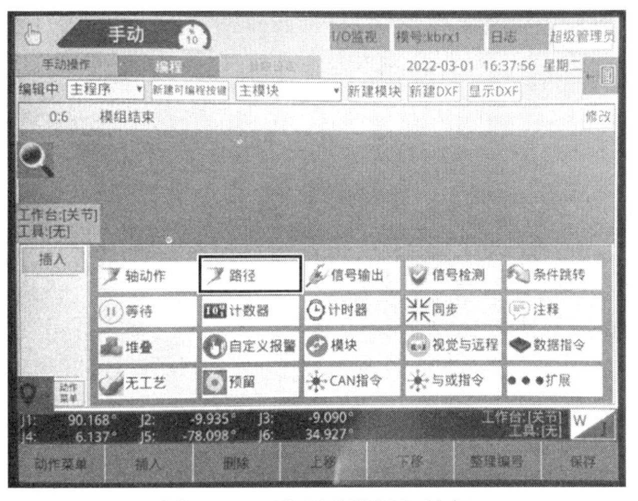

图 4-61　选择“路径”按钮

（4）进入示教编程指令选择界面后，点击示教器右上方的键盘图标，选择“世界坐标”来进行机器人的移动控制，如图 4-62 所示。选择完成后，再次点击键盘符号即可关闭坐标系选择界面。

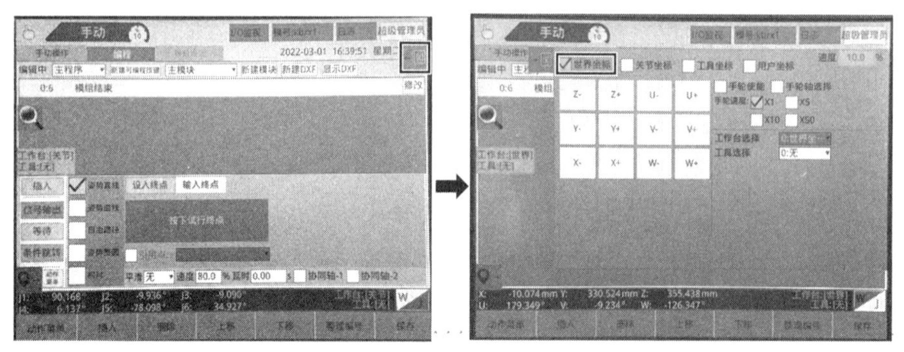

图 4-62　选择世界坐标系

（5）按下示教器使能按键的同时，使用示教器右侧的按钮（X-，X+，Y-，Y+，Z-，Z+），控制示教器将机器人移动到一个目标点（如 P1 点正上方），如图 4-63 所示。

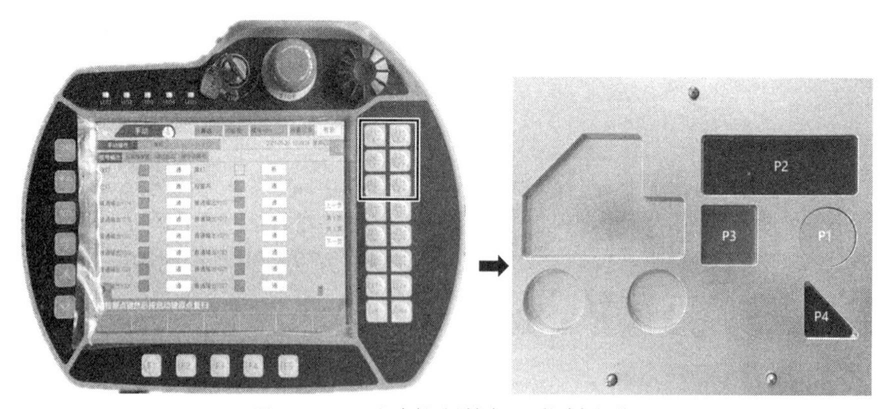

图 4-63　手动控制按钮及物料点位

（6）以“姿势直线”指令将吸盘移动到 P1 点上方后，点击“设入终点”（即记录当前点位坐标值），再点击“插入”，将含点位坐标的指令插入到程序栏中，对吸取安全靠近点示教编程，如图 4-64 所示。

（7）待机器人吸盘表面刚好接触到 P1 物料表面，点击“设入终点”（即记录当前点位坐标值），再点击“插入”，将含点位坐标的指令插入到程序栏中，对拼图搬运吸取点示教编程，如图 4-65 所示。

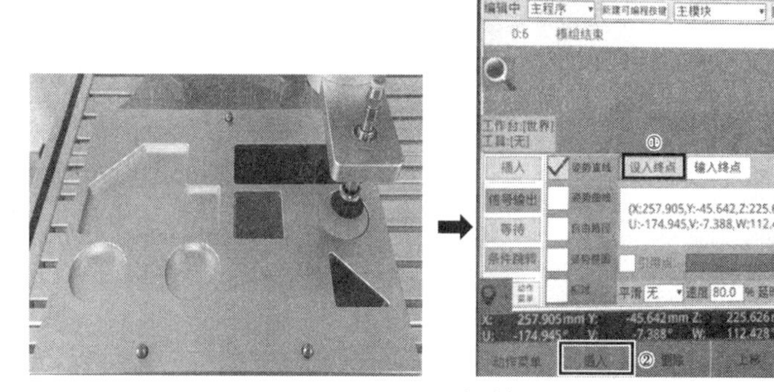

图 4-64　P1 物料点上方及设入点位

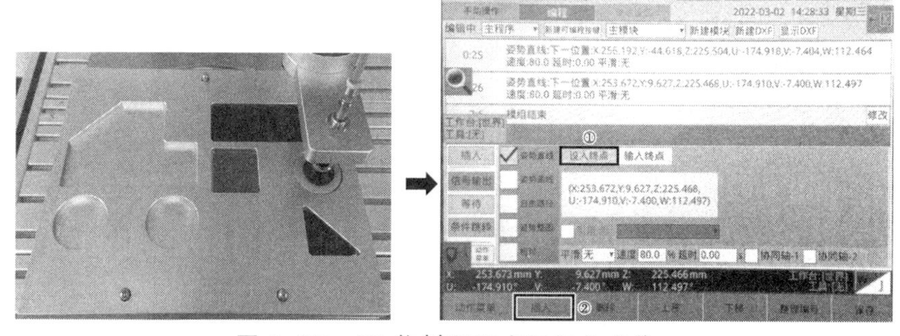

图 4-65　P1 物料吸取点及设入点位

（8）点击示教器界面左侧的“信号输出”按钮，进入 I/O 信号输出界面（可控制吸盘吸气或停止，I/O 接线按照 2.3 节图 2-26 操作），点击勾选 Y014 前的选择框，点击“普通输出 Y014”（变绿），打开吸盘，选择“通”，点击“插入”，将吸盘吸取动作插入到程序队列中，如图 4-66 所示。注：吸盘对应“普通输出编号”可能会有不同，与气动系统和控制箱接线位置有关；实验时可以试试吸盘位置编号，确认哪个编号有气输出。

（9）吸取物料，用示教器操作机器人移动到 P1 上方，按照直线示教方法，点击“路径”，勾选“姿势直线”，点击“设入终点”，以图 4-67 所示路径方式，吸取搬运物料到放置位置。

（10）按照上述路径，并使用姿势直线记录“P1 点上方”及“放置点上方”两点，如图 4-68，图 4-69 所示。

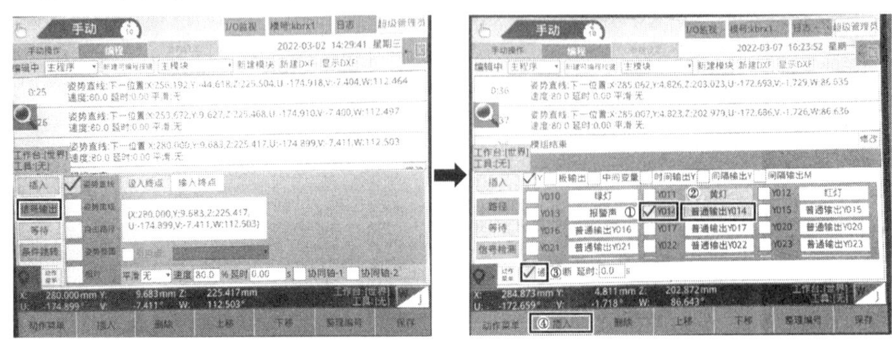

图 4-66　信号输出界面及设置方法

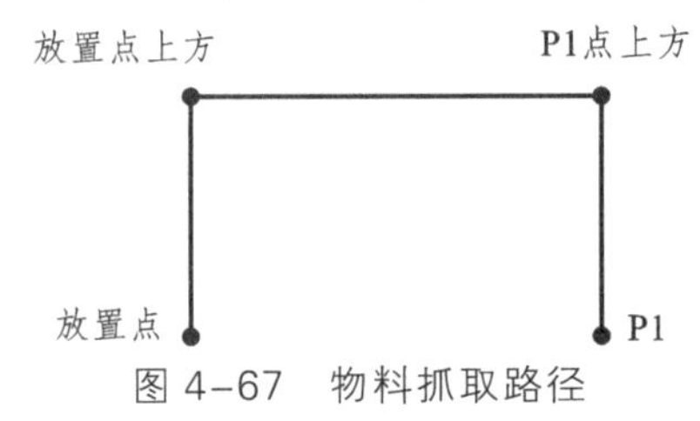

图 4-67　物料抓取路径

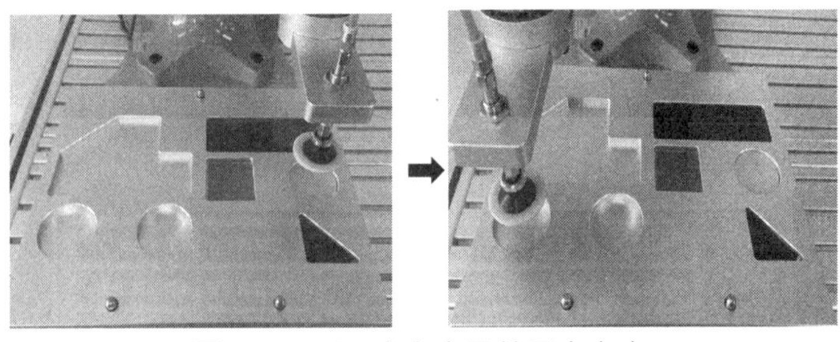

图 4-68　P1 点上方及放置点上方

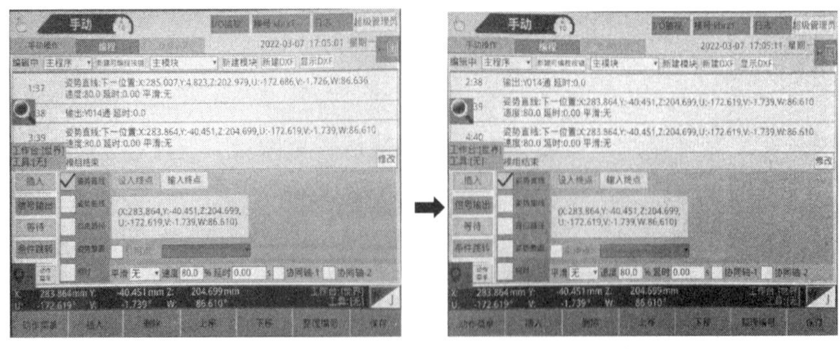

图 4-69　设入 P1 点上方及放置点上方

（11）将物料搬运到放置点后，示教放置点，点击“信号输出”，点击“普通输出 Y014”，点击“断”，点击“插入”关闭吸盘吸取，物料放置到放置点，再将机器人移动到放置点上方示教，如图 4-70 所示。物料搬运完成。

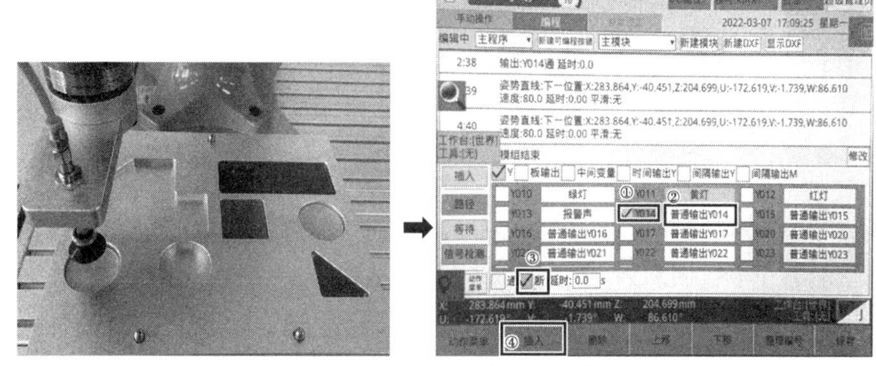

图 4–70　关闭吸盘放置物料

（12）按照上述方法将右侧剩余拼图片全部搬运放置到对应的放置区，如图 4-71 所示。

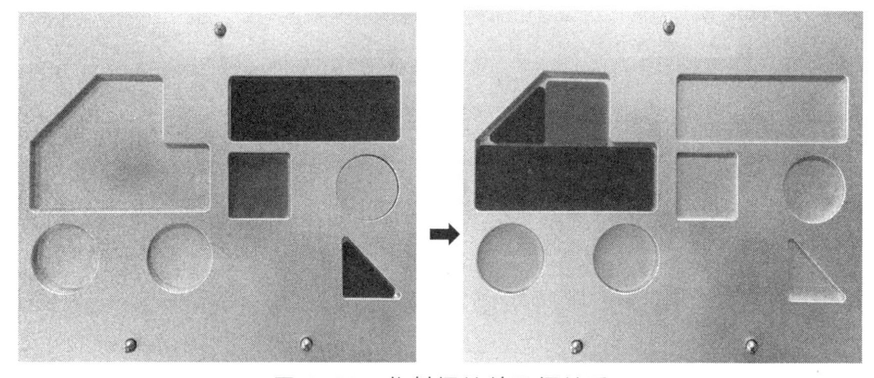

图 4–71　物料摆放前及摆放后

（13）示教完成后，点击示教器右下角“保存”按钮，保存程序，如图 4-72 所示。

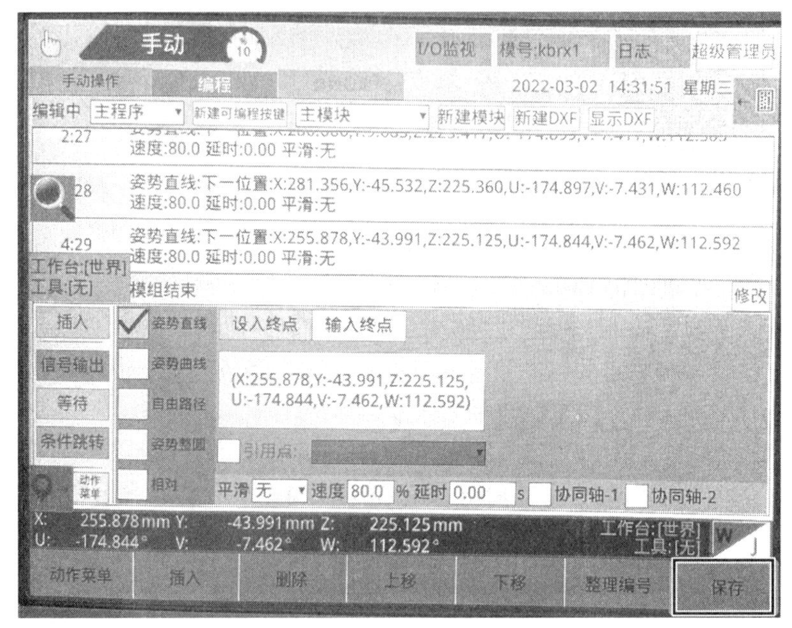

图 4-72　保存程序

4. 程序验证

将物料重新摆放后，旋转示教器上的“模式切换开关”到“AUTO”模式，机器人切换到自动模式，按下示教器左侧的“启动”按钮，机器人将运行保存好的程序，如图 4-73 所示。

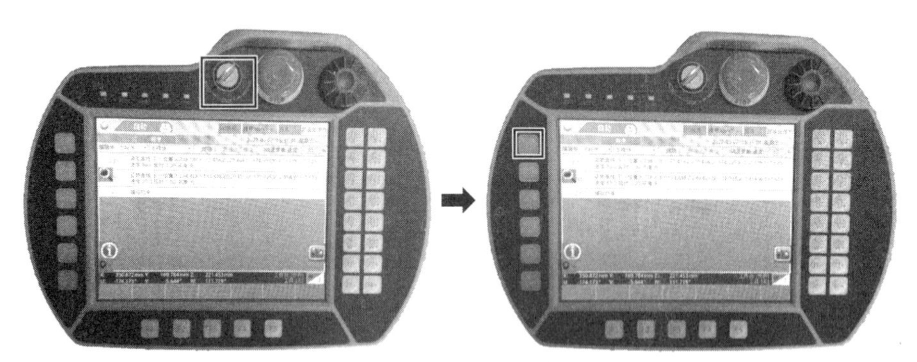

图 4-73　验证程序

机器人如能依次搬运拼图，则示教编程完成。

实验三　桌面六轴机器人物料码垛实验

一、实验目的

（1）在学习直线指令及 I/O 输出后，再学习工业机器人示教器直线指令的终点输入方法。

（2）通过机器人在码垛模块上对物料的码垛示教编程，掌握工业机器人的示教编程方法及码垛工艺。

二、实验原理

利用示教器编程指令中“姿势直线”指令实现机器人搬运过程中的轨迹动作部分，利用“信号输出”指令控制机器人末端的吸盘工具实现物体吸取和放置，从而使机器人能够实现搬运功能。

示教器码垛工艺可通过已知物料的尺寸大小进行码垛方式的设计，也可通过逐步示教方式实现该工艺。已知物料尺寸后，可每次按照物料的长或宽移动对应长度、宽度、高度，实现单层和多层码垛。

三、实验仪器、设备

（1）OBOT 桌面六轴机器人 1 套。

（2）码垛装配模块 1 套。

四、实验方法及步骤

1. 机器人末端工具准备

使用配套工具箱内对应的六角扳手，松开工具底部固定螺栓，拆卸轨迹笔及夹爪工具，末端只留下吸盘工具，如图 4-74 所示。

图 4–74　安装吸盘工具

2. 机器人编程准备

（1）打开机器人控制箱上的电源开关。

（2）将示教器模式旋钮旋转为“MANUAL”手动模式，如图 4-75 所示。

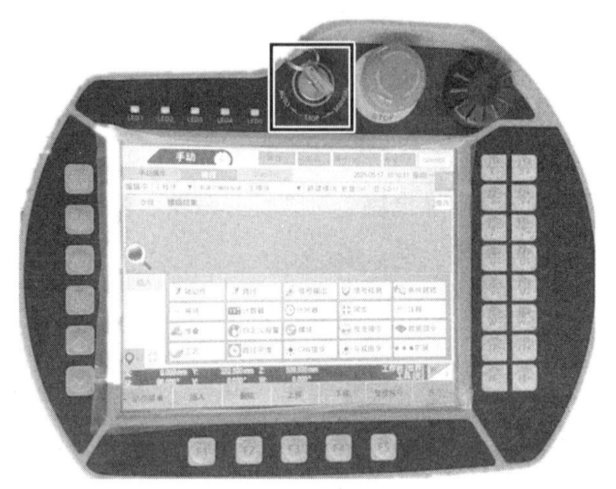

图 4-75　切换为手动模式

（3）点击示教器右上角“登录”按钮，如图 4-76 所示。

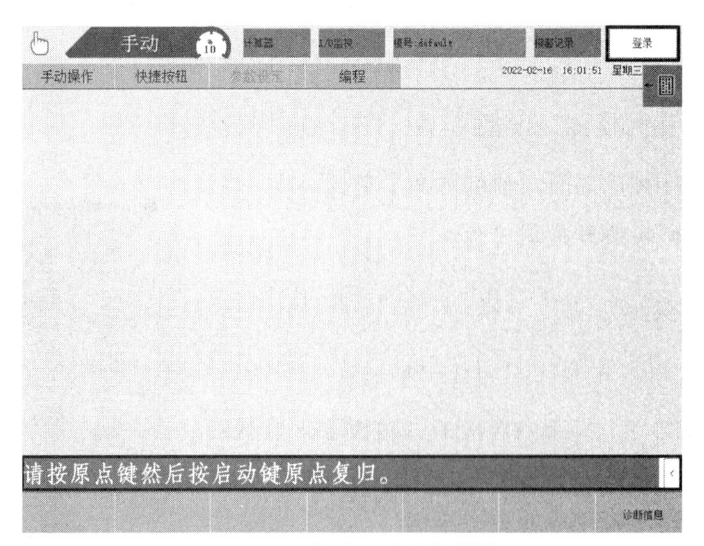

图 4-76　点击“登录”按钮

（4）选择“高级管理员”，输入密码“123456”，点击“登入”。

机器人编程准备完成。

3. 编　程

（1）示教编程：登录后点击示教器“编程”栏，进入编程界面，如图 4-77 所示。

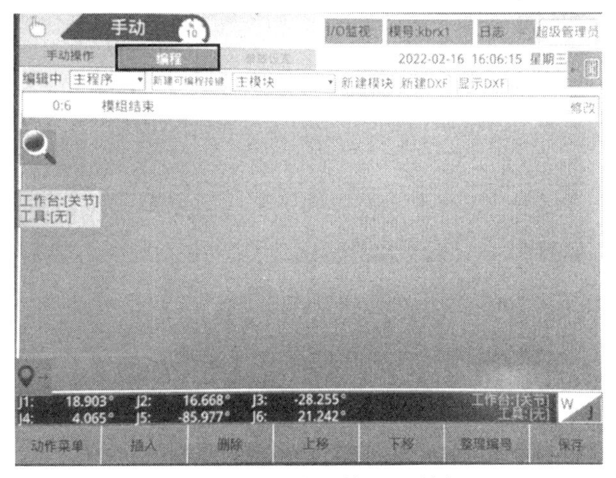

图 4–77　点击“编程”按钮

（2）点击“动作菜单”按钮，进入指令菜单界面，如图 4-78 所示。

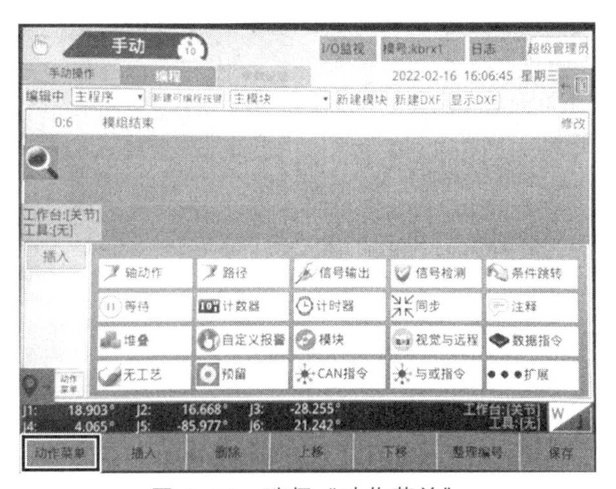

图 4–78　选择“动作菜单”

（3）点击“路径”按钮，进入示教编程指令选择界面，如图 4-79 所示。

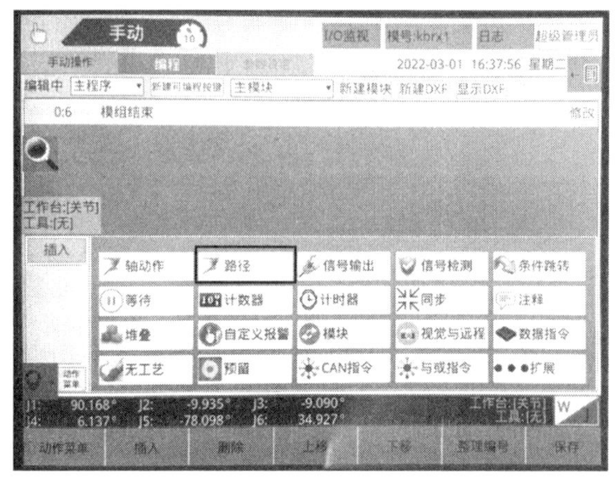

图 4–79　点击“路径”按钮

（4）进入示教编程指令选择界面后，点击示教器右上方的键盘图标，选择“世界坐标”来进行机器人的移动控制，如图 4-80 所示。选择完成后，再次点击键盘符号即可关闭坐标系选择界面。

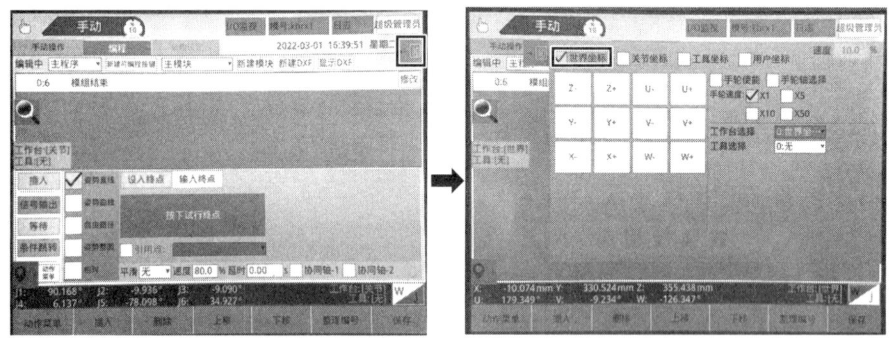

图 4–80　选择世界坐标系

（5）按下示教器使能按键的同时，使用示教器右侧的按钮（X-，X+，Y-，Y+，Z-，Z+），控制示教器将机器人移动到一个目标点（如 P1 点正上方），如图 4-81 所示。

（6）移动到 P1 点上方后，点击选择要插入程序语句的位置，点击“设入终点”（即记录当前点位坐标值），再点击“插入”，将含点位坐标的指令插入到程序栏中，对码垛安全靠近点示教编程，如图 4-82 所示。

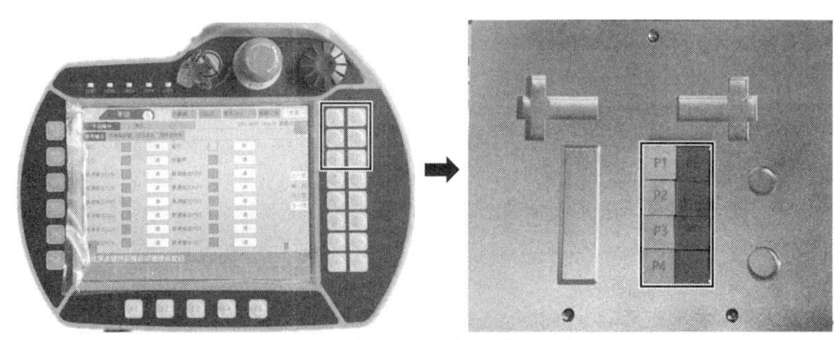

图 4-81　手动控制按钮及物流分配点位

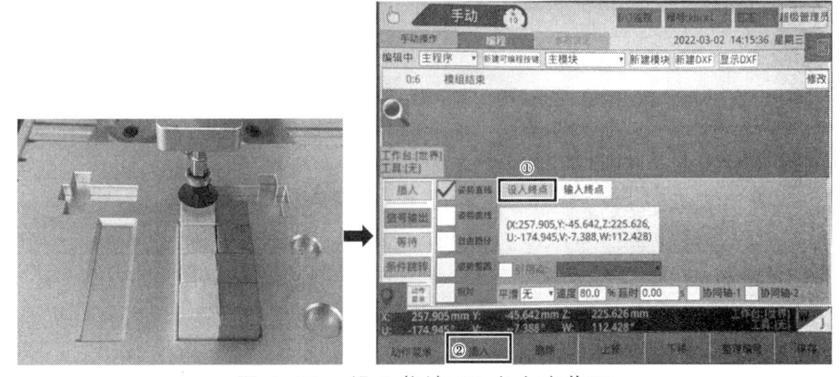

图 4-82　设入物流 P1 点上方位置

（7）待机器人吸盘表面刚好接触到 P1 物料表面，点击“设入终点”（即记录当前点位坐标值），再点击“插入”，将含点位坐标的指令插入到程序栏中，进行码垛吸取点示教编程，如图 4-83 所示。

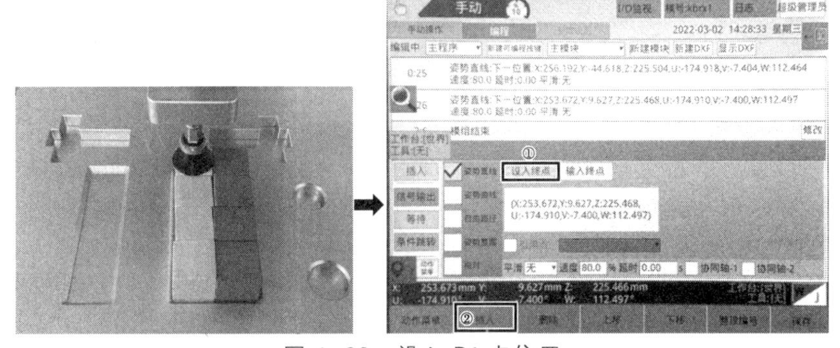

图 4-83　设入 P1 点位置

（8）点击示教器界面左侧的“信号输出”按钮，进入 I/O 信号输出界面（可控制吸盘吸气或停止，I/O 接线按照 2.3 节图 2-26 操作），点击勾选 Y014 前的选择框，点击“普通输出 Y014”，变绿打开吸盘，选择“通”，点击“插入”，将吸盘吸取动作插入到程序队列中，如图 4-84 所示。注：吸盘对应“普通输出编号”可能会有不同，与气动系统和控制箱接线位置有关；实验时可以试试吸盘位置编号，确认哪个编号有气输出。

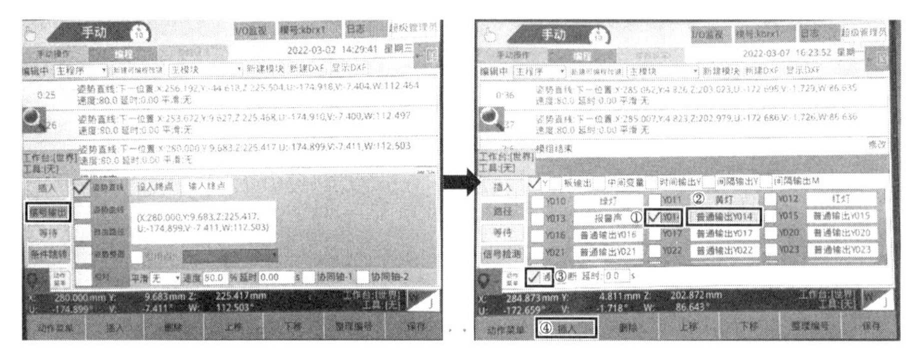

图 4-84　打开吸盘开关

（9）吸取物料，手动操作机器人移动到 P1 上方，按照直线示教方法，点击“路径”，勾选“姿势直线”，点击“设入终点”，以图 4-85 所示路径方式，吸取搬运物料到放置位置。

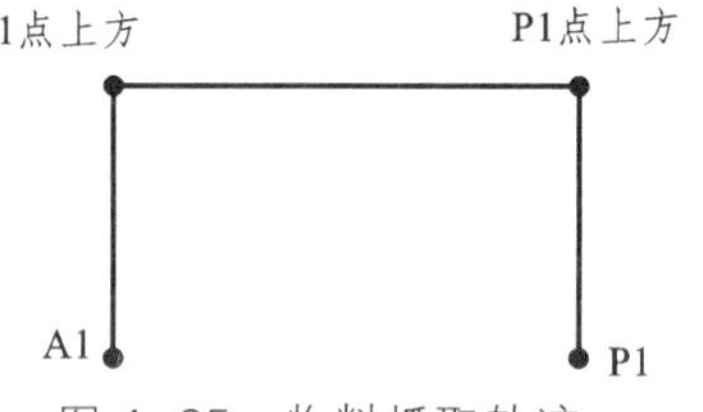

图 4-85　物料抓取轨迹

（10）按照上述路径，并使用姿势直线记录“P1 点上方”及“A1 点上方”两点，如图 4-86，图 4-87 所示。

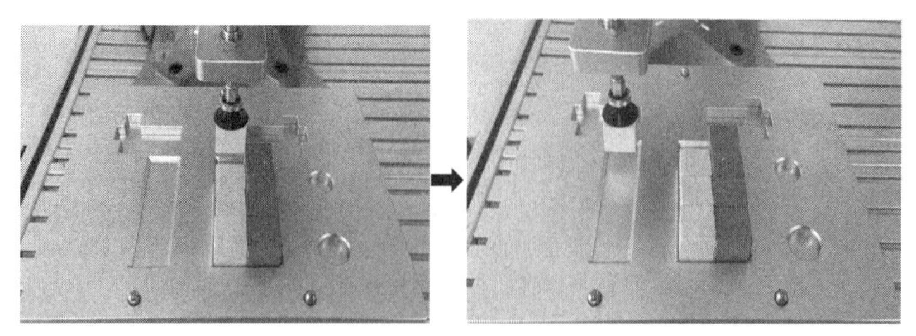

图 4-86　吸取物料及放置物料

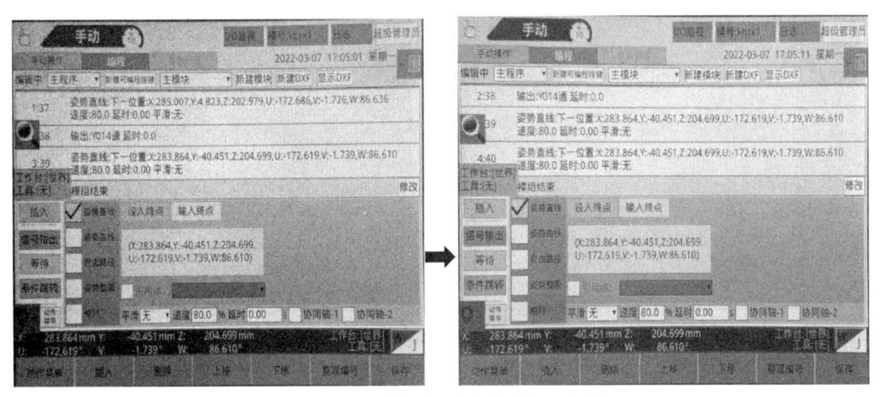

图 4-87　设入对应的位置坐标

（11）将物料放置到 A1 点后，示教 A1 点，点击“信号输出”，勾选“Y014”，点击“普通输出 Y014”，点击“断”，点击“插入”，关闭吸盘吸取，将物料放置到 A1 点，再将机器人移动到 A1 上方示教，如图 4-88 所示。物料搬运完成。

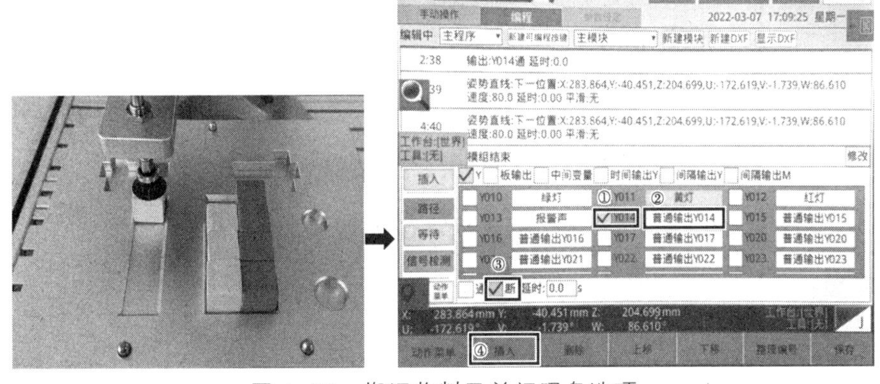

图 4-88　搬运物料及关闭吸盘选项

（12）第一排物料搬运完毕后，在搬运第二排物料进行示教点位时，可使用输入终点的方法，将要搬运的点位输入到指令中，只需在 A1 点位的基础上将 Z 轴坐标加上物料高度即可，将右侧的物料依次码垛到左边物料上，如图 4-89 所示。

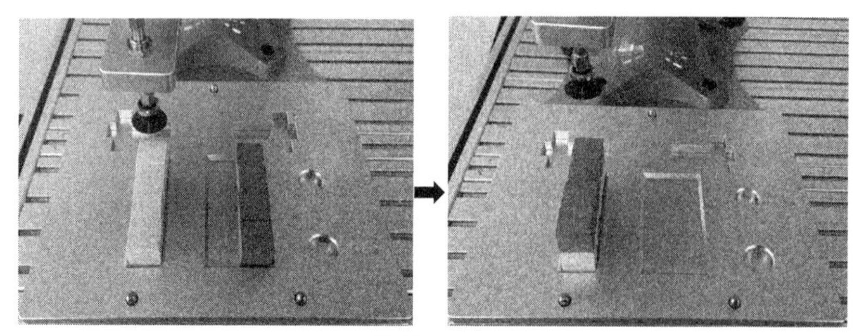

图 4–89　物料码垛前与码垛后

（13）示教完成后，点击示教器右下角“保存”按钮，保存程序，如图4-90 所示。

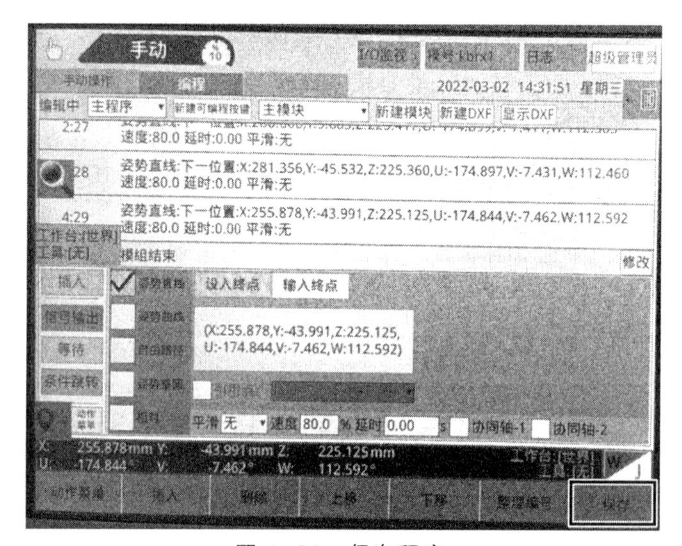

图 4–90　保存程序

4. 程序验证

将物料重新摆放后，旋转示教器上的“模式切换开关”到“AUTO”模式，机器人切换到自动模式，按下示教器左侧的“启动”按钮，机器人将运行保存好的程序，如图 4-91 所示。

机器人如能依次码垛物料，则示教编程完成。

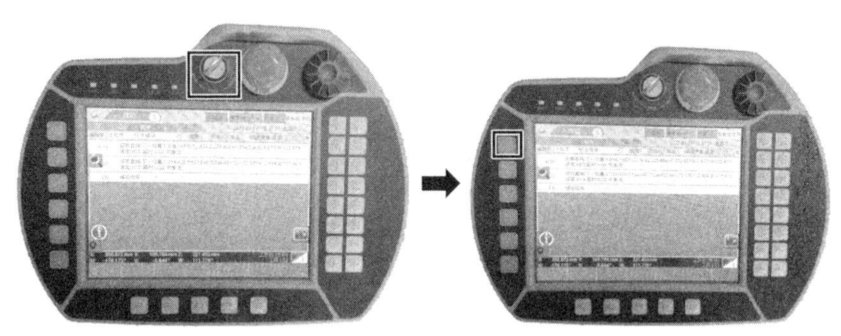

图 4-91　验证程序

实验四　桌面六轴机器人物料装配实验

一、实验目的

（1）了解工业机器人示教器姿势直线指令、自由路径指令、手动控制末端姿态方法及 I/O 输出使用。

（2）通过机器人在装配模块上对物料的装配示教编程，掌握工业机器人的示教编程方法及装配工艺。

二、实验原理

利用示教器编程指令中“姿势直线”“自由路径”和“信号输出”指令以及“世界坐标”与“关节坐标”的切换一起配合控制机器人末端的气动夹爪，将物料夹持按轨迹运动并放置到目标位置，从而达到物料装配功能。

物料装配是将尺寸大小不同的物料，由机器人的气动夹爪从放置处夹持后，装配到对应的孔洞内，其中气动夹爪由电磁阀产生空气推力，推动气动夹爪夹紧或者松开以实现物料的夹紧及放置。

三、实验仪器、设备

（1）OBOT 桌面六轴机器人 1 套。

（2）码垛装配模块 1 套。

四、实验方法及步骤

1. 机器人末端工具准备

使用配套工具箱内对应的六角扳手，松开工具底部固定螺栓，拆卸轨迹笔及吸盘工具，末端只留下夹爪工具，连接相应的气管，如图 4-92 所示。

2. 机器人编程准备

（1）打开机器人控制箱上的电源开关。

（2）将示教器模式旋钮旋转为“MANUAL”手动模式，如图 4-93 所示。

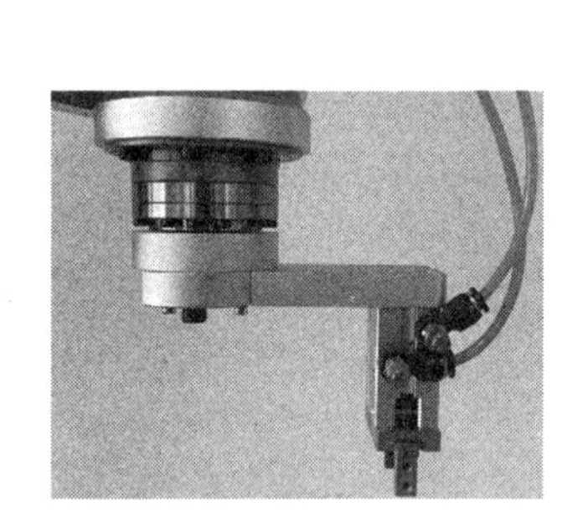

图 4-92　安装夹爪工具

图 4-93　切换到手动模式

（3）点击示教器右上角“登录”按钮，如图 4-94 所示。

图 4-94　“登录”按钮

（4）选择“高级管理员”，输入密码“123456”，点击“登入”。

机器人编程准备完成。

3. 编　程

（1）示教编程：登录后点击示教器“编程”栏，进入编程界面，如图 4-95 所示。

（2）点击“动作菜单”按钮，进入指令菜单界面，如图 4-96 所示。

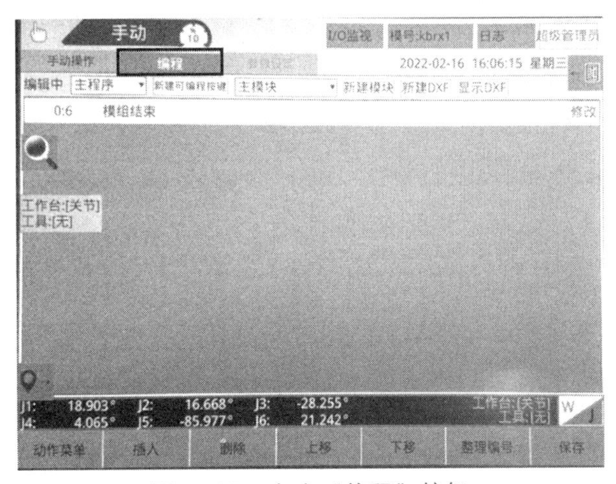

图 4–95　点击“编程”按钮

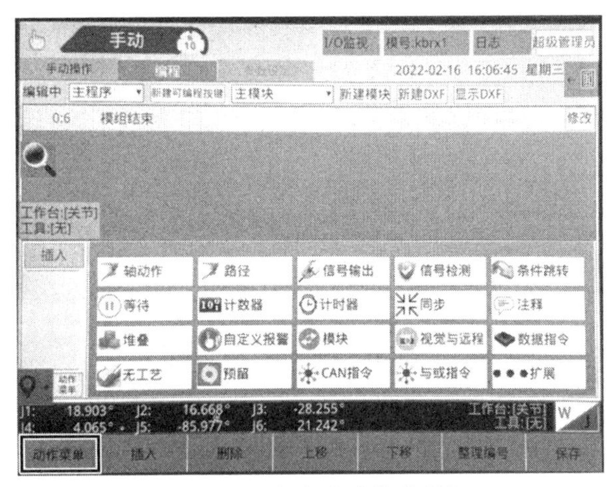

图 4–96　点击“动作菜单”

（3）点击“路径”按钮，进入示教编程指令选择界面，如图 4-97 所示。

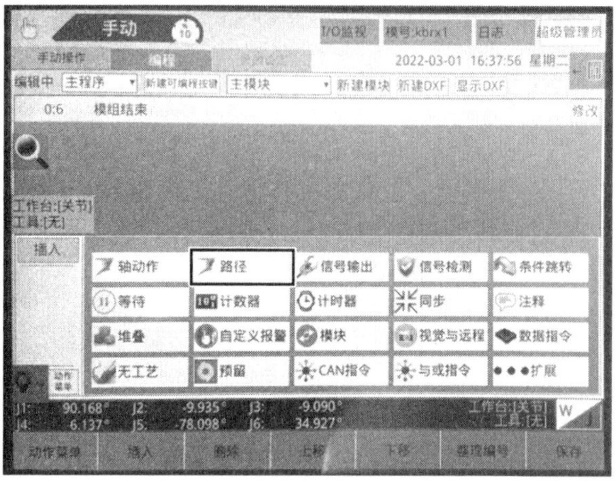

图 4-97　点击“路径”按钮

（4）进入示教编程指令选择界面后，点击示教器右上方的键盘图标，选择“世界坐标”来进行机器人的移动控制，如图 4-98 所示。如需单独控制某个关节进行运动，也可选择“关节坐标”进行单轴运动控制，选择完成后，再次点击键盘符号即可关闭坐标系选择界面。

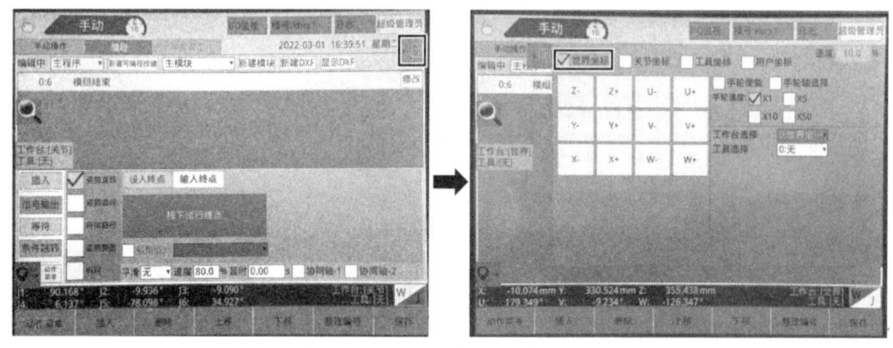

图 4-98　选择世界坐标系

（5）按下示教器使能按键的同时，使用示教器右侧的按钮（X-，X+，Y-，Y+，Z-，Z+），控制示教器将机器人移动到一个目标点（如抓取点正上方），如图 4-99 所示。

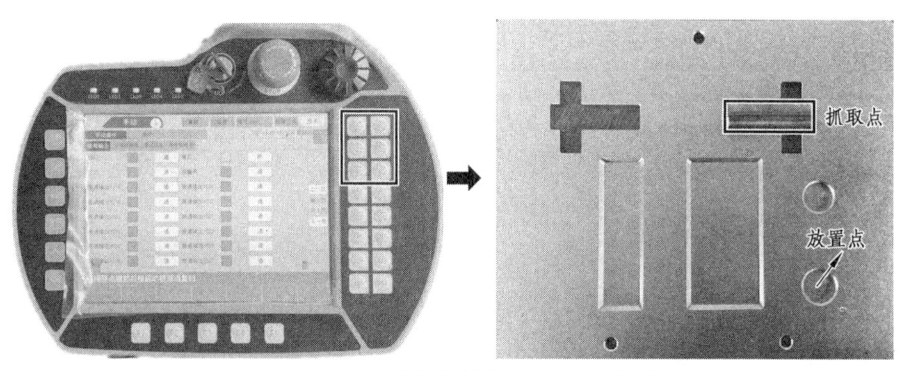

图 4-99　手动控制按钮及抓取放置点

（6）移动到抓取点上方后，点击选择要插入程序语句的位置，点击“设入终点”（即记录当前点位坐标值），再点击“插入”，将含点位坐标的指令插入到程序栏中，进行抓取点上方示教编程，如图 4-100 所示。

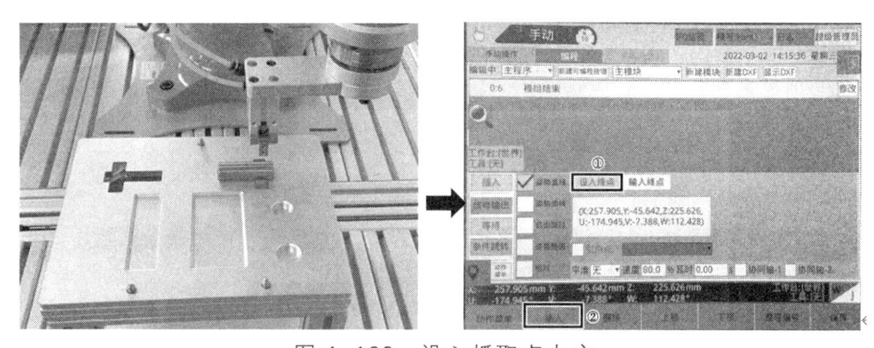

图 4-100　设入抓取点上方

（7）待机器人移动到抓取点且夹爪距离物料表面左右距离相等，点击“设入终点”（即记录当前点位坐标值），再点击“插入”，将含点位坐标的指令插入到程序栏中，进行抓取点示教编程，如图 4-101 所示。

（8）点击示教器界面左侧的“信号输出”按钮，进入 I/O 信号输出界面（可控制夹爪夹紧或张开，I/O 接线按照 2.3 节图 2-26 操作），点击勾选 Y015 前的选择框，点击“普通输出 Y015”，夹紧夹爪，选择“通”，点击“插入”，将夹爪夹紧动作插入到程序队列中，如图 4-102 所示。注：夹爪对应“普通输出编号”可能会有不同，与气动系统和控制箱接线位置有关；

实验时可以试试夹爪位置编号，确认哪个编号有气输出。

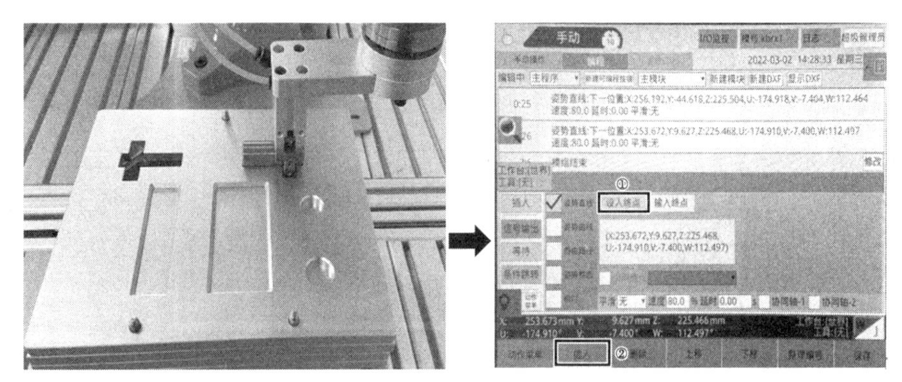

图 4-101　设入抓取点

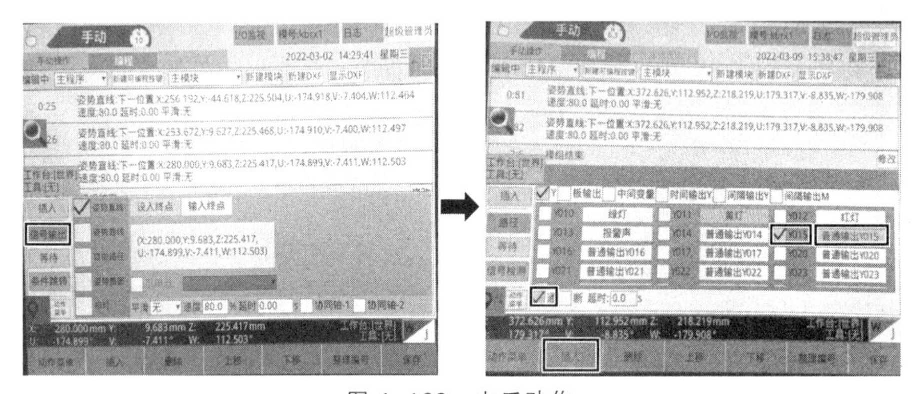

图 4-102　夹爪动作

（9）夹取物料，用示教器操作机器人到抓取点上方，按照直线示教方法，点击“路径”，勾选“姿势直线”，点击“设入终点”，以图 4-103 路径方式，夹取物料到放置位置。在放置物料到放置点上方时，使用自由路径指令方法，点击“路径”，勾选“自由路径”，点击“设入终点”，夹取物料到放置位置。

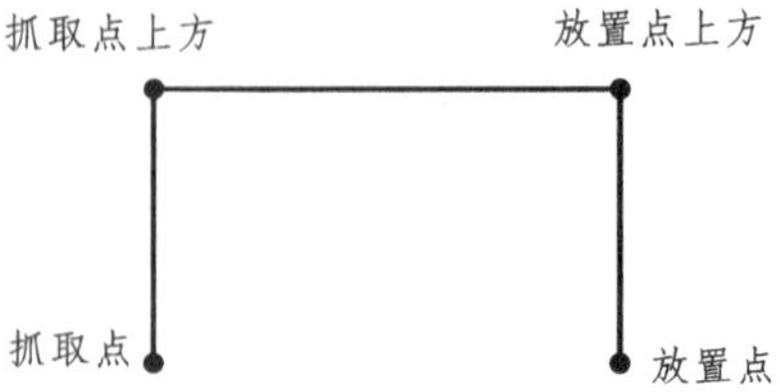

抓取点上方　放置点上方

抓取点　放置点

图 4-103　物料运动轨迹

（10）按照上述路径，记录“抓取点上方”及“放置点上方”两点。放置物料时，需要切换机器人的姿态：使用“关节坐标”J1/J2/J3/J4/J5/J6 单轴运动及“世界坐标”U-/U+/V-/V+/W-/W+

控制机器人运动到放置点，如图 4-104，图 4-105 所示。

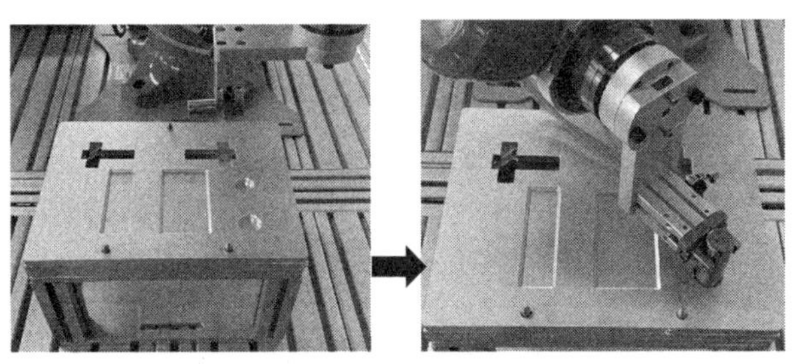

图 4-104　放置点

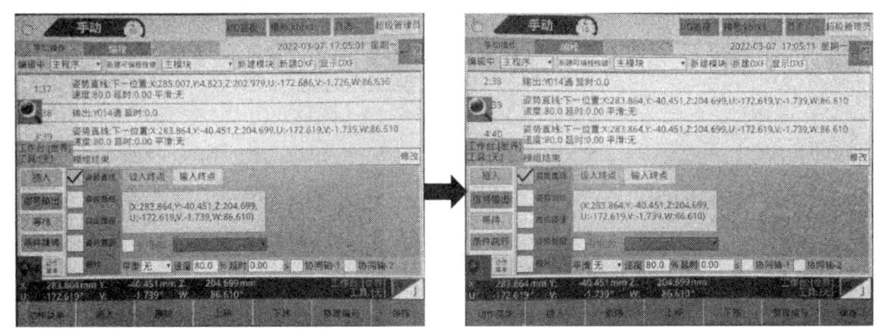

图 4-105　设入放置点

（11）将物料搬运到放置点后，示教放置点，点击“信号输出”，勾选“Y015”前的选择框，点击“普通输出 Y015”，点击“断”，点击“插入”，张开夹爪，将物料装配到放置点，再将机器人移动到放置点上方示教，如图 4-106 所示。物料装配完成。

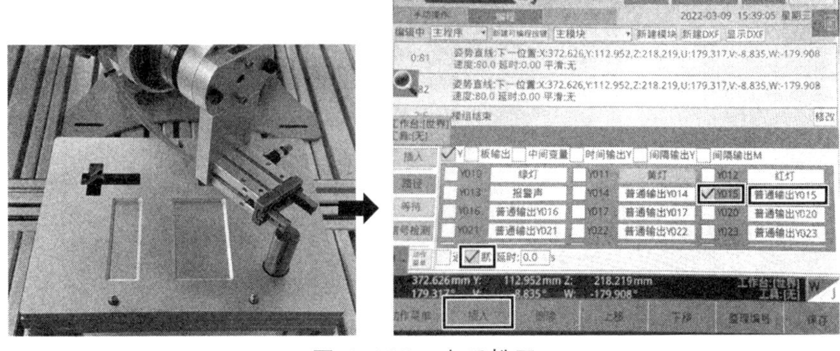

图 4-106　夹爪松开

（12）按照上述方法先将物料从抓取点放置到放置点，如图 4-107 所示。

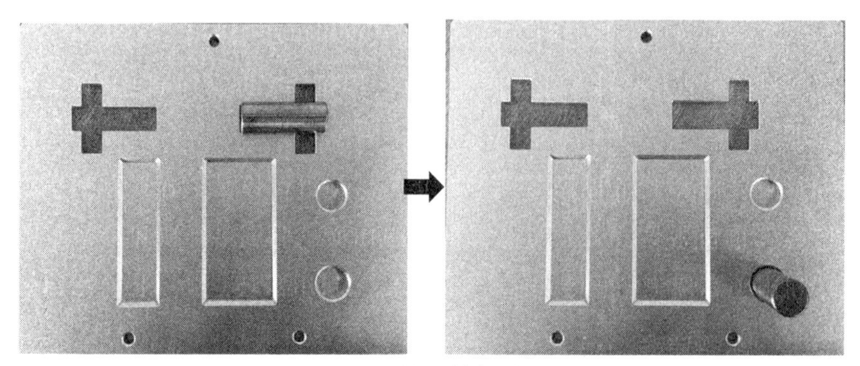

图 4–107　放置前与放置后

（13）示教完成后，点击示教器右下角“保存”按钮，保存程序，如图 4-108 所示。

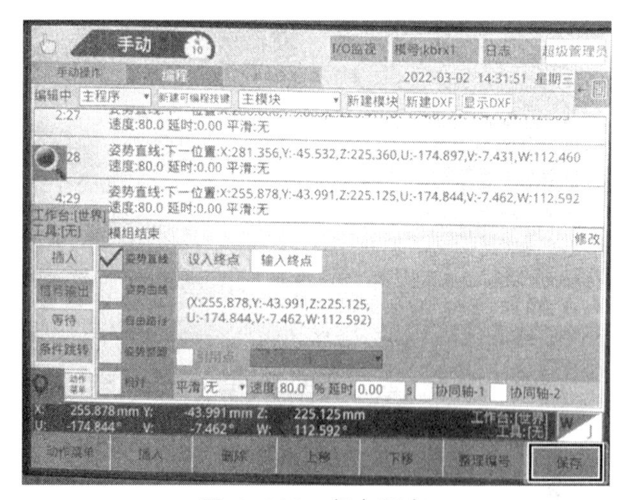

图 4–108　保存程序

4. 程序验证

将物料重新摆放后，旋转示教器上的“模式切换开关”到“AUTO”模式，机器人切换到自动模式，按下示教器左侧的“启动”按钮，机器人将运行保存好的程序，如图 4-109 所示。

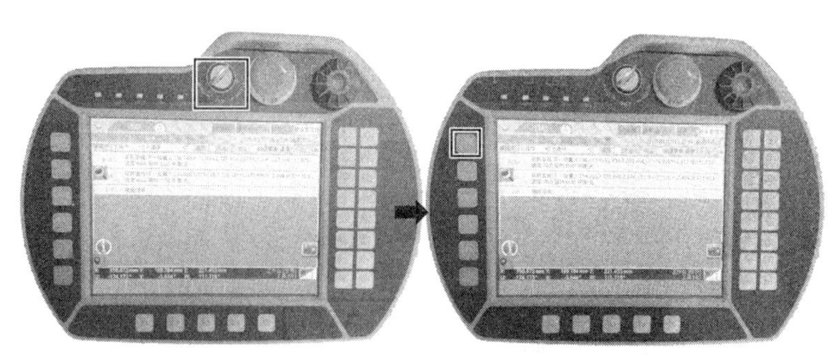

图 4-109　验证程序

机器人如能将物料搬运到放置点且装配到指定位置，则示教编程完成。

综合实验　示教器编程实现机器人写字或绘图实验

一、实验目的

通过示教器编程，使 OBOT 桌面六轴机器人模拟人进行写字或绘图任务。

二、实验原理

机器人示教编程常用指令，见本章实验一~实验四。

三、实验仪器、设备

（1）OBOT 桌面六轴机器人 1 套。

（2）画板和画笔、纸张和笔各 1 套。

四、实验方法及步骤

1. 机器人夹具准备

给机器人安装末端执行器——夹具和吸盘。

2. 机器人编程准备

（1）打开机器人控制箱上的电源开关，给机器人上电。

（2）将示教器模式旋钮旋转为“STOP”模式。

（3）点击示教器右上角登录按钮。

（4）选择“高级管理员”，输入密码“123456”，点击登入。

（5）依次点击“参数设定”→“手控设定”→“网络配置”，不勾选“网络使能”和“ROS UDP En”。

3. 编　程

要求：根据前面实验所学内容，利用示教器编程，模拟人进行写字或绘画。

步骤：

（1）用示教器编程控制吸盘吸取纸张或画板到台面上。

（2）用示教器编程控制夹具夹住笔或画笔。

（3）用示教器编程控制笔（画笔）在纸（画板）上写字（绘画）（自行决定书写或绘画内容，如果需要可以编写额外的程序来控制笔的抬起和放下动作，以实现更加复杂的绘图效果）。

（4）用示教器编程控制吸盘放回完成的纸张或画板。

（5）点击示教器右下角“保存”按钮，保存程序。

4. 程序验证

（1）运行程序：旋转示教器上的“模式切换开关”到“AUTO”模式，按下示教器左侧的“启动”按钮，机器人将运行保存好的程序，观察机器人的写字或绘图效果直到满意为止。注意检查字迹或图形的清晰度、连贯性和准确性。

（2）根据实际情况调整动作路径、运动参数或笔的抬起、放下策略，优化写字或绘图效果。

5. 拓展实验

（1）尝试使用不同颜色的笔或绘图工具，探索不同的写字或绘图效果。

（2）引入更多的写字或绘图内容，如更复杂的文字、图案或艺术作品，提高实验的挑战性和趣味性。

这项实验任务旨在深化学生对机器人运动控制和末端执行器应用的理解，同时激发他们的创造力与艺术天赋。通过亲身实践和编程训练，学生将掌握操作机器人进行书写与绘图的基本技巧，为未来的机器人应用研究与开发积累宝贵的经验和启示。

第5章

基于 ROS 的桌面六轴机器人实验实训

实验一　基于 ROS 系统的 Gazebo 仿真实验

一、实验目的

（1）熟悉 ROS 系统框架及其通信方式。

（2）熟悉 OBOT 桌面六轴机器人仿真功能包的组成。

（3）掌握基于 ROS 的桌面六轴机器人 Gazebo 仿真方法。

二、实验仪器、设备

ROS 控制器 1 套。

三、实验方法及步骤

（1）按照图 5-1 所示正确连接 ROS 控制器、显示器、键盘、鼠标。

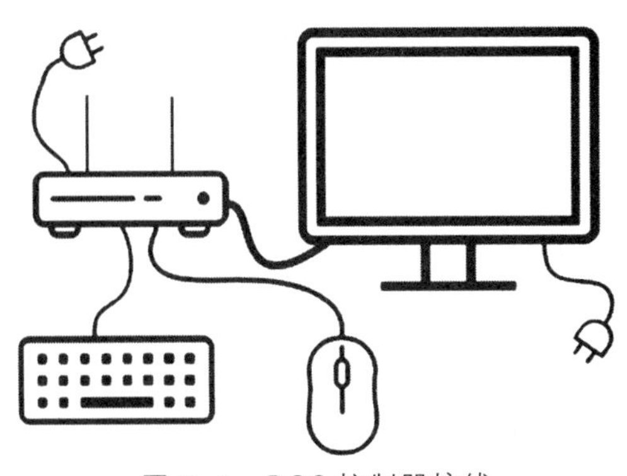

图 5-1　ROS 控制器接线

（2）打开 ROS 控制器电源，等待进入系统界面，如图 5-2 所示。

（3）双击系统桌面上的“OBOT Studio”图标，如图 5-3 所示。

图 5-2 启动 ROS 控制器

图 5-3 运行 Studio

（4）弹出启动的选项菜单后，按下键盘方向键选中选项“仿真模式”，再按下键盘“Enter”键，启动运行仿真模式，如图 5-4 所示。

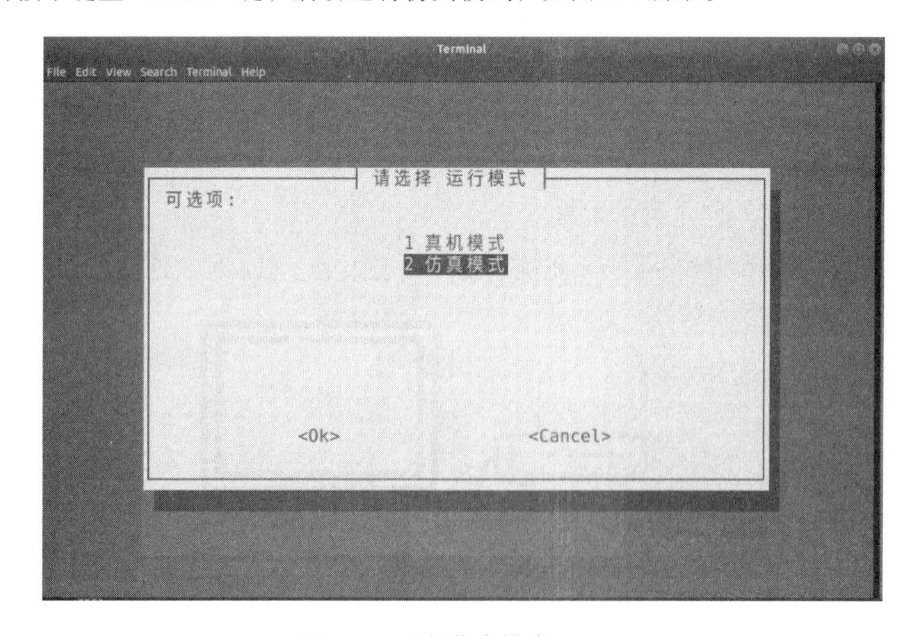

图 5-4 选择仿真模式

（5）启动成功后，将弹出 Rviz 可视化人机交互界面和 Gazebo 机器人仿真界面，如图 5-5、图 5-6 所示。

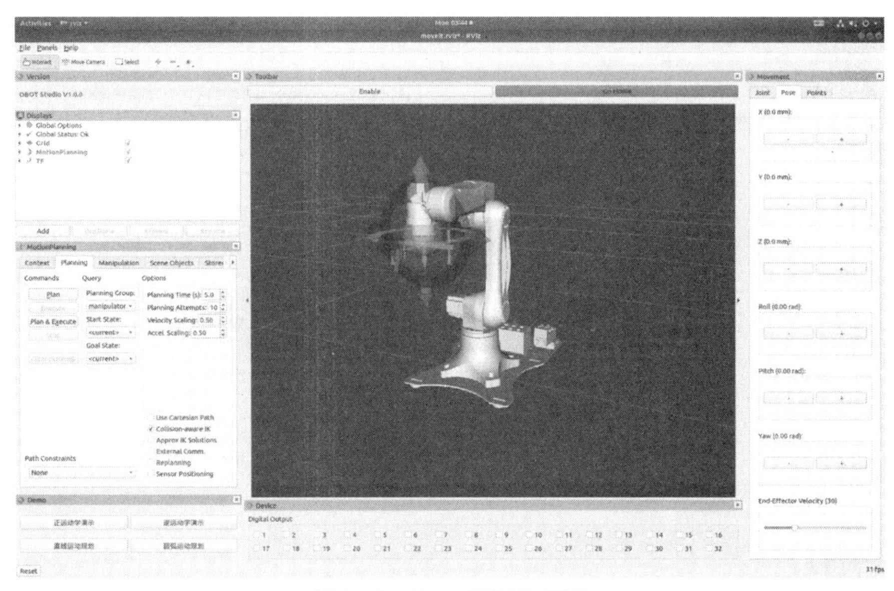

图 5–5　Rviz 可视化界面

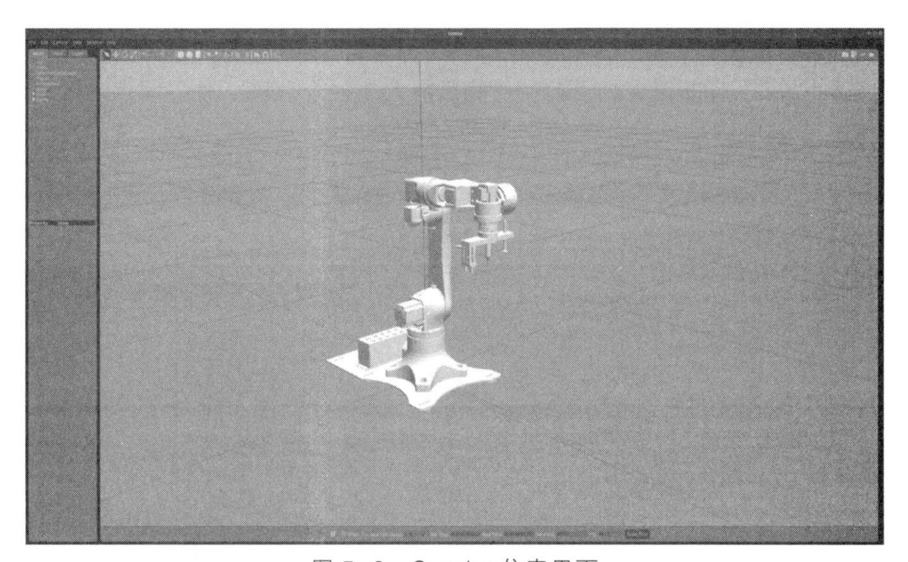
图 5–6　Gazebo 仿真界面

（6）通过 Rviz 可视化人机交互界面控制仿真机器人，首先按下使能按键，使能仿真机器人，如图 5-7 所示。

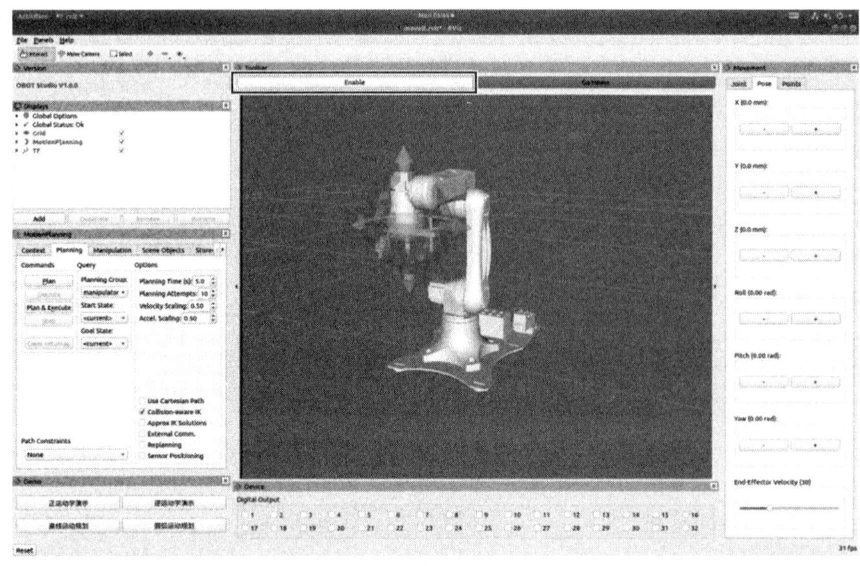

图 5-7　使能机器人

（7）通过右侧的“Movement”区的 Joint/Pose 控制栏，点击对应轴/位姿的“+”“-”按键，即可控制仿真机器人在关节空间/工作空间点动运动，如图 5-8 所示。

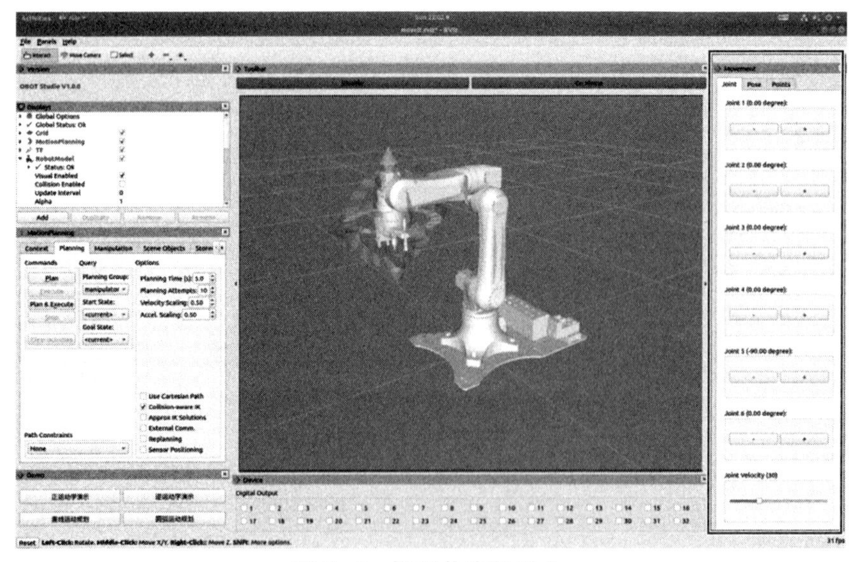

图 5-8　控制仿真机器人

机器人上所有实验都可以在 Gazebo 仿真环境中进行，方便学生课后随时随地进行学习，突破传统实验教学的局限性。同时，仿真实验也是真机实验的预演，能够大大提升实验效率和安全性。

实验二　基于 ROS 系统的桌面六轴机器人通信和基础操作实验

一、实验目的

（1）熟悉 ROS 系统框架及其通信方式。

（2）掌握 OBOT 六轴机器人的 ROS 控制器通信与使用方法。

（3）掌握 OBOT 六轴机器人的 Rviz 可视化界面基础操作。

二、实验仪器、设备

（1）OBOT 桌面六轴机器人 1 套。

（2）ROS 控制器与显示器 1 套。

三、实验方法及步骤

任务一　桌面六轴机器人的 ROS 控制器通信

（1）打开机器人控制箱上的电源开关，如图 5-9 所示。

图 5-9　打开控制箱电源

（2）用网线连接机器人控制箱上的网络通信口和 ROS 控制器网口 LAN1，如图 5-10 所示。

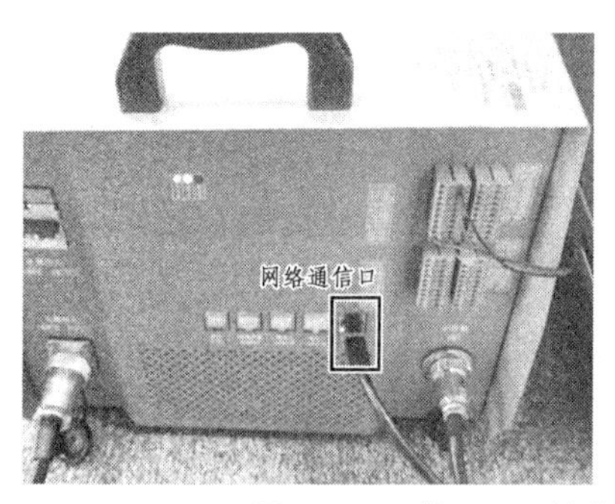

图 5-10　将 ROS 控制器与机器人控制器用网线连接

（3）将示教器模式旋钮旋转为“STOP”模式，如图 5-11 所示。

图 5-11　控制模式切换

（4）点击示教器右上角“登录”按钮，如图 5-12 所示。

（5）选择“高级管理员”，输入密码“123456”，点击“登入”，如图 5-13 所示。

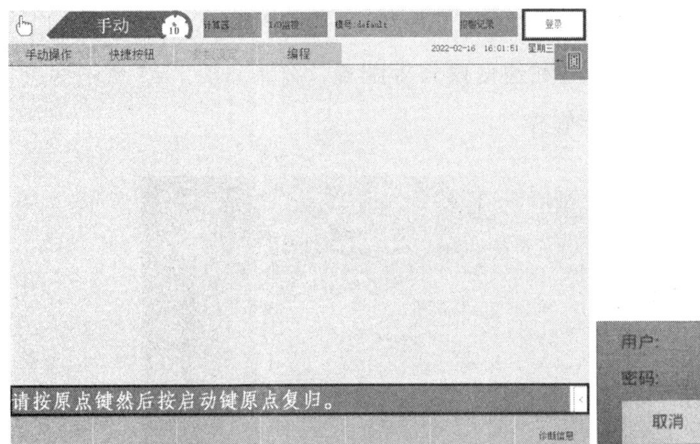

图 5-12　登录示教器用户

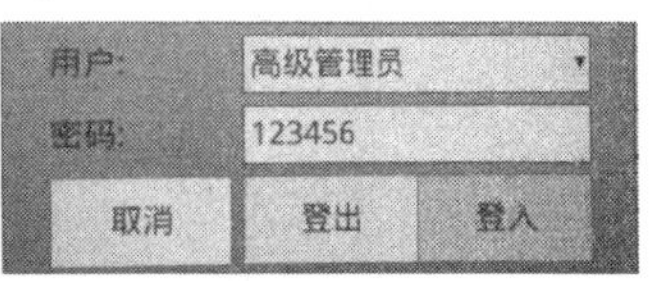

图 5-13　高级管理员登录

（6）点击“参数设定”→“手控设定”→“网络配置”，勾选“网络使能”和“ROS UDP En”，并检查本机 IP（192.168.4.201）、外设目标 IP（192.168.4.4:9760）、通信模式等配置，确保和图 5-14 保持一致，点击“保存”。

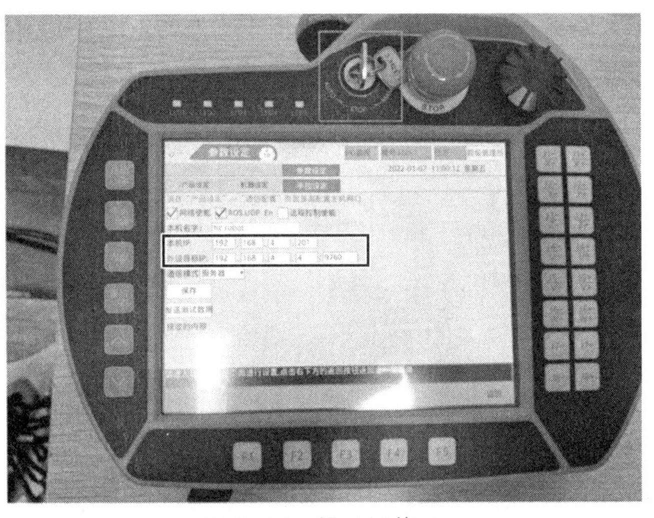

图 5-14　设置网络 IP

（7）点击“参数设定”→“产品设定”→“通信配置”→“主机网络

设定”，勾选“主机网络使能”，并检查本机 ID、主机 IP（192.168.4.4:9760）、目标地址（192.168.4.4:9760）和通信模式等配置，确保和图 5-15 所示保持一致。修改后，点击“确定修改”。

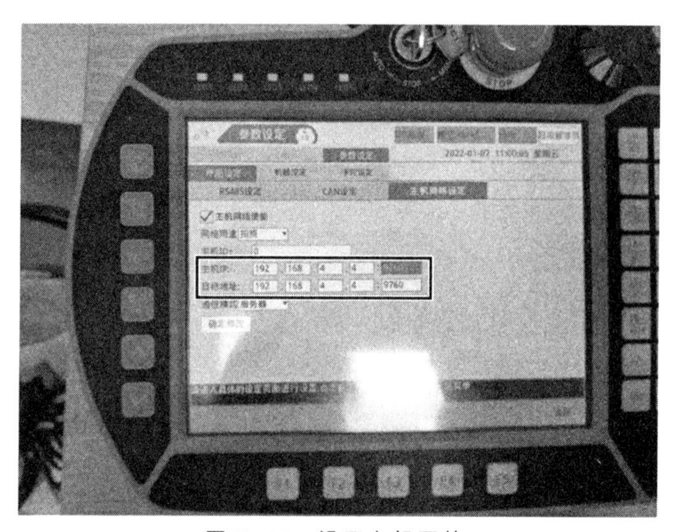

图 5-15　设置主机网络

（8）打开 ROS 控制器电源，等待进入系统界面，进入后点击界面右上角的网络标志，选择网络配置，如图 5-16 所示。

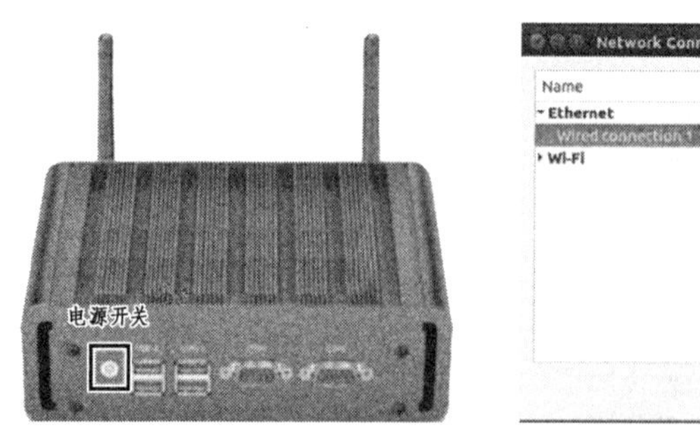

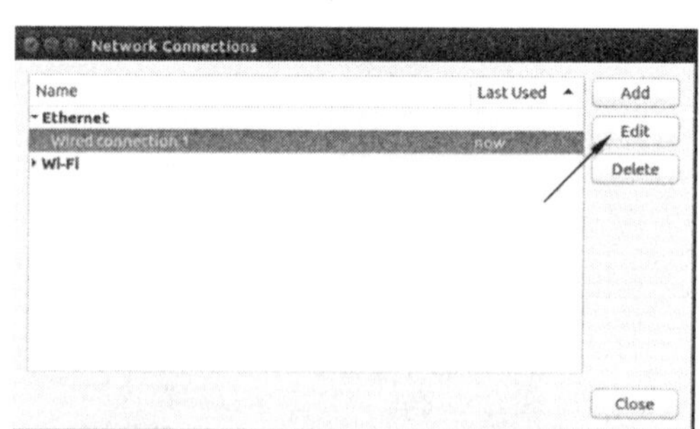

图 5-16　打开 ROS 控制器配置网络

（9）进入配置界面后按照图 5-17 所示的内容进行配置（192.168.4.1 或 192.168.4.100 都可以）。

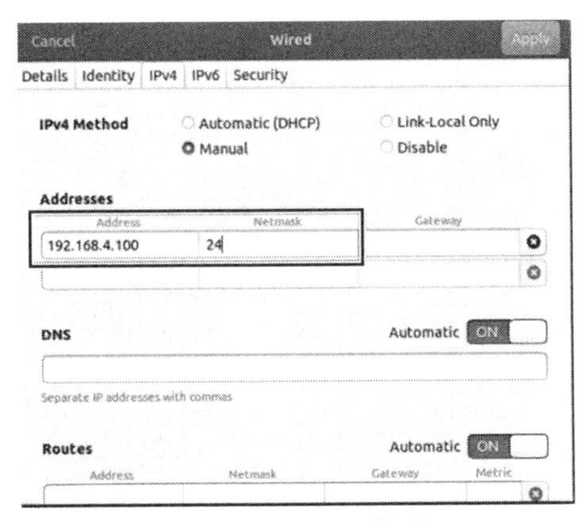

图 5-17　设置 ROS 控制器 IP

（10）保持示教器模式旋钮旋转为“STOP”模式，双击系统桌面上的“OBOT Studio”图标，如图 5-18 所示。

（11）在弹出菜单中保持默认选项“真机模式”，按下键盘“Enter”键，启动运行真机模式，如图 5-19 所示。启动时会弹出一个 Terminal 终端窗口，显示当前运行的程序进程。如需关闭“OBOT Studio”，需选中此窗口，键盘按下“Ctrl+C”即可关闭。

图 5-18　启动 Studio

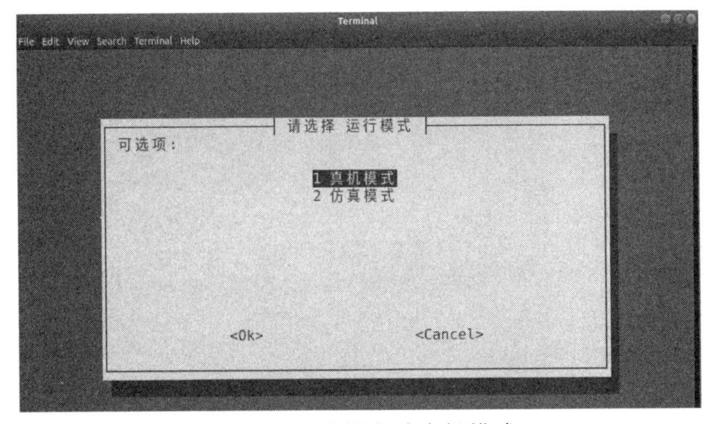

图 5-19　选择启动真机模式

（12）启动成功后，将弹出 Rviz 可视化人机交互界面，如图 5-20 所示。

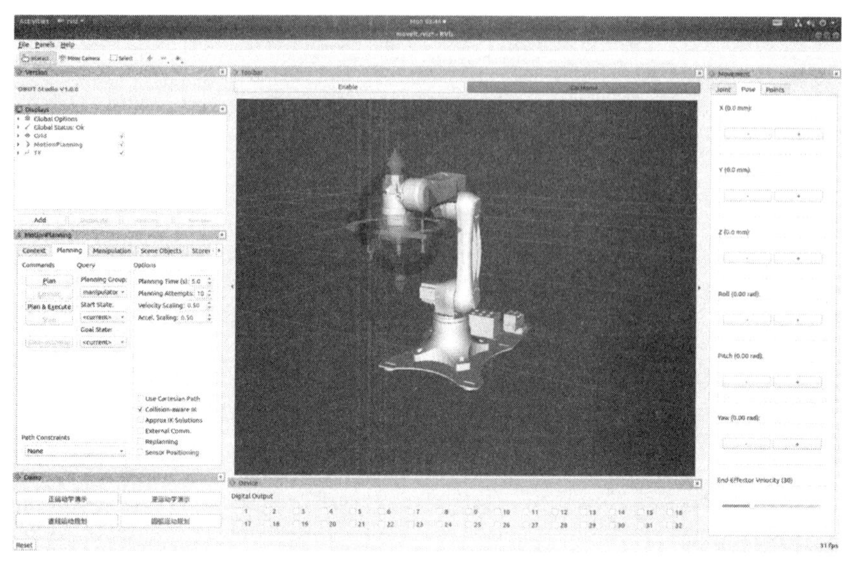

图 5-20　Rviz 可视化界面

（13）第一次点击 Enable 按键时，系统将弹出提示框，提示用户在机器人控制前进行位姿校准操作，以确保 ROS 机器人模型位姿和真机保持一致，如图 5-21 所示。否则机器人将有可能运动异常，导致事故发生。

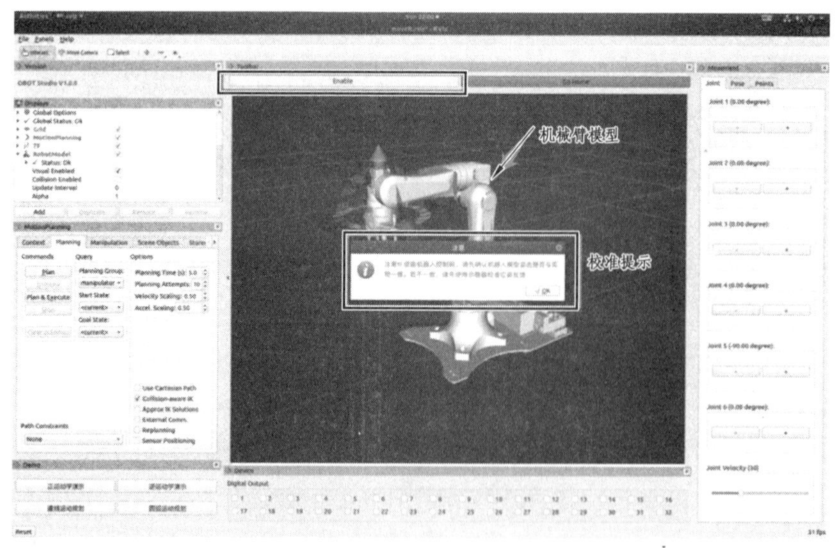

图 5-21　机器人校准

（14）校准方法：将示教器模式旋钮旋转为“AUTO”模式，2 ~ 3 s 后再拨到“STOP”模式，查看真机和机器人模型位姿是否已经一致。完成位姿校准，并确认机器人模型姿态和真机一致后，点击“OK”。

（15）再次点击“Enable”按键，才会使能机器人控制，“Enable”按键背景颜色将由黄色切换到绿色，如图 5-22 所示。

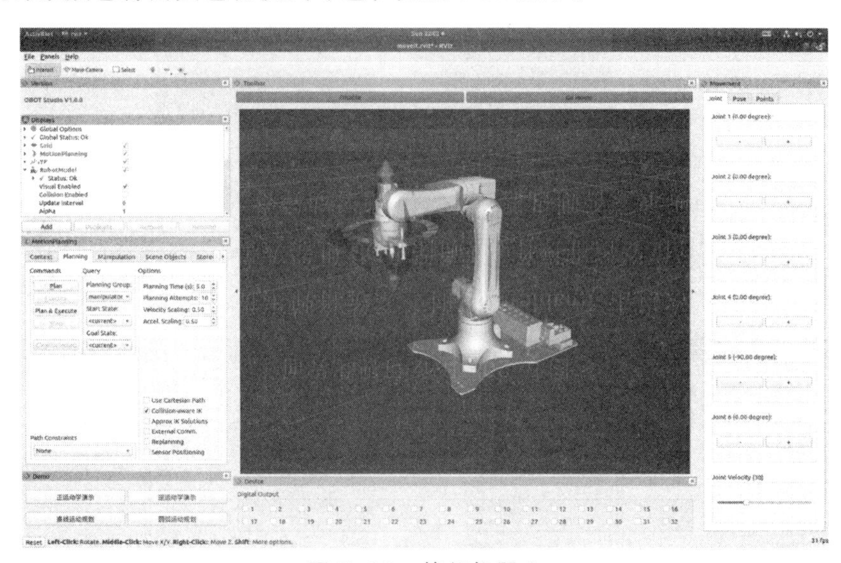

图 5–22　使能机器人

注意：如果校准时机器人模型和真机姿态无法校准一致，则有可能是通信失败，需要在 Terminal 终端窗口按下“Ctrl+C”关闭程序，然后重新启动 OBOT Studio。

（16）点击“Go Home”，控制机器人回到零位位姿，如图 5-23 所示。

任务二　Rviz 可视化界面基础操作

Rviz 可视化界面分为 6 个区域，如图 5-24 所示。其功能介绍如下：

可视化插件配置区：进行 MotionPlanning 插件功能配置，以及 TF 树配置。

ROS MoveIt!可视化控制区：进行 MoveIt 插件功能配置。

演示控制区：经典的机器人控制例程演示，如正运动学演示、逆运动学演示等。点击例程名称对应的按键，即可启动例程演示，控制机器人运动。

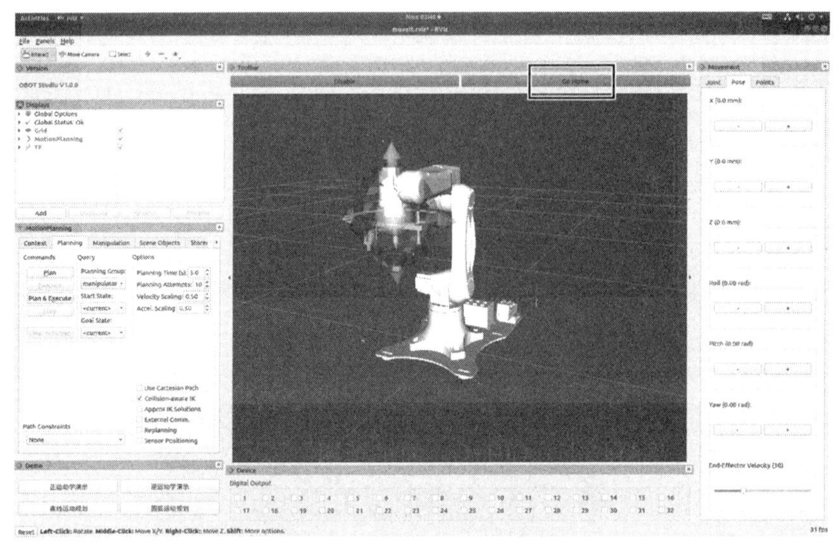

图 5-23　机器人回零

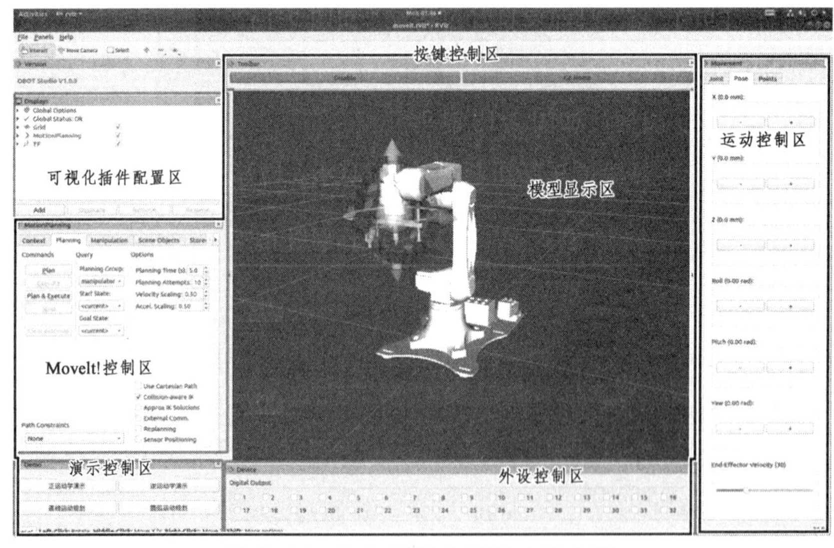

图 5-24　Rviz 可视化界面功能介绍

按键控制区：机器人使能/除能控制键、Go Home 键。

模型显示区：显示机器人当前实际位姿以及目标位姿，使用鼠标拖拽机器人末端拖动球可设置机器人目标位姿。

外设控制区：控制器输出 I/O 的控制及状态显示。

运动控制区：关节空间点动，笛卡尔空间点动和示教功能。

1. 运动控制区——关节空间点动

关节点动的所有功能在右侧运动控制区的“Joint”标签页中，如图 5-25（a）所示。通过长按“+”“-”可控制关节运动，下侧的“Joint Velocity”滑条可用来调节运动速度（百分比）。

2. 运动控制区——工作空间点动

空间点动的所有功能在右侧运动控制区的“Pose”标签页中，如图 5-25（b）所示。通过长按“+”“-”可控制机器人末端执行工作空间点动，下侧的“End-Effector Velocity”滑条可调节运动速度（百分比）。

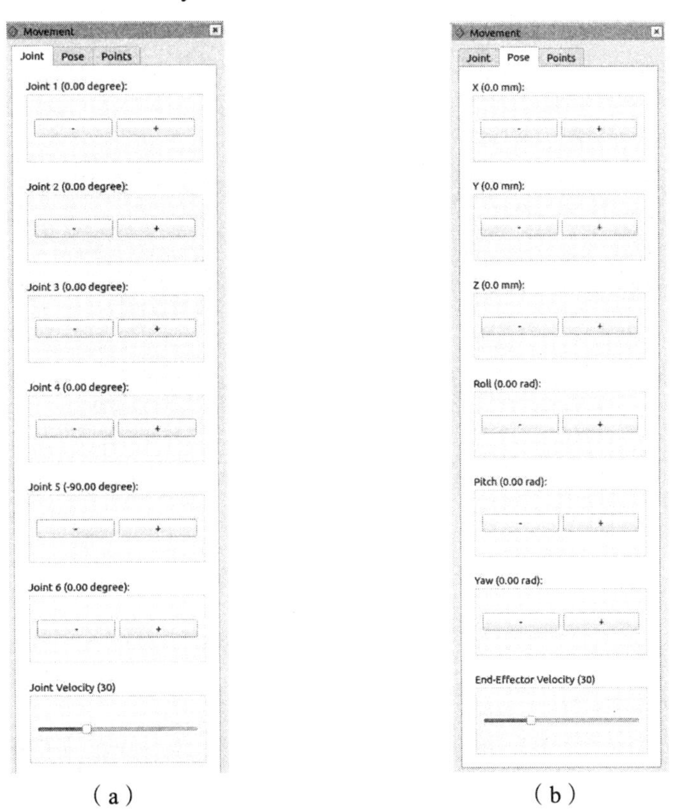

（a）　　（b）

图 5-25　运动控制功能栏

3. 输出 I/O 控制

输出 I/O 控制功能在外设控制区。鼠标左击输出端口对应的勾选框，将改变其输出电平，勾选表示使能数字输出口输出高电平，不勾选表示数字输出口输出低电平，如图 5-26 所示。

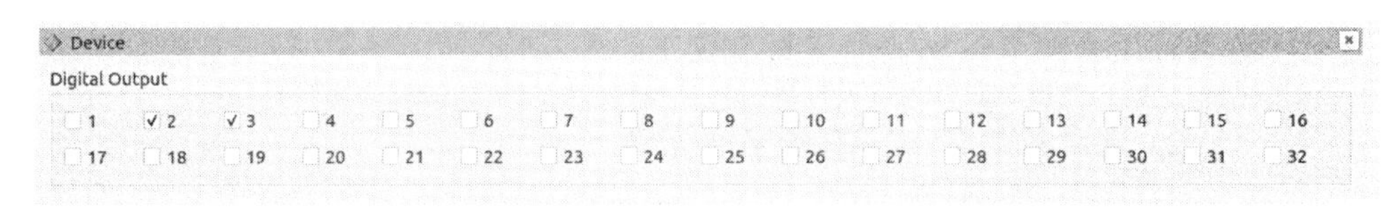

图 5-26　I/O 控制功能栏

机器人控制器默认连接两个电磁阀，分别控制吸盘和气缸爪，可以依次测试输出端口，找到和电磁阀对应的两个控制端口，为后续实验的顺利开展做准备。

4. 编程示例

在演示控制区有四个编程示例，可用于演示和作为编程的参考。

1）正运动学

在演示控制区点击“正运动学演示”按键，运行示例（源码文件：moveit_fk_demo.py），如图 5-27 所示。

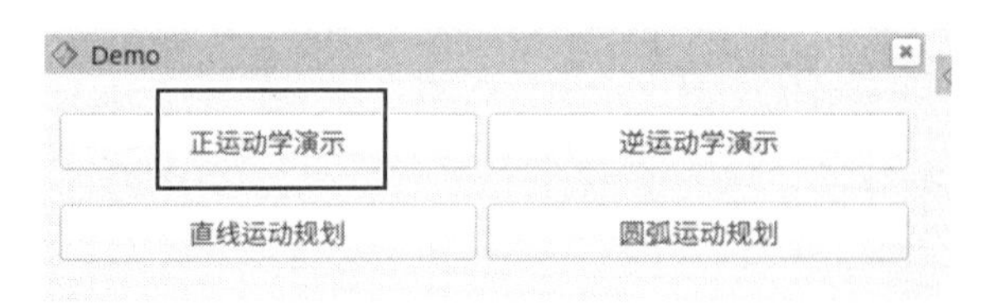

图 5-27　编程示例功能区

机器人将根据给定的六轴关节位置，到达目标位置，最后再回到 Home，如图 5-28 所示。

为了更好观察机器人的运行轨迹，可以在左上角可视化插件配置区选择“RobotModel”插件，点击插件打开下拉栏，找到“link6”（机器人第六关节，即机器人末端），将“link6”的“Show Trail”勾选即可，如图 5-29 所示。

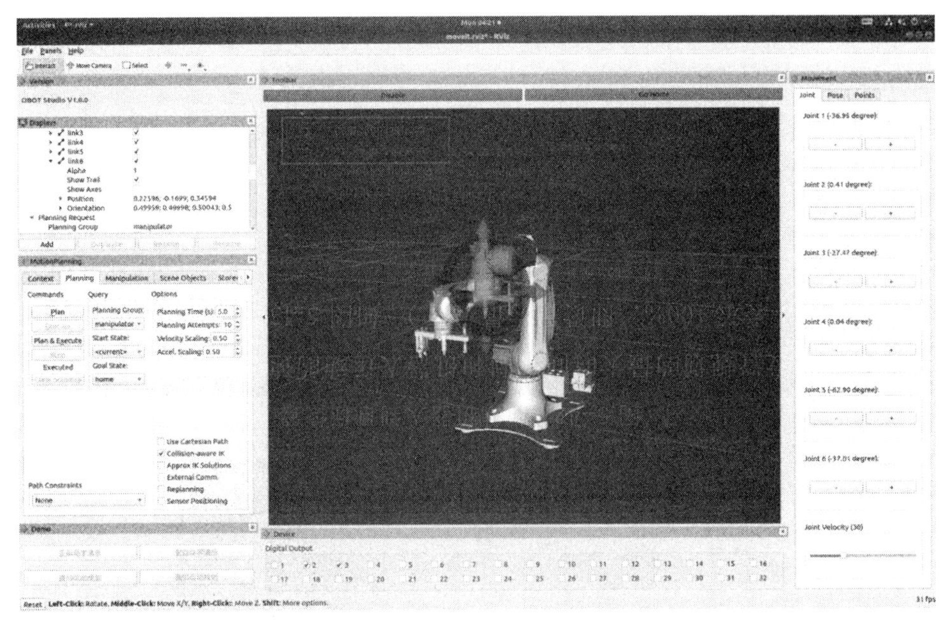

图 5-28　正运动学示例

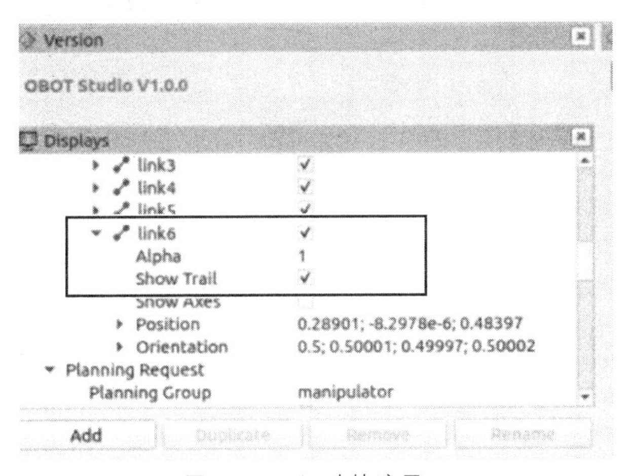

图 5-29　运动轨迹显示

2）逆运动学

在演示控制区点击“逆运动学演示”按键，运行示例（源码文件：moveit_ik_demo.py），如图 5-30 所示。

图 5-30　运行逆运动学示例

机器人将根据给定的笛卡尔空间位姿，到达目标位置，最后再回到 Home，如图 5-31 所示。

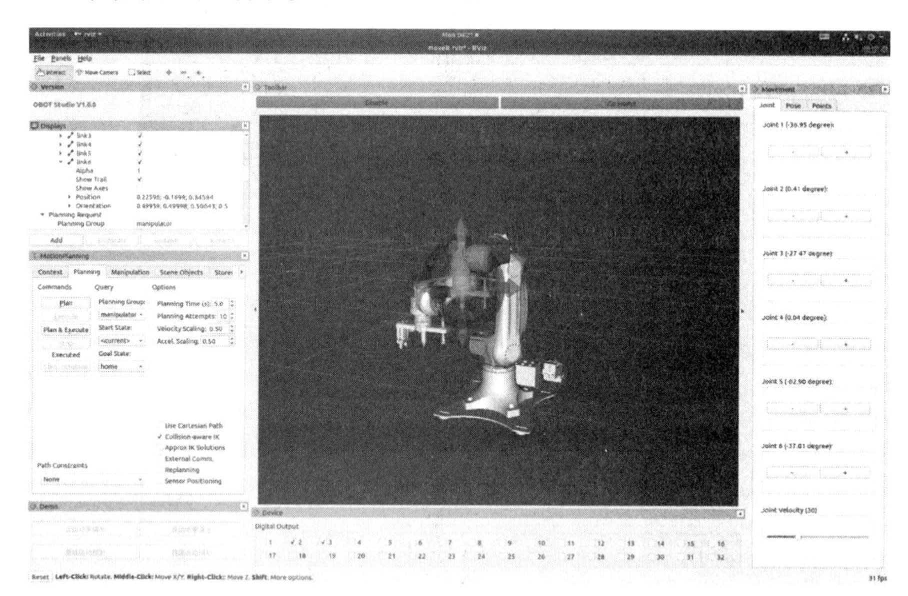

图 5-31　机器人逆运动学

3）直线运动规划

在演示控制区点击“直线运动规划”按键，运行示例（源码文件：moveit_line_demo.py），如图 5-32 所示。

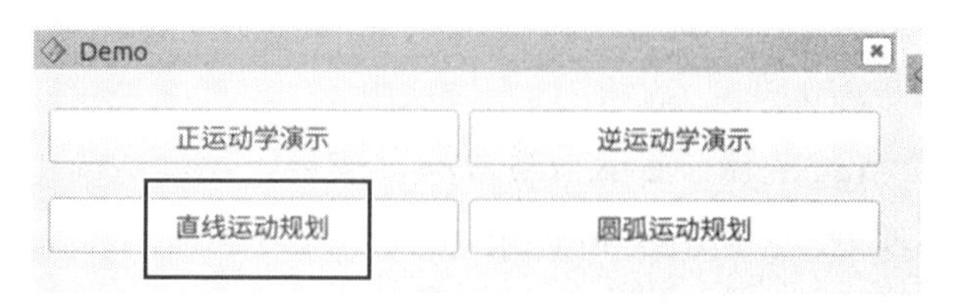

图 5-32　运行直线轨迹规划示例

机器人将依次沿着 z 轴、x 轴和 y 轴走一段直线轨迹，最后再回到 Home，如图 5-33 所示。

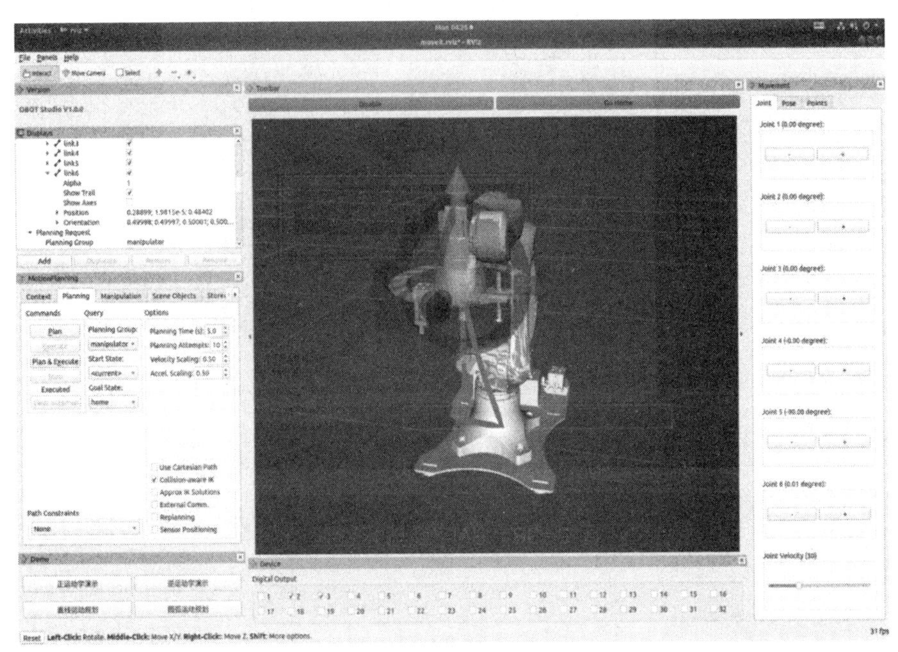

图 5-33　机器人直线运动规划

4）圆弧轨迹规划

在演示控制区点击“圆弧运动规划”按键，运行示例（源码文件：moveit_circle_demo.py），如图 5-34 所示。

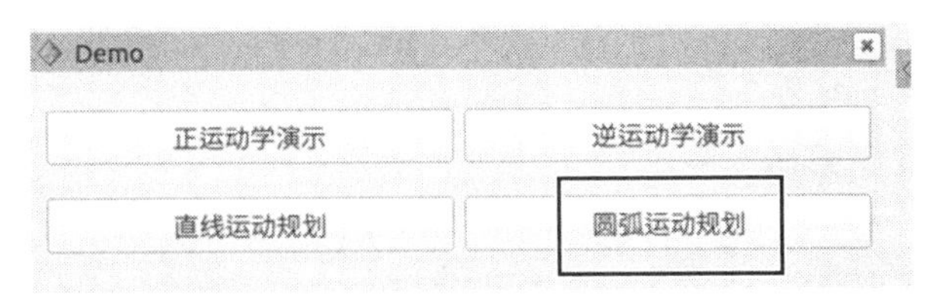

图 5-34　运行圆弧规划示例

机器人将先到达圆心位置，再围绕圆心走出整圆轨迹，最后再回到 Home，如图 5-35 所示。

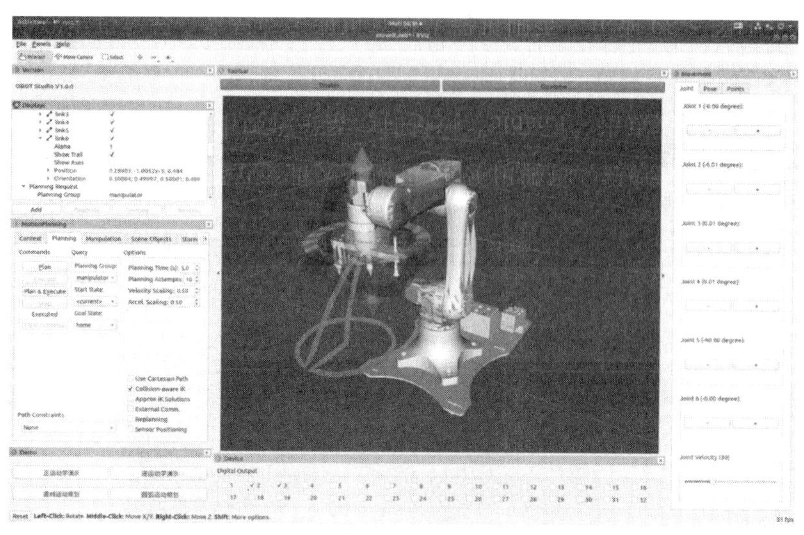

图 5-35　机器人圆弧运动规划

实验三　基于 ROS 系统的桌面六轴机器人轨迹规划与碰撞检测实验

一、实验目的

（1）熟悉 OBOT 桌面六轴机器人的文件系统和相关例程。

（2）掌握 OBOT 桌面六轴机器人的运动轨迹规划操作方法。

（3）掌握 OBOT 桌面六轴机器人的碰撞检测的开发和使用方法。

二、实验仪器、设备

（1）OBOT 桌面六轴机器人 1 套。

（2）ROS 控制器 1 套。

三、实验方法及步骤

任务一　桌面六轴机器人的运动轨迹规划操作方法

1. 机器人控制准备

参照本章实验二部分。

2. 运行“OBOT Studio”并进行运动轨迹规划

（1）保持示教器模式旋钮旋转为“STOP”模式，双击系统桌面上的“OBOT Studio”图标，如图 5-36 所示。

图 5–36　运行 Studio

（2）在弹出菜单中保持默认选项“真机模式”，按下键盘“Enter”键，启动运行真机模式，如图 5-37 所示。启动时会弹出一个 Terminal 终端窗口，显示当前运行的程序进程。如需关闭“OBOT Studio”，需选中此窗口，键盘按下“Ctrl+C”即可关闭。

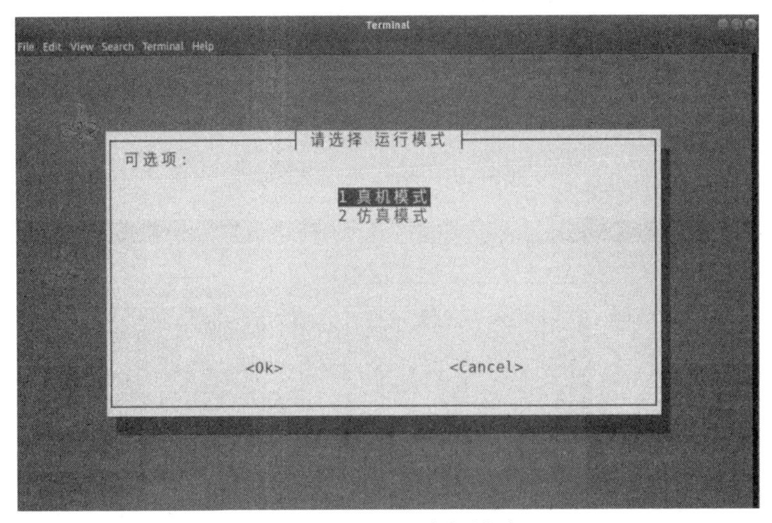

图 5–37　选择真机模式

（3）启动成功后，将弹出 Rviz 可视化人机交互界面，如图 5-38 所示。

（4）第一次点击“Enable”按键时，系统将弹出提示框，提示用户在机器人控制前进行位姿校准操作，以确保 ROS 机器人模型位姿和真机保持一致，如图 5-39 所示。否则机器人将有可能运动异常，导致事故发生。

（5）校准方法：可以将示教器模式旋钮旋转为“AUTO”模式，2 ~ 3 s 后再拨到“STOP”模式，查看真机和机器人模型位姿是否已经一致。完成位姿校准，并确认机器人模型姿态和真机一致后，点击“OK”。

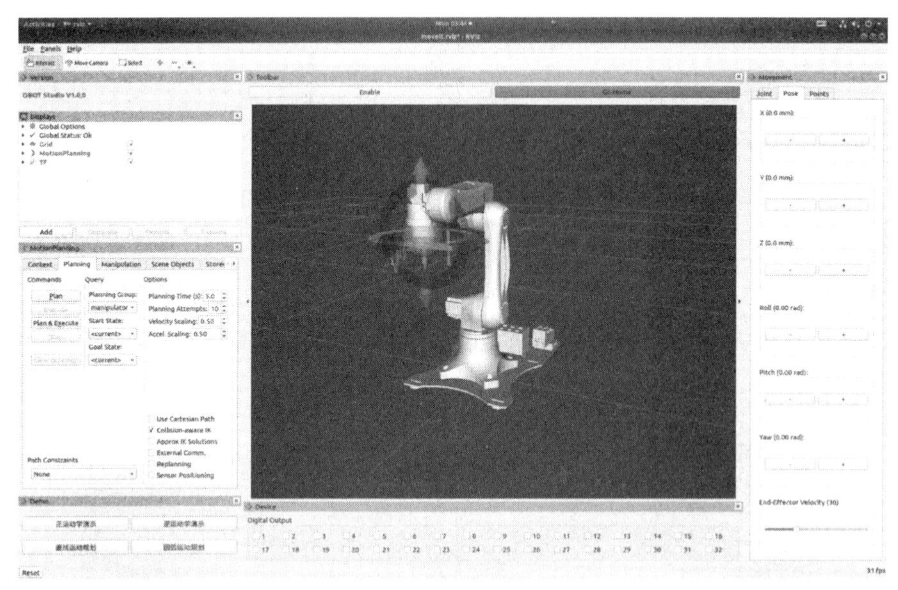

图 5-38　Rviz 可视化界面

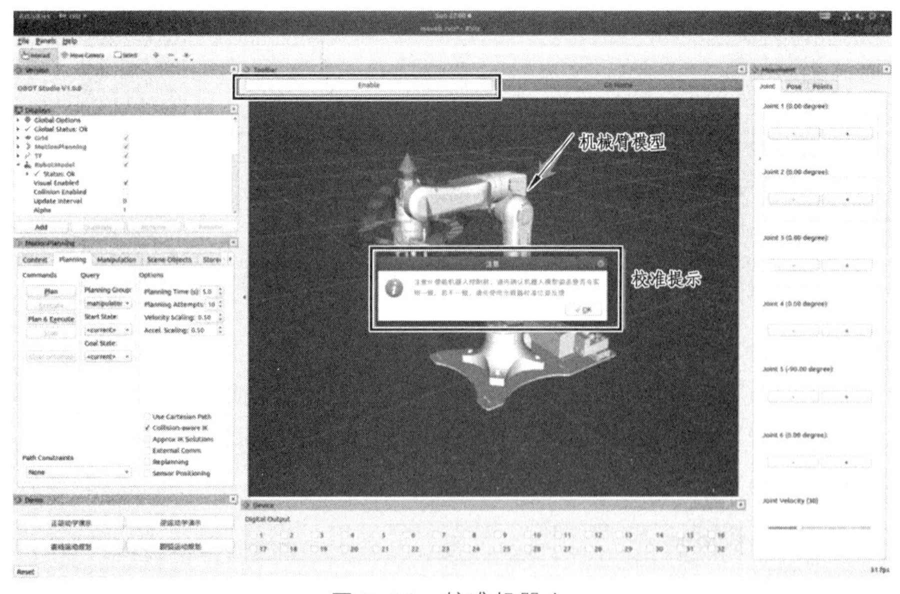

图 5-39　校准机器人

（6）再次点击“Enable”按键，才会使能机器人控制，“Enable”按键背景颜色将由黄色切换到绿色，如图 5-40 所示。

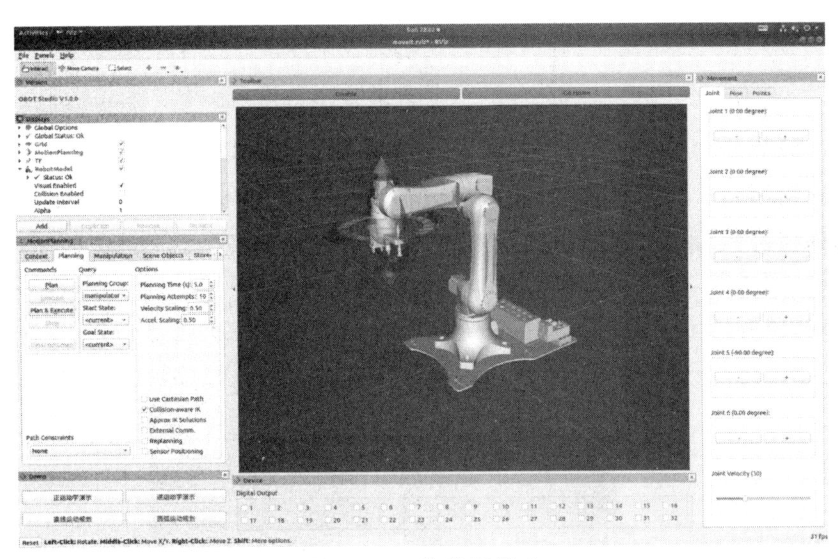

图 5-40　使能机器人

注意：如果校准时机器人模型和真机姿态无法校准一致，则有可能是通信失败，需要在 Terminal 终端窗口按下“Ctrl+C”关闭程序，然后重新启动“OBOT Studio”。

（7）点击“Go Home”，控制机器人回到零位位姿，如图 5-41 所示。

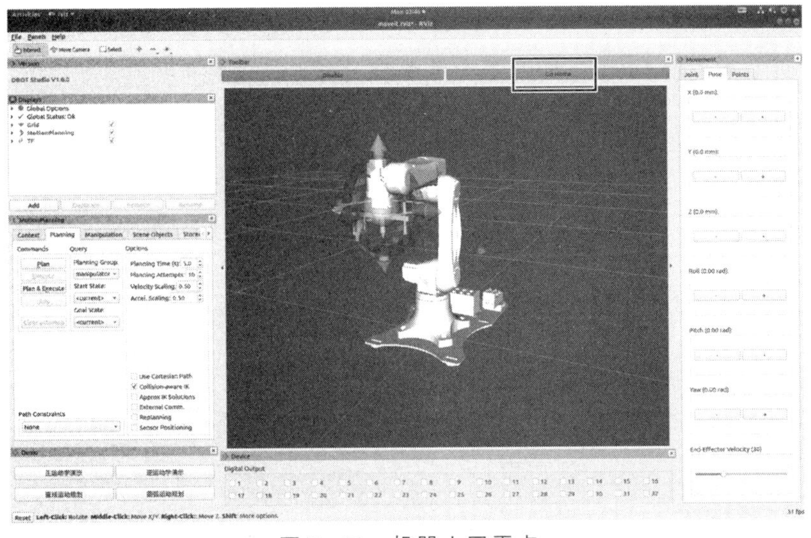

图 5-41　机器人回零点

（8）将鼠标定位在机器人模型终端的控制球上，按住鼠标左键并拖拽控制球，鼠标松开时显示黄色的机器人模型即为目标位姿，而银白色的机器人模型为当前实际位姿，如图 5-42 所示。将左上角 MotionPlanning 插件中的 Show Trail 和 loopAnimation 勾选上，可以看到规划的运动轨迹。

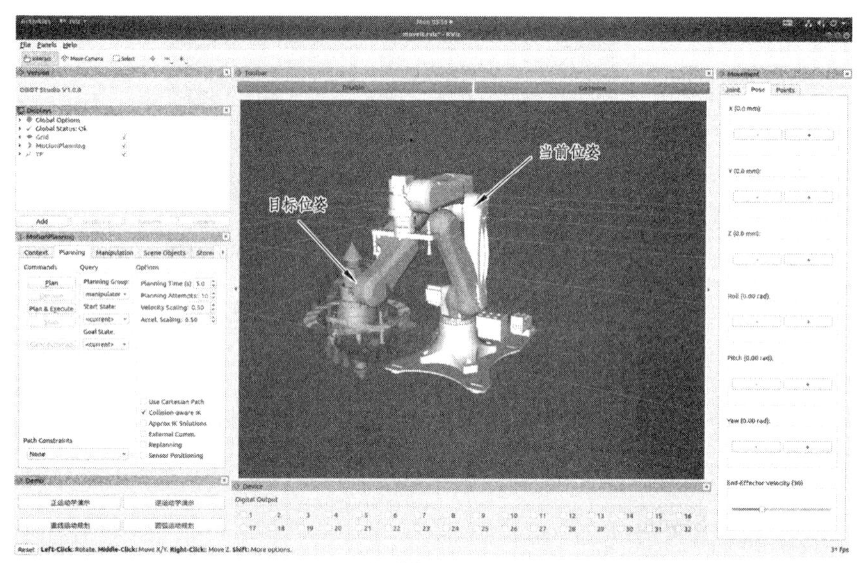

图 5-42　拖动机器人到目标位置

（9）设置规划的最大时间限制和机器人运动的速度和加速度（采用比值表示，1 表示 100%，即设置为最大值），如图 5-43 所示。

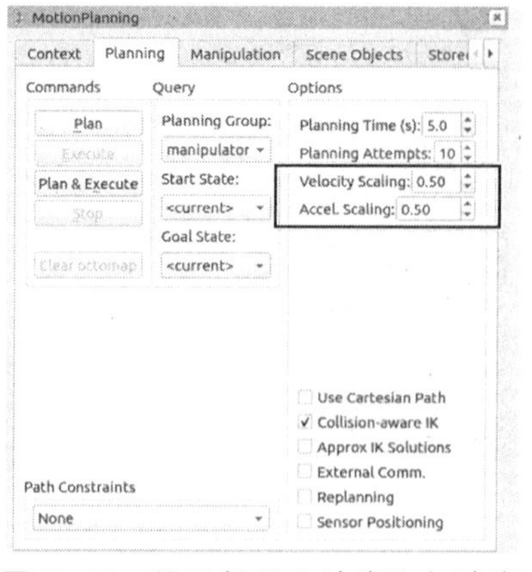

图 5-43　设置机器人速度和加速度

（10）点击左侧 ROS MoveIt 可视化控制区的“Planning”标签页中的“Plan & Execute”按键，机器人会自动规划一条运动轨迹到目标位置，规划完成后机器人模型和实体即开始按照规划运动（运动过程中，“Plan & Execute”按键变灰并且不可操作，需等待当前动作完成）。

用户还可以点击可视化控制区的“Context”标签修改运动规划库，尝试不同运动规划库的规划时间和效果，如图 5-44 所示。

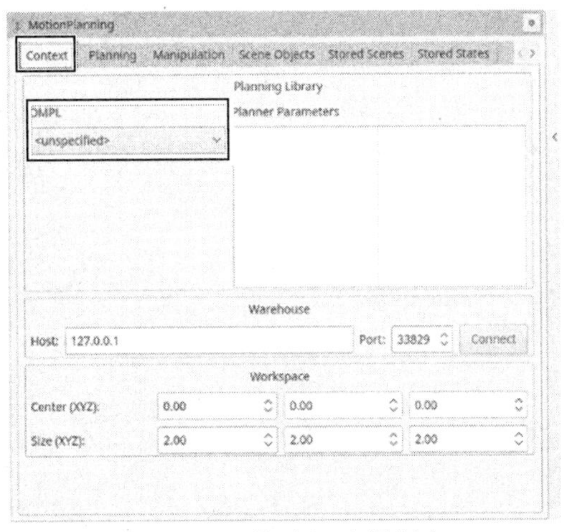

图 5-44　修改运动规划库

（11）选择 Planning 标签页中的“Goal State”，打开下拉栏选择“<random>”，可以给机器人随机生成一个目标位置，然后点击“Plan & Execute”按键测试规划和执行效果，如图 5-45 所示。

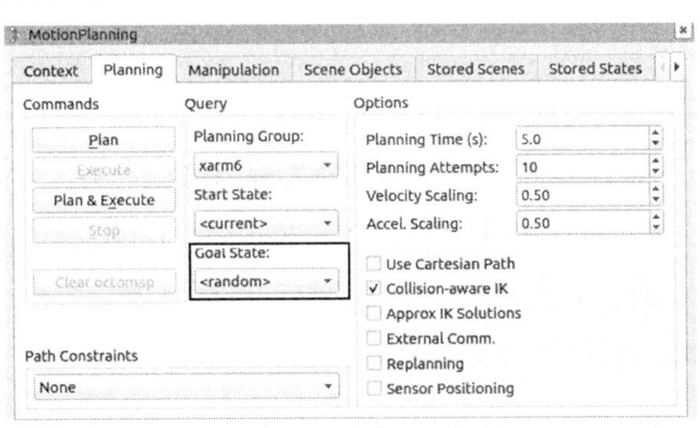

图 5-45　生成随机目标位置

任务二　机器人的碰撞检测

1. OBOT 桌面六轴机器人的文件系统

OBOT 桌面六轴机器人的 ROS 功能包已经安装到控制器，用户可以点击文件目录找到 obot_ws/src/probot_obot 目录进行查看，如图 5-46 所示。

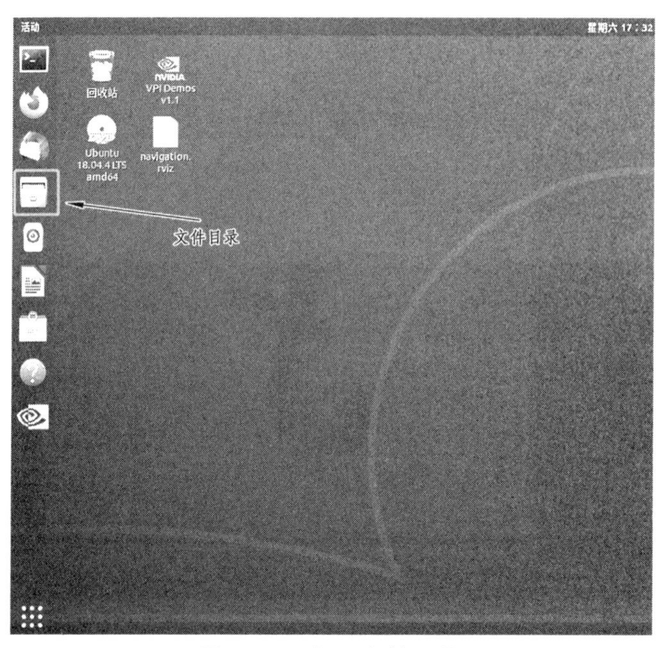

图 5-46　打开文件目录

相关 ROS 功能包在 3.5 节已经介绍，其中 obot_example 中编程控制示例包括以下案例：

moveit_ik_demo：机器人正运动学编程示例。

moveit_circle_demo：机器人圆弧轨迹规划编程示例。

moveit_line_demo：机器人直线轨迹规划编程示例。

moveit_fk_demo：机器人逆运动学编程示例。

writing_ros：机器人写英文字母“ROS”编程示例。

drawing_star：机器人画五角星编程示例。

set_digital_out：输出 I/O 控制编程示例。

moveit_collision_demo：机器人避障规划与碰撞检测编程示例。

2. 避障规划与碰撞检测

键盘按下“Ctrl+Alt+T”打开终端窗口，执行以下命令运行避障规划与碰撞检测示例（源码文件：moveit_collision_demo.cpp），如图 5-47 所示。

```
$ rosrun obot_example moveit_collision_demo
```

```
hxc@ubuntu:~$ rosrun obot_example moveit_collision_demo
[ INFO] [1651492048.180674811]: Loading robot model 'obot_description'...
[ INFO] [1651492048.181822785]: No root/virtual joint specified in SRDF. Assuming fixed joint
[ WARN] [1651492048.552940078]: The root link base_link has an inertia specified in the URDF, but KDL does not support a root link with an inertia.  As a workaround, you can add an extra dummy link to your URDF.
[ INFO] [1651492049.534688779]: Ready to take commands for planning group manipulator.
[ INFO] [1651492075.532264199]: Detaching the object from the robot and returning it to the world.
```

图 5-47　运行碰撞检测程序

系统将先在机器人附近添加一个虚拟的圆柱形障碍物，机器人从 Home 位置开始运动，自动避开障碍物到达目标位置。再从目标位置开始运动，自动避开障碍物，重新回到 Home，如图 5-48 所示。

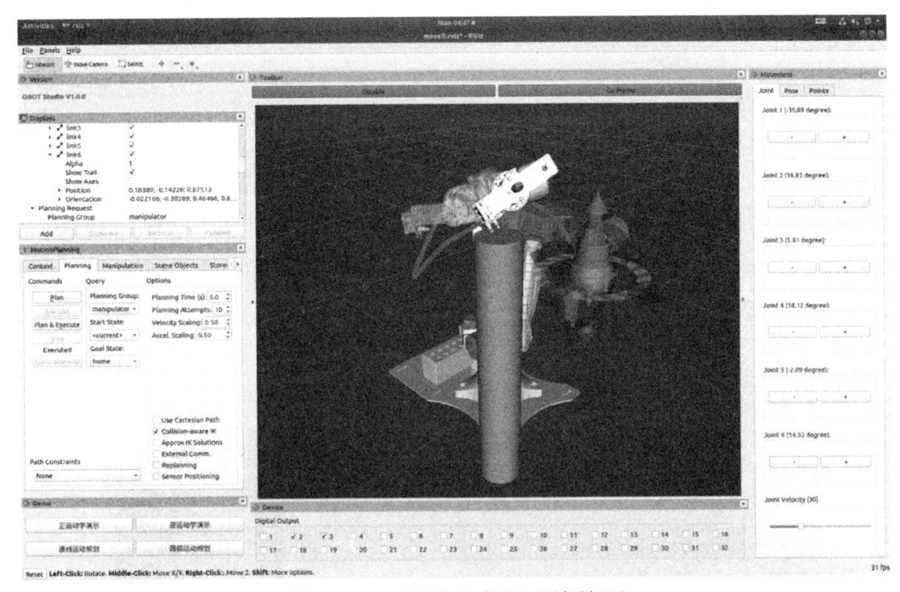

图 5-48　机器人实现碰撞检测

实验四 基于 ROS 系统的桌面六轴机器人写字编程实验

一、实验目的

（1）掌握 OBOT 桌面六轴机器人的 Moveit 接口开发方法。

（2）掌握在 ROS 环境下控制机器人进行写字的编程方法。

二、实验仪器、设备

（1）OBOT 桌面六轴机器人 1 套。

（2）ROS 控制器 1 套。

（3）轨迹笔模块 1 套。

三、实验方法及步骤

任务一 熟悉 ROS 系统下 OBOT 的 Moveit 接口编程

1. 机器人末端工具准备

使用配套工具箱内对应的六角扳手，松开工具底部固定螺栓，拆卸吸盘工具及夹爪工具，末端只留下轨迹笔，如图 5-49 所示。

2. 机器人控制准备

参照本章实验二部分。

3. 运行“OBOT Studio”并熟悉 Moveit 接口编程

（1）保持示教器模式旋钮旋转为“STOP”模式，双击系统桌面上的“OBOT Studio”图标，如图 5-50 所示。

图 5-49 工具准备

图 5-50 运行 Studio

（2）在弹出菜单中保持默认选项“真机模式”，按下键盘“Enter”键，启动运行真机模式，如图 5-51 所示。启动时会弹出一个 Terminal 终端窗口，显示当前运行的程序进程。如需关闭“OBOT Studio”，需选中此窗口，键盘按下“Ctrl+C”即可关闭。

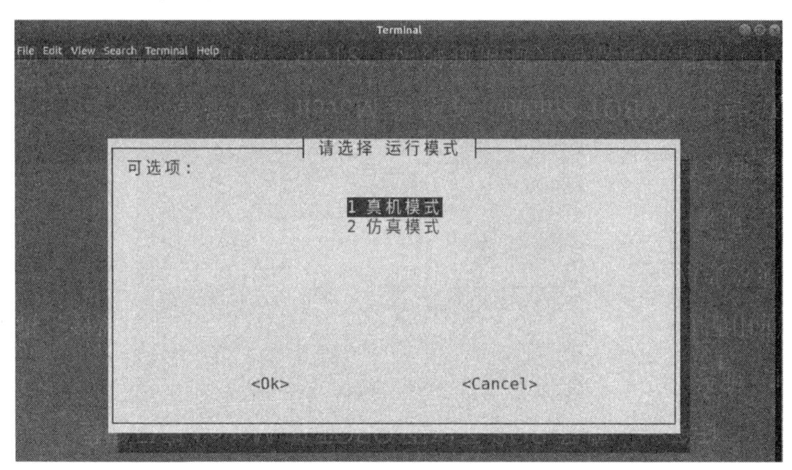

图 5-51　选择真机模式

（3）启动成功后，将弹出 Rviz 可视化人机交互界面，如图 5-52 所示。

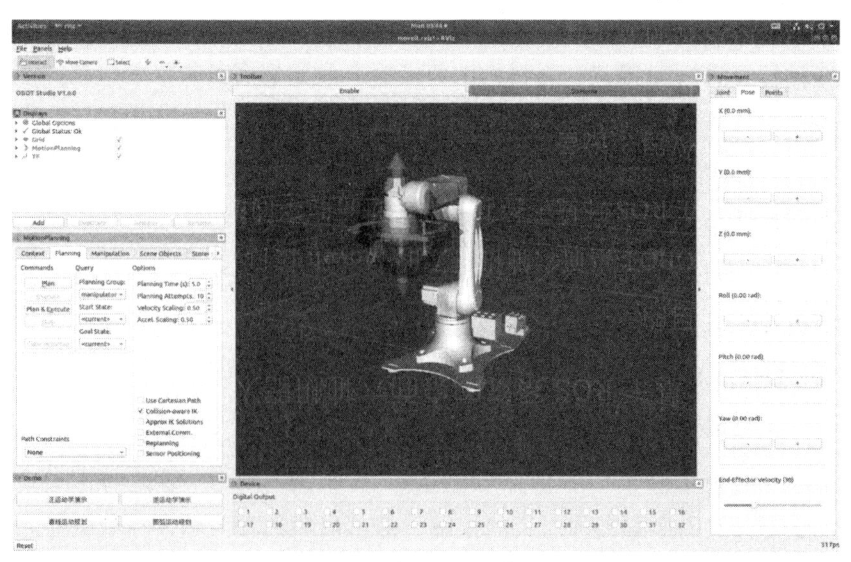

图 5-52　Rviz 可视化界面

（4）第一次点击“Enable”按键时，系统将弹出提示框，提示用户在机器人控制前进行位姿校准操作，以确保 ROS 机器人模型位姿和真机保持一致，如图 5-53 所示。否则机器人将有可能运动异常，导致事故发生。

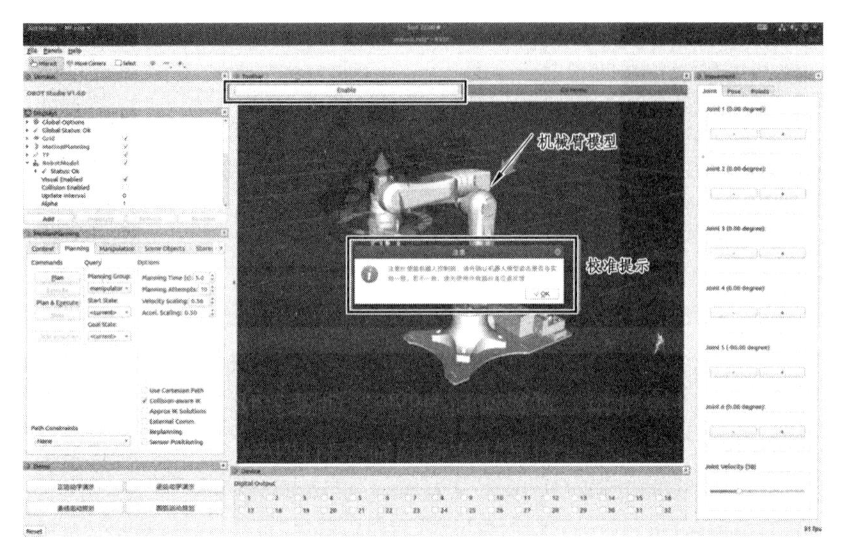

图 5-53　校准机器人

（5）校准方法：可以将示教器模式旋钮旋转为“AUTO”模式，2 ~ 3 s 后再拨到“STOP”模式，查看真机和机器人模型位姿是否已经一致。完成位姿校准，并确认机器人模型姿态和真机一致后，点击“OK”。

（6）再次点击“Enable”按键，才会使能机器人控制，“Enable”按键背景颜色将由黄色切换到绿色。

注意：如果校准时机器人模型和真机姿态无法校准一致，则有可能是通信失败，需要在 Terminal 终端窗口按下“Ctrl+C”关闭程序，然后重新启动“OBOT Studio”。

（7）点击“Go Home”，控制机器人回到零位位姿，如图 5-54 所示。

（8）演示控制区中包含经典的机器人控制例程演示，如正运动学、逆运动学等。点击例程名称对应的按键，即可启动例程演示，控制机器人运动，如图 5-55 所示。

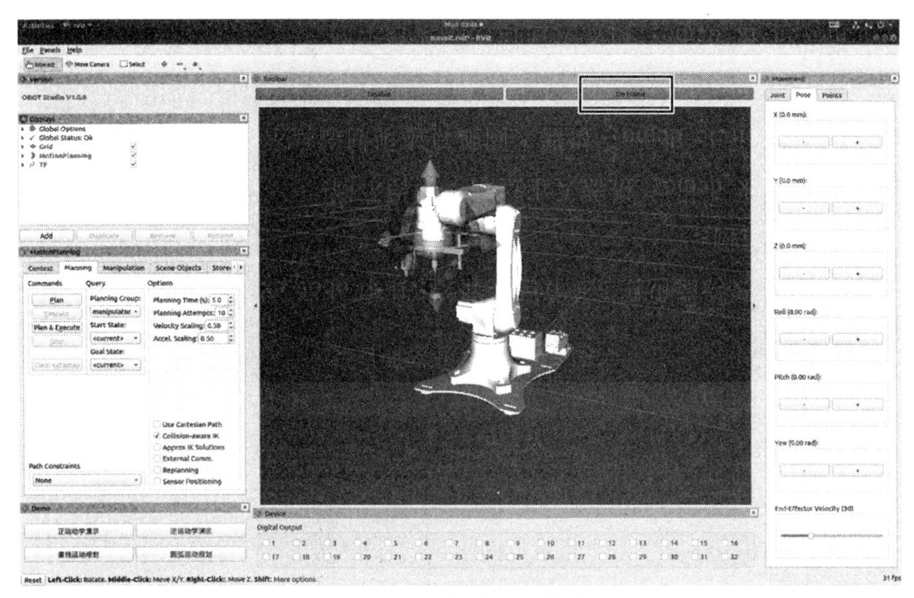

图 5-54　机器人回零点

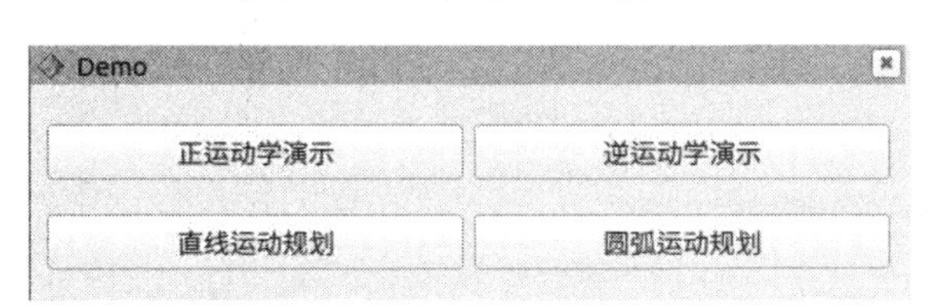

图 5-55　编程示例

每个案例例程源代码可对应查看，在左侧菜单栏单击打开文件菜单 obot_ws/src/probot_obot/obot_example/scripts/，双击文件夹下的源代码文档即可查看。学习源代码后可以编写用户自己的代码进行测试。

图 5-56 所示代码文件夹介绍如下：

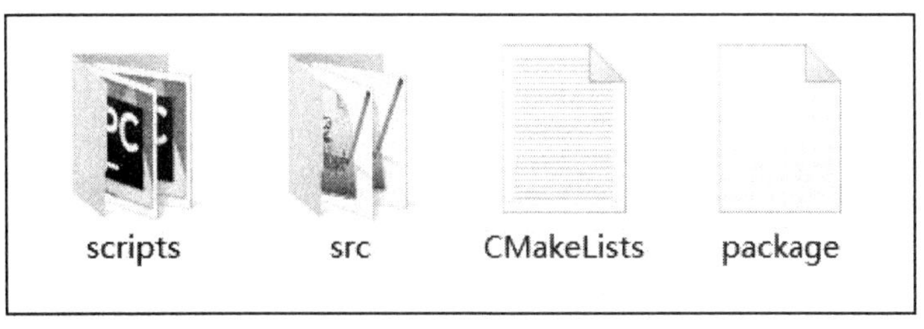

图 5-56　示例源代码

scripts 文件夹保存的是 Python 源代码，src 文件夹保存的是 C++源代码，针对同一个案例用了两种语言，适应不同用户的编程习惯。

以 python 为例，打开 scripts 文件夹，里面有以下案例源码文件：

drawing_star.py：手臂画五角星。

moveit_circle_demo.py：手臂画圆圈。

moveit_fk_demo.py：手臂正运动学演示。

moveit_ik_demo.py：手臂逆运动学演示。

moveit_line_demo.py：手臂基坐标直线运行。

set_digital_out.py：控制 I/O 信号输出。

以 moveit_line_demo.py 为例，进行代码分析：

```
import rospy,sys
import moveit_commander
from moveit_commander import MoveGroupCommander
from geometry_msgs.msg import Pose
from copy import deepcopy

class MoveItCartesianDemo:
    def __init__(self):
        # 初始化 move_group 的 API
        moveit_commander.roscpp_initialize(sys.argv)

        # 初始化 ROS 节点
        rospy.init_node('moveit_line_demo',anonymous=True)

        # 初始化需要使用 move group 控制的机器人中的 arm group
        arm = MoveGroupCommander('manipulator')
        # 当运动规划失败后，允许重新规划
        arm.allow_replanning(True)
```

```
# 设置目标位置所使用的参考坐标系
arm.set_pose_reference_frame('base_link')

# 设置位置（单位：米）和姿态（单位：弧度）的允许误差
arm.set_goal_position_tolerance(0.001)
arm.set_goal_orientation_tolerance(0.001)

# 设置允许的最大速度和加速度
arm.set_max_acceleration_scaling_factor(0.5)
arm.set_max_velocity_scaling_factor(0.5)

# 获取终端 link 的名称
# end_effector_link = arm.get_end_effector_link()
end_effector_link = "link6"
arm.set_end_effector_link(end_effector_link)

# 控制机器人先回到初始化位置
arm.set_named_target('home')
arm.go()
rospy.sleep(1)

# 获取当前位姿数据作为机器人运动的起始位姿
start_pose = arm.get_current_pose(end_effector_link).pose

print start_pose

# 初始化路点列表
waypoints = []

# 将初始位姿加入路点列表
# waypoints.append(start_pose)
```

```
# 设置路点数据，并加入路点列表
wpose = deepcopy(start_pose)
wpose.position.z -= 0.2
waypoints.append(deepcopy(wpose))

wpose.position.x += 0.1
waypoints.append(deepcopy(wpose))

wpose.position.y += 0.1
waypoints.append(deepcopy(wpose))

fraction = 0.0     #路径规划覆盖率
maxtries = 100     #最大尝试规划次数
attempts = 0       #已经尝试规划次数

# 设置机器臂当前的状态作为运动初始状态
arm.set_start_state_to_current_state()
# 尝试规划一条笛卡儿空间下的路径,依次通过所有路点
while fraction < 1.0 and attempts < maxtries:
    (plan,fraction)= arm.compute_cartesian_path(
                      waypoints,   # waypoint poses，路点列表
                          0.01,    # eef_step，终端步进值
                          0.0,     # jump_threshold，跳跃阈值
                          True)     # avoid_collisions，避障规划

    # 尝试次数累加
    attempts += 1

    # 打印运动规划进程
    if attempts % 10 == 0:
```

```
                rospy.loginfo("Still trying after " + str(attempts)+ " attempts...")

        # 如果路径规划成功(覆盖率 100%),则开始控制机器人运动
        if fraction == 1.0:
            rospy.loginfo("Path computed successfully. Moving the arm.")
            arm.execute(plan)
            rospy.loginfo("Path execution complete.")
        # 如果路径规划失败,则打印失败信息
        else:
            rospy.loginfo("Path planning failed with only " + str(fraction)+
            " success after " + str(maxtries)+ " attempts.")

        rospy.sleep(1)
        # 控制机器人先回到初始化位置
        arm.set_named_target('home')
        arm.go()
        rospy.sleep(1)

        # 关闭并退出 moveit
        moveit_commander.roscpp_shutdown()
        moveit_commander.os._exit(0)

if __name__ == "__main__":
    try:
        MoveItCartesianDemo()
    except rospy.ROSInterruptException:
        pass
```

上述代码中，先进行了一些必要的常规初始化和定义，如 ROS 节点名称、move_group 接口（即 Moveit 接口）、机器人的参考坐标系和速度等，

初始化和定义完成后让机器人回到 Home 点。

start_pose = arm.get_current_pose(end_effector_link).pose 语句定义机器人的起始位姿为 start_pose 变量。然后是程序的核心部分，首先定义一个 waypoints = []列表，此列表用于保存机器人需要运动的位置点。每个点位都包含 6 个位置参数 X\Y\Z\U\V\W（见图 5-57），可以通过数学计算得到不同的点位（ROS 中是 7 个 64 位浮点数，包含了 X\Y\Z 和一个四元数，ROS 中用四元数去表示姿态）。

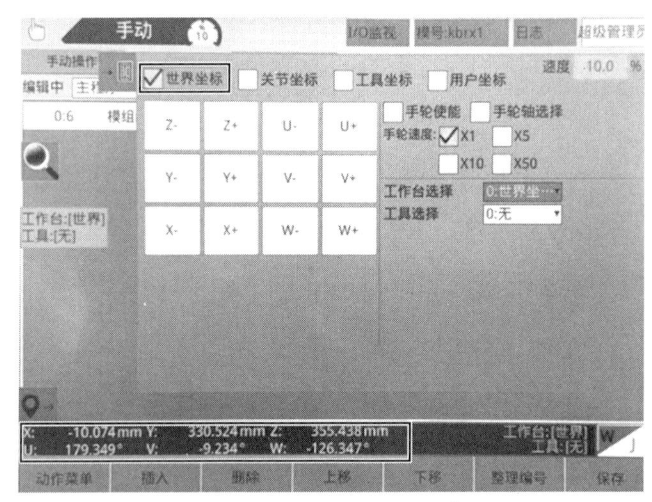

图 5-57　机器人世界坐标

随后在 waypoints 列表添加了几个位置，第一个点为 waypoints.append (deepcopy(wpose))，第二个点在第一个点的基础上往 X 轴正方向运动 0.1 m，即 wpose.position.x += 0.1，然后将第二个点也添加到列表中，以此类推。

添加完成后，就可以通过 Moveit 进行运动的轨迹规划，通过一个 while 循环依次规划列表中的点位，然后将规划好的路径保存到 plan 参数中，最后通过 arm.execute（plan）执行轨迹。

还可以参照其他几个程序，比如 moveit_fk_demo.py 和 drawing_star.py，程序框架都类似，不同的是保存到 waypoints = []列表中的点位不同，进而机器人运动的轨迹不同。实验时只需要给 waypoints = []列表添加不同的点位信息，让机器人执行即可。

任务二　通过 Moveit 接口编程控制机器人写一个汉字轨迹

（1）进入到 obot_ws/src/probot_obot/obot_example/scripts/文件夹下，复制 moveit_line_demo.py 文件，并将复制文件命名为 hanzi.py（可自定义名称），如图 5-58 所示。

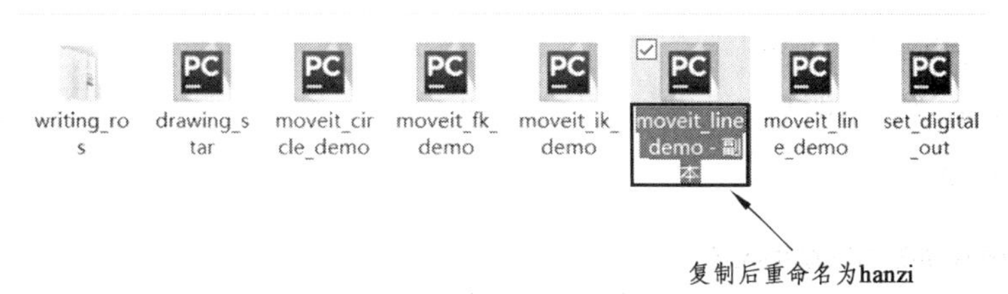

图 5-58　新建文件

（2）双击打开 hanzi.py 文件，修改程序，主要修改 waypoints = []里面的点位，通过 waypoints.append 命令添加到列表中。

修改完成后保存 hanzi.py 文件。

（3）运行并验证程序。

① 在 OBOT Studio 运行情况下，先让手臂回到 Home 点，如图 5-59 所示。

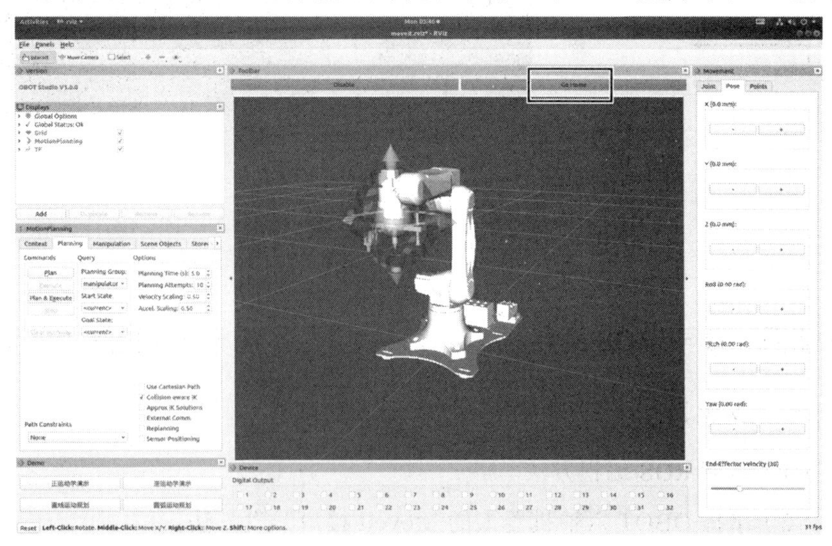

图 5-59　机器人回零

② 在键盘按下“Ctrl+Alt+T”，打开一个终端窗口，输入命令进入到文件所在目录：

```
$ cd ~/obot_ws/src/probot_obot/obot_example/scripts/
```

输入命令运行 hanzi.py 观察效果，运行时需要高度注意，如果程序修改有误，手臂可能会运行到错误位置，此时应按下示教器上的急停按钮。

```
$ python hanzi.py
```

如果效果不明显，可以勾选轨迹选框，显示出机器人末端的运行轨迹，如图 5-60 所示。

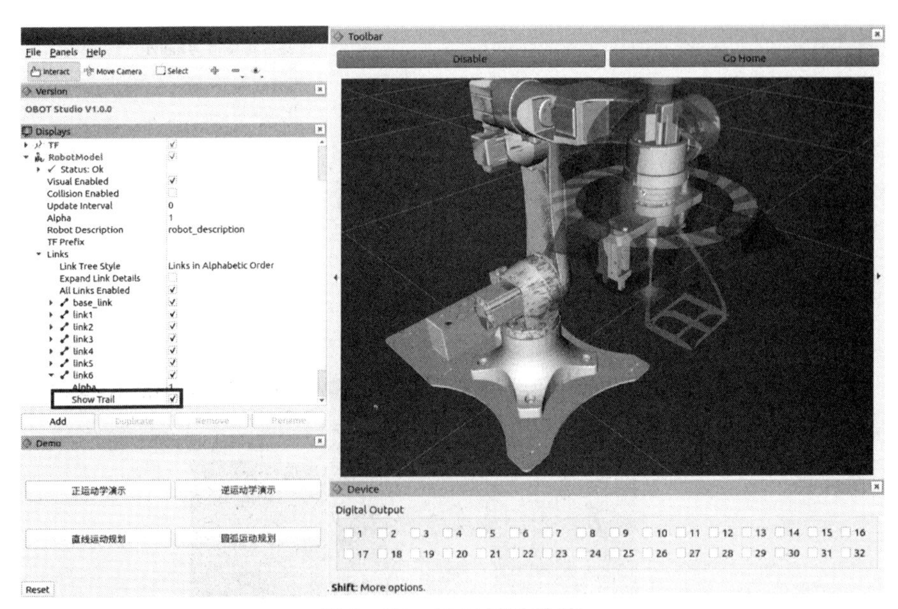

图 5-60　显示运动轨迹

实验五　基于 ROS 系统的桌面六轴机器人物体抓取和放置实验

一、实验目的

（1）掌握 ROS 编程方法。

（2）掌握 OBOT 六轴机器人的 Moveit 接口开发方法。

（3）在 ROS 系统环境下编程控制机器人进行目标物的抓取和放置。

二、实验仪器、设备

（1）OBOT 桌面六轴机器人 1 套。

（2）ROS 控制器与显示器 1 套。

（3）码垛装配模块 1 套。

三、实验方法及步骤

任务一　熟悉 ROS 系统下 OBOT 机器人的 Moveit 接口编程

1. 机器人末端工具准备

使用配套工具箱内对应的六角扳手，松开工具底部固定螺栓，拆卸轨迹笔工具及夹爪工具，末端只留下吸盘工具，如图 5-61 所示。

图 5-61　末端工具准备

2. 机器人控制准备

参照本章实验二部分。

3. 运行“OBOT Studio”并熟悉 Moveit 接口编程

（1）保持示教器模式旋钮旋转为“STOP”模式，双击系统桌面上的“OBOT Studio”图标，如图 5-62 所示。

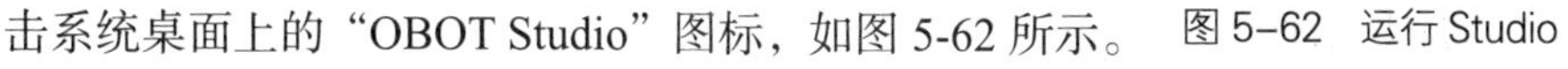

图 5-62　运行 Studio

（2）在弹出菜单中保持默认选项“真机模式”，按下键盘“Enter”，启动运行真机模式，如图 5-63 所示。

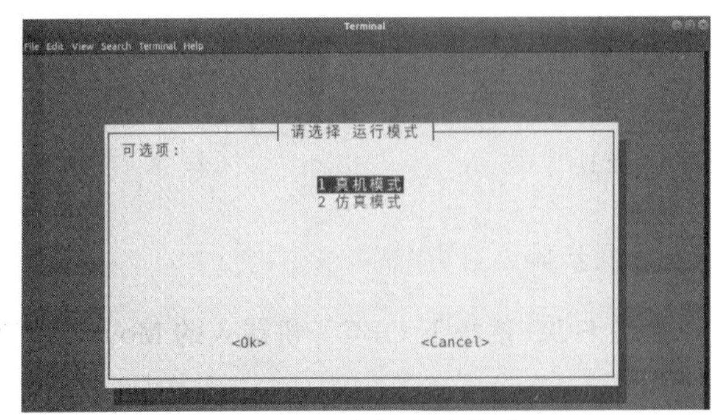

图 5-63　选择真机模式

（3）启动成功后，将弹出 Rviz 可视化人机交互界面，如图 5-64 所示。

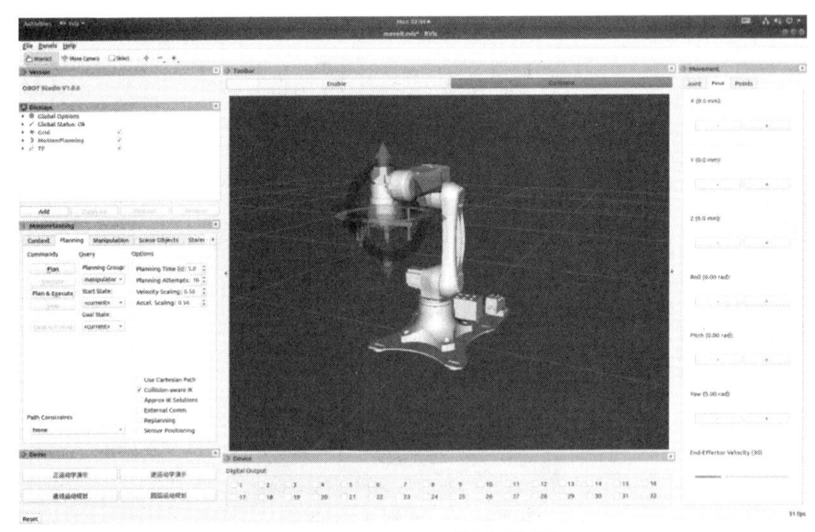

图 5-64　Rviz 可视化界面

（4）第一次点击“Enable”按键时，系统将弹出提示框，提示用户在机器人控制前进行位姿校准操作，以确保 ROS 机器人模型位姿和真机保持一致，如图 5-65 所示。否则机器人将有可能运动异常，导致事故发生。

（5）校准方法：可以将示教器模式旋钮旋转为“AUTO”模式，2 ~ 3 s 后再拨到“STOP”模式，查看真机和机器人模型位姿是否已经一致。完成位姿校准，并确认机器人模型姿态和真机一致后，点击“OK”。

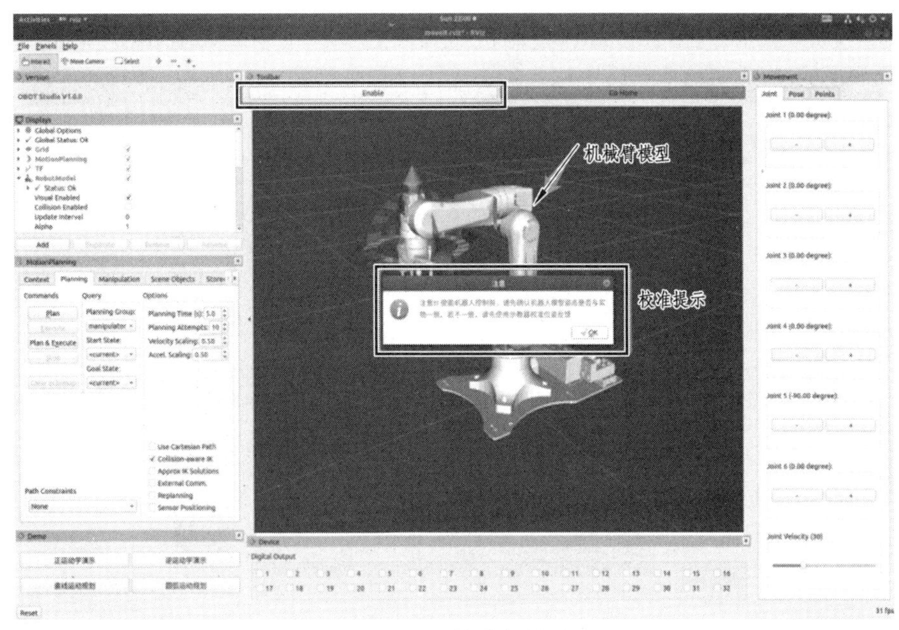

图 5-65　校准机器人

（6）再次点击“Enable”按键，才会使能机器人控制，“Enable”按键背景颜色将由黄色切换到绿色，如图 5-66 所示。

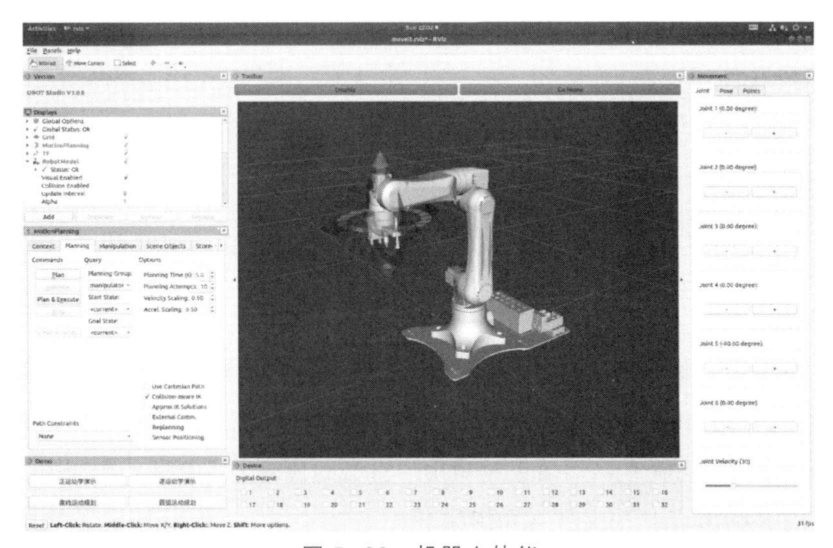

图 5-66　机器人使能

（7）点击“Go Home”，控制机器人回到零位位姿，如图 5-67 所示。

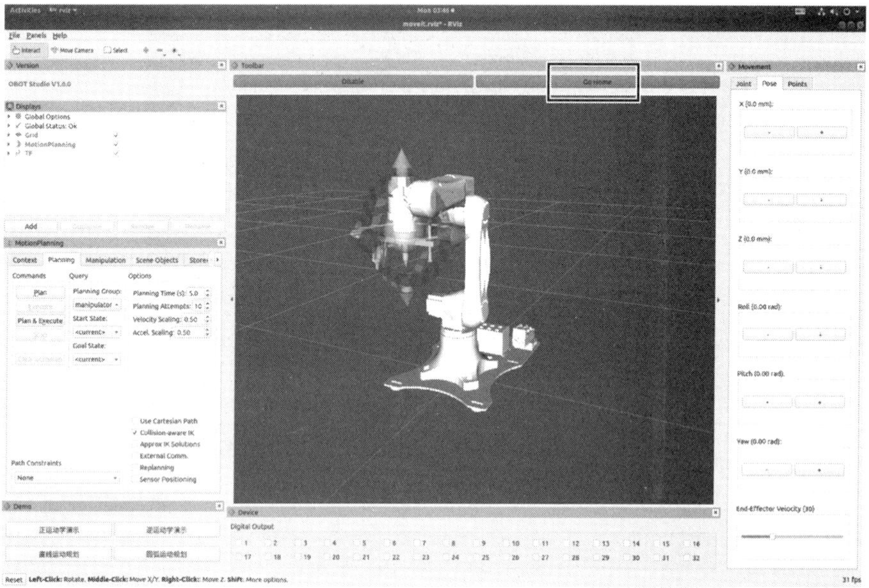

图 5-67　机器人回零点

（8）演示控制区中包含经典的机器人控制例程演示，如正运动学、逆运动学等。点击例程名称对应的按键，即可启动例程演示，控制机器人运动，如图 5-68 所示。

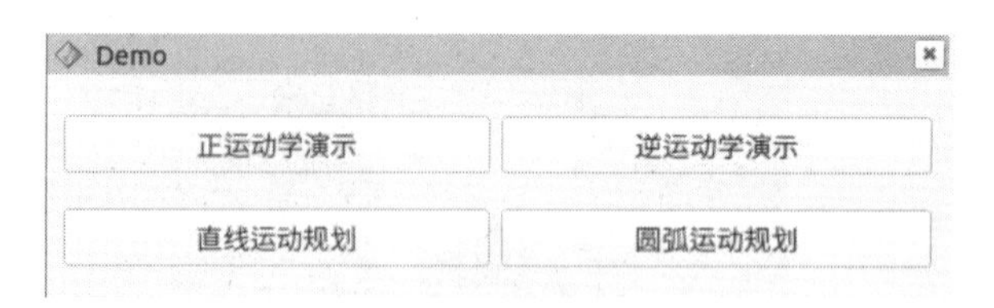

图 5-68　编程示例

每个案例例程源代码可对应查看，在左侧菜单栏单击打开文件菜单 obot_ws/src/probot_obot/obot_example/scripts/，双击文件夹下的源代码文档即可查看。学习源代码后可以编写用户自己的代码进行测试。

图 5-69 所示代码文件夹介绍如下：

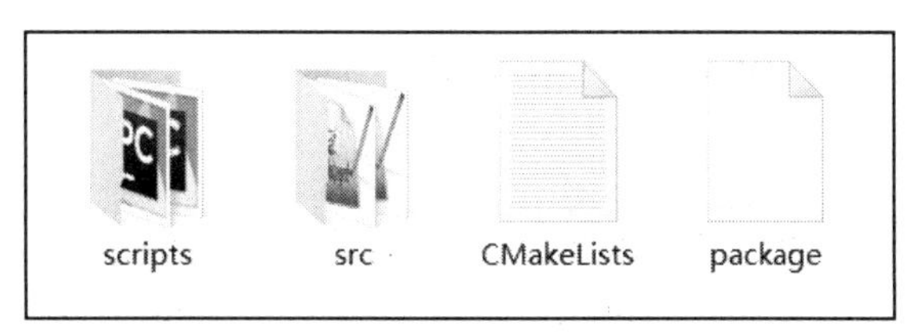

图 5-69　示例源代码

scripts 文件夹保存的是 python 源码，src 文件夹保存的是 C++源码，针对同一个案例用了两种语言，适应不同用户的编程习惯。

以 python 为例，打开 scripts 文件夹，里面有以下案例源码文件：

drawing_star.py：手臂画五角星。

moveit_circle_demo.py：手臂画圆圈。

moveit_fk_demo.py：手臂正运动学演示。

moveit_ik_demo.py：手臂逆运动学演示。

moveit_line_demo.py：手臂基坐标直线运行。

set_digital_out.py：控制 I/O 信号输出。

以 moveit_line_demo.py 和 set_digital_out.py 为例，进行代码分析：

```
import rospy,sys
import moveit_commander
from moveit_commander import MoveGroupCommander
from geometry_msgs.msg import Pose
from copy import deepcopy

class MoveItCartesianDemo:
    def __init__(self):
        # 初始化 move_group 的 API
        moveit_commander.roscpp_initialize(sys.argv)

        # 初始化 ROS 节点
```

```
rospy.init_node('moveit_line_demo',anonymous=True)

# 初始化需要使用 move group 控制的机器人中的 arm group
arm = MoveGroupCommander('manipulator')

# 当运动规划失败后,允许重新规划
arm.allow_replanning(True)

# 设置目标位置所使用的参考坐标系
arm.set_pose_reference_frame('base_link')

# 设置位置(单位:米)和姿态(单位:弧度)的允许误差
arm.set_goal_position_tolerance(0.001)
arm.set_goal_orientation_tolerance(0.001)

# 设置允许的最大速度和加速度
arm.set_max_acceleration_scaling_factor(0.5)
arm.set_max_velocity_scaling_factor(0.5)

# 获取终端 link 的名称
# end_effector_link = arm.get_end_effector_link()
end_effector_link = "link6"
arm.set_end_effector_link(end_effector_link)

# 控制机器人先回到初始化位置
arm.set_named_target('home')
arm.go()
```

```
rospy.sleep(1)

# 获取当前位姿数据作为机器人运动的起始位姿
start_pose = arm.get_current_pose(end_effector_link).pose

print start_pose

# 初始化路点列表
waypoints = []

# 将初始位姿加入路点列表
# waypoints.append(start_pose)

# 设置路点数据，并加入路点列表
wpose = deepcopy(start_pose)
wpose.position.z -= 0.2
waypoints.append(deepcopy(wpose))

wpose.position.x += 0.1
waypoints.append(deepcopy(wpose))

wpose.position.y += 0.1
waypoints.append(deepcopy(wpose))

fraction = 0.0    #路径规划覆盖率
maxtries = 100    #最大尝试规划次数
attempts = 0      #已经尝试规划次数
```

```
        # 设置机器臂当前的状态作为运动初始状态
        arm.set_start_state_to_current_state()

        # 尝试规划一条笛卡儿空间下的路径,依次通过所有路点
        while fraction < 1.0 and attempts < maxtries:
            (plan,fraction)= arm.compute_cartesian_path(
                                    waypoints,   # waypoint poses，路点列表
                                      0.01,      # eef_step，终端步进值
                                      0.0,       # jump_threshold，跳跃阈值
                                      True)      # avoid_collisions，避障规划

            # 尝试次数累加
            attempts += 1

            # 打印运动规划进程
            if attempts % 10 == 0:
                rospy.loginfo("Still trying after " + str(attempts)+ "
attempts...")

        # 如果路径规划成功（覆盖率 100%），则开始控制机器人运动
        if fraction == 1.0:
            rospy.loginfo("Path computed successfully. Moving the arm.")
            arm.execute(plan)
            rospy.loginfo("Path execution complete.")
        # 如果路径规划失败,则打印失败信息
        else:
```

```
                rospy.loginfo("Path planning failed with only " + str(fraction)+ " success after " + str(maxtries)+ " attempts.")

            rospy.sleep(1)

            # 控制机器人先回到初始化位置
            arm.set_named_target('home')
            arm.go()
            rospy.sleep(1)

            # 关闭并退出 moveit
            moveit_commander.roscpp_shutdown()
            moveit_commander.os._exit(0)

if __name__ == "__main__":
    try:
        MoveItCartesianDemo()
    except rospy.ROSInterruptException:
        pass
```

上述代码中，先进行了一些必要的常规初始化和定义，如 ROS 节点名称、move_group 接口（即 Moveit 接口）、机器人的参考坐标系和速度等，初始化和定义完成后让机器人回到 Home 点。

start_pose = arm.get_current_pose(end_effector_link).pose 语句定义机器人的起始位姿为 start_pose 变量。然后是程序的核心部分，首先定义一个 waypoints = []列表，此列表用于保存机器人需要运动的位置点。每个点位都包含 6 个位置参数 X\Y\Z\U\V\W（见图 5-70），可以通过数学计算得到不同的点位（ROS 中是 7 个 64 位浮点数，包含了 X\Y\Z 和一个四元数，ROS 中用四元数去表示姿态）。

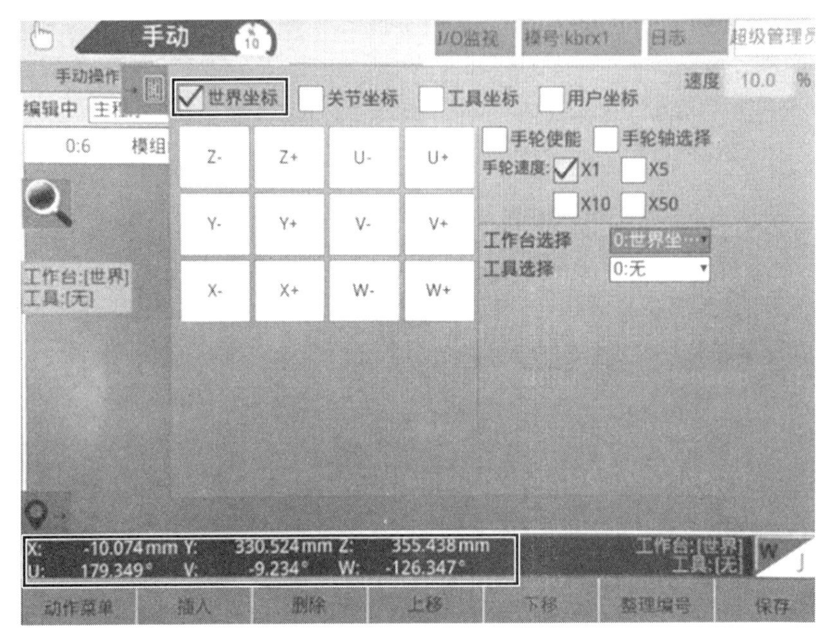

图 5-70　机器人世界坐标

随后就是在 waypoints 列表添加了几个位置，第一个点为 waypoints.append (deepcopy(wpose))，第二个点在第一个点的基础上往 X 轴正方向运动 0.1 m，即 wpose.position.x += 0.1，然后将第二个点也添加到列表中，以此类推。

添加完成后，就可以通过 Moveit 进行运动的轨迹规划，通过一个 while 循环依次规划列表中的点位，然后将规划好的路径保存到 plan 参数中，最后通过 arm.execute(plan)执行轨迹。

进行抓取和放置目标物块时，需要控制控制箱上的数字输入/输出（I/O）口输出高电平或低电平，从而控制电磁阀通断，让吸盘产生吸力。set_digital_out.py 示例程序就是用于控制 I/O 口的通断，程序比较简单易懂，代码如下：

```
#!/usr/bin/env python
```

```
# -*- coding:utf-8 -*-
import rospy
from obot_msgs.srv import ObotCtrlIOSrv

def setDigitalOut():
    # ROS 节点初始化
    rospy.init_node('set_digital_out_demo')
    obotCtrlIOSrv = rospy.ServiceProxy('/obot_ctrl_io',ObotCtrlIOSrv)
        # 请求服务调用，输入请求数据
        # mode,ioNum,val
        response = obotCtrlIOSrv(1,1,1)
        return response.ret
    except rospy.ServiceException,e:
        print "Service call failed:%s"%e
if __name__ == "__main__":
    #服务调用并显示调用结果
    print "Show result:%d" %(setDigitalOut())
    rospy.wait_for_service('/obot_ctrl_io')
    try:
        obotCtrlIOSrv = rospy.ServiceProxy('/obot_ctrl_io',ObotCtrlIOSrv)
        # 请求服务调用，输入请求数据
        # mode,ioNum,val
        response = obotCtrlIOSrv(1,1,1)
        return response.ret
    except rospy.ServiceException,e:
        print "Service call failed:%s"%e
if __name__ == "__main__":
```

```
#服务调用并显示调用结果
print "Show result:%d" %(setDigitalOut())
```

上述代码中，I/O 控制的核心代码：from obot_msgs.srv import ObotCtrlIOSrv 用来导入 I/O 控制服务；rospy.wait_for_service('/obot_ctrl_io') 创建了一个服务端，采用了 service 服务的方式进行通信；obotCtrlIOSrv = rospy.ServiceProxy ('/obot_ctrl_io',ObotCtrlIOSrv)定义一个服务变量，用于 I/O 控制服务的调用；然后就可以调用服务 obotCtrlIOSrv(1,1,1)并赋予相应的参数，函数中的三个参数分别为模式（mode），I/O 通道（机器人控制箱上有多个输出口，具体根据电磁阀接线确定），赋值（val，赋值为 1 电磁阀接通吸盘产生吸力，赋值为 0 则相反）。

在开发编程时，在一个程序中只需要导入 I/O 控制服务 srv，创建了一个服务端 rospy.wait_for_service('/obot_ctrl_io')和定义一个服务调用变量 obotCtrlIOSrv = rospy.ServiceProxy('/obot_ctrl_io',ObotCtrlIOSrv)，用于 I/O 控制服务的调用，然后就可以方便地调用服务控制 I/O。

还可以参照其他几个程序，比如 moveit_fk_demo.py 和 drawing_star.py，程序框架都类似，不同的是保存到 waypoints = []列表中的点位不同，进而机器人运动的轨迹不同。实验室只需要给 waypoints = []列表添加不同的点位信息，让机器人执行即可。

任务二　通过 Moveit 接口编程控制机器人进行目标物块的抓取和放置

（1）进入到 obot_ws/src/probot_obot/obot_example/scripts/文件夹下，复制 moveit_line_demo.py 文件，并将复制文件命名为 pick_and_place.py（可自定义名称），如图 5-71 所示。

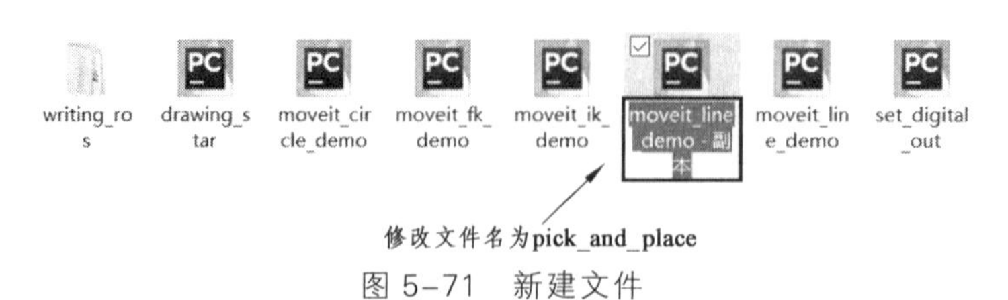

图 5-71　新建文件

（2）双击打开 pick_and_place.py 文件，修改程序，首先导入 I/O 控制服务 from obot_msgs.srv import ObotCtrlIOSrv，然后创建一个服务端 rospy.wait_for_service('/obot_ctrl_io')和定义一个服务调用变量 obotCtrlIOSrv = rospy.ServiceProxy('/obot_ctrl_io',ObotCtrlIOSrv)，修改 waypoints = []里面的点位，通过 waypoints.append 命令添加到列表中，在手臂运动过程中，需要打开吸盘时调用 I/O 控制服务 obotCtrlIOSrv 并赋予参数进行 I/O 控制即可。

修改完成后保存 pick_and_place.py 文件。

（3）运行并验证程序。

① 在 OBOT Studio 运行情况下，先让手臂回到 Home 点，如图 5-72 所示。

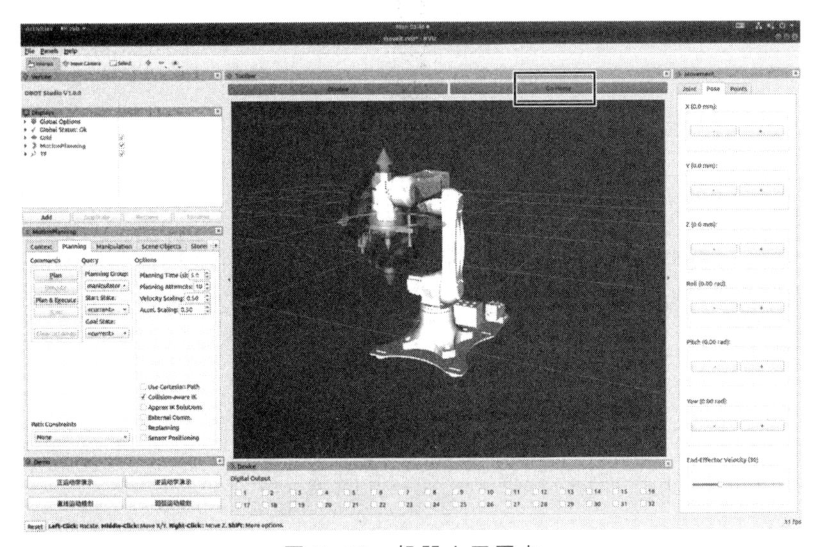

图 5-72　机器人回零点

② 在键盘按下“Ctrl+Alt+T”，打开一个终端窗口，输入命令进入到文件所在目录：

```
$ cd ~/obot_ws/src/probot_obot/obot_example/scripts/
```

输入命令运行 pick_and_place.py 观察效果，运行时需要高度注意，如果程序修改有误，手臂可能会运行到错误位置，此时应按下示教器上的急停按钮。

```
$ python pick_and_place.py
```

综合实验　基于 ROS 系统编程实现机器人拼装七巧板实验

一、实验目的

（1）掌握 ROS 编程方法。

（2）掌握六轴机器人 OBOT 的 Moveit 接口开发方法。

（3）在 ROS 系统环境下编程控制机器人进行七巧板的拼装。

二、实验仪器、设备

（1）OBOT 桌面六轴机器人 1 套。

（2）ROS 控制器与显示器各 1 套。

（3）七巧板装配模块 1 套。

三、实验方法及步骤

要求：根据前面实验内容，参考示例程序，编程（用 C++或 python 语言）控制夹具和吸盘实现七巧板的拼装。

步骤：

1. 机器人夹具准备

给机器人安装末端执行器——夹具和吸盘。

2. 机器人控制准备

（1）打开机器人控制箱上的电源开关，给机器人上电。

（2）用网线连接机器人控制箱上网络通信口和计算机网口 LAN1。

（3）将示教器模式旋钮旋转为“STOP”模式。

（4）点击示教器右上角登录按钮。

（5）选择“高级管理员”，输入密码“123456”，点击“登入”。

（6）点击“参数设定”→“手控设定”→“网络配置”，勾选“网络使能”

和“ROS UDP En”，检查本机 IP（192.168.4.201）、外设目标 IP（192.168.4.4:9760）、通信模式等配置，确保和图 5-73 保持一致，点击“保存”。

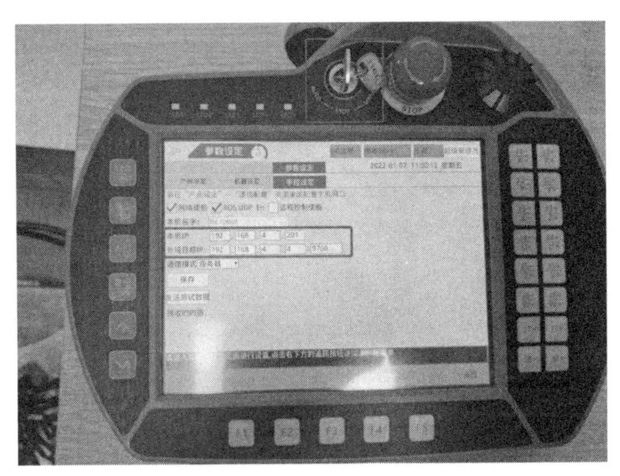

图 5-73　设置网络 IP

（7）点击“参数设定”→“产品设定”→“通信配置”→“主机网络设定”，勾选“网络使能”，并检查本机 ID、主机 IP（192.168.4.4:9760）、目标地址（192.168.4.4:9760）和通信模式等配置，确保和图 5-74 所示保持一致。修改后，点击“确定修改”。

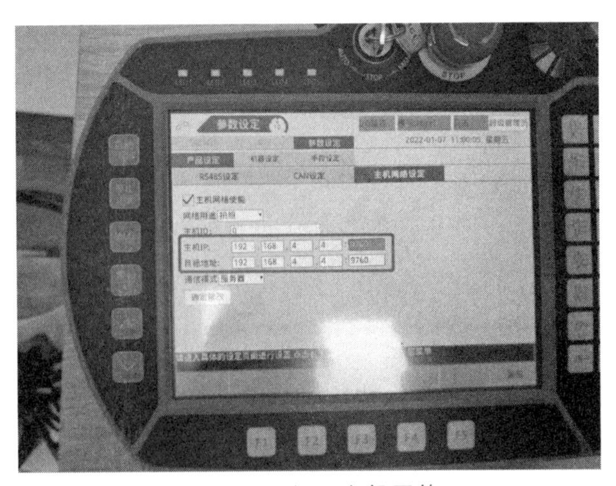

图 5-74　设置主机网络

（8）打开计算机电源，等待进入系统界面，进入后点击界面右上角的网络标志，选择网络配置，如图 5-75 所示。

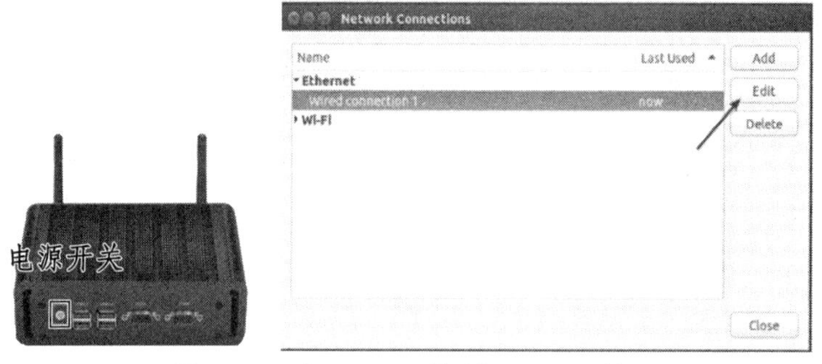

图 5-75　打开 ROS 控制器配置网络

（9）进入配置界面后按照图 5-76 所示的内容进行配置（192.168.4.1 或 192.168.4.100 都可以）。

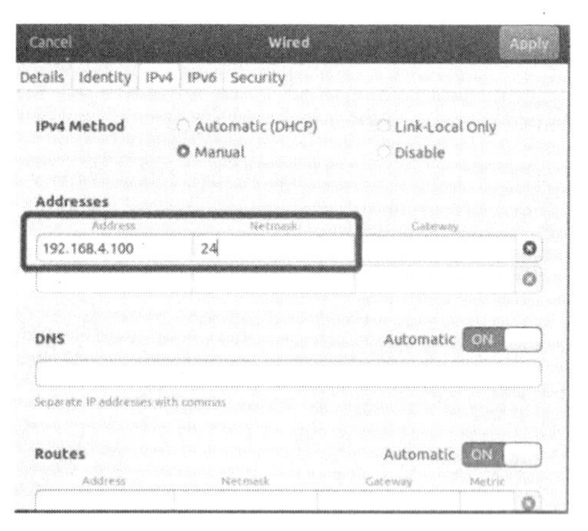

图 5-76　设置 ROS 控制器 IP

（10）保持示教器模式旋钮为“STOP”模式，双击计算机桌面上的“OBOT Studio”图标启动。

（11）在弹出菜单中保持默认选项“真机模式”，按下“Enter”键，启动运行真机模式；

（12）启动成功后，将弹出 Rviz 可视化人机交互界面。

（13）第一次点击“Enable”按键，将弹出提示框，提示用户在机器人控制前进行位姿校准操作，以确保ROS机器人模型位姿和真机保持一致，如图5-77所示。否则机器人将有可能运动异常，导致事故发生。

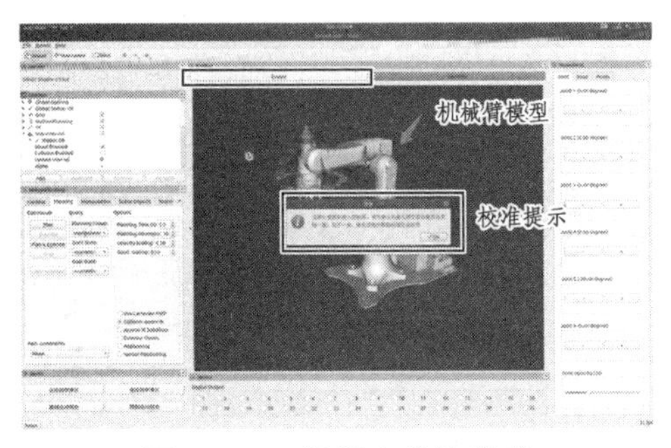

图5-77　机器人位姿校准

（14）校准方法：可以将示教器模式旋钮旋转为“AUTO”模式，2~3 s后再拨到“STOP”模式，查看真机和机器人模型位姿是否已经一致。完成位姿校准，并确认机器人模型姿态和真机一致后，点击“OK”。

（15）再次点击“Enable”按键，才会使能机械臂控制，“Enable”按键背景颜色将由黄色切换到绿色，如图5-78所示。

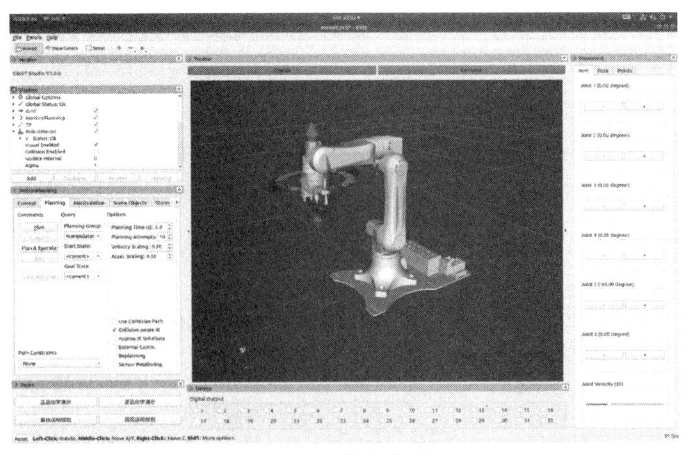

图5-78　使能机器人

（16）点击“Go Home”，控制机械臂回到零位位姿，如图5-79所示。

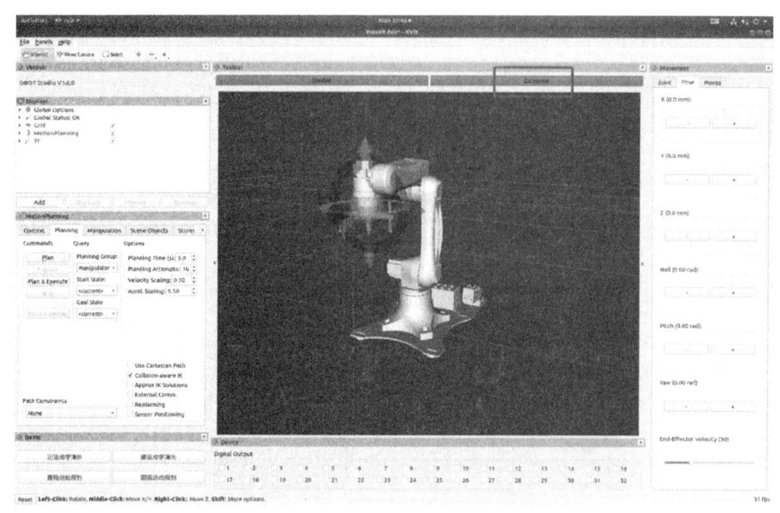

图 5-79　机器人回零点

3. 编　程

（1）打开计算机桌面左侧文件目录，双击 obot_ws/src/probot_obot/obot_example/scripts/文件夹下的源代码文档，查看、学习源代码。

（2）进入到 obot_ws/src/probot_obot/obot_ example/scripts/文件夹下，复制相关示例程序文件，并将复制文件重命名(可自定义名称)，双击打开文件，修改程序，使程序可以利用吸盘和夹具实现七巧板的拼装，最后保存程序文件。

4. 运行并验证程序

（1）在“OBOT Studio”运行情况下，先让手臂回到 Home 点。

（2）按下“Ctrl+Alt+T”打开一个终端窗口，输入命令进入到文件所在目录：cd~/obot_ws/src/probot_obot/obot_example/scripts/。

（3）输入运行程序命令，观察程序运行效果，调试程序直到完成七巧板的拼装。

运行时需要高度注意，如果程序修改有误，手臂可能会运行到错误位置，此时应按下示教器上“急停”按钮。

参考文献

[1] 樊炳辉，袁义坤，张兴蕾，等. 机器人工程导论 [M].北京：北京航空航天大学出版社，2018.

[2] 蔡自兴. 机器人学基础[M]. 2 版. 北京：机械工业出版社，2016.

[3] 何苗，马晓敏，陈晓红. 机器人操作系统基础[M]. 北京：机械工业出版社，2022.

[4] 深圳市越疆科技有限公司. 智能机械臂控制与编程[M].北京：高等教育出版社，2019.

[5] 杨辰光，程龙，李杰. 机器人控制——运动学、控制器设计、人机交互与应用实例[M]. 北京：清华大学出版社，2020.

[6] [美]NIKU S B. 机器人学导论：分析、控制及应用[M]. 孙富春，译. 2 版. 北京：电子工业出版社，2018.

[7] [美]GOEBEL R P. ROS. 入门实例[M]. [墨]ROJAS J，刘柯山，彭也益，等译. 2 版. 广州：中山大学出版社，2019.

[8] 重庆安尼森智能科技有限公司. 桌面六轴机械臂用户手册（OBOT）.

[9] 重庆安尼森智能科技有限公司. 机器人实践项目（OBOT）.

[10] 深圳市华成工业控制股份有限公司. EC-RX 控制系统使用说明书.

附 录

桌面六轴机器人三视图与关键尺寸

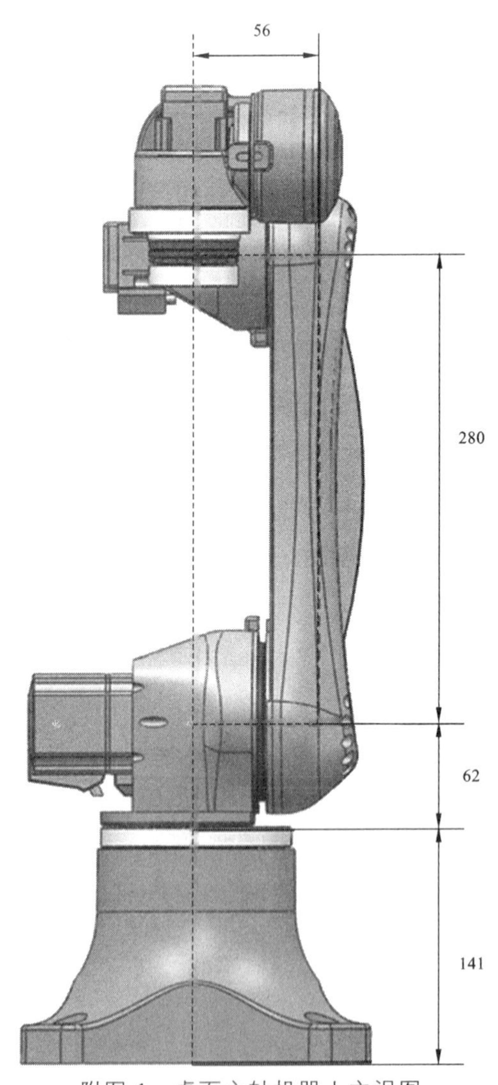

附图 1　桌面六轴机器人主视图

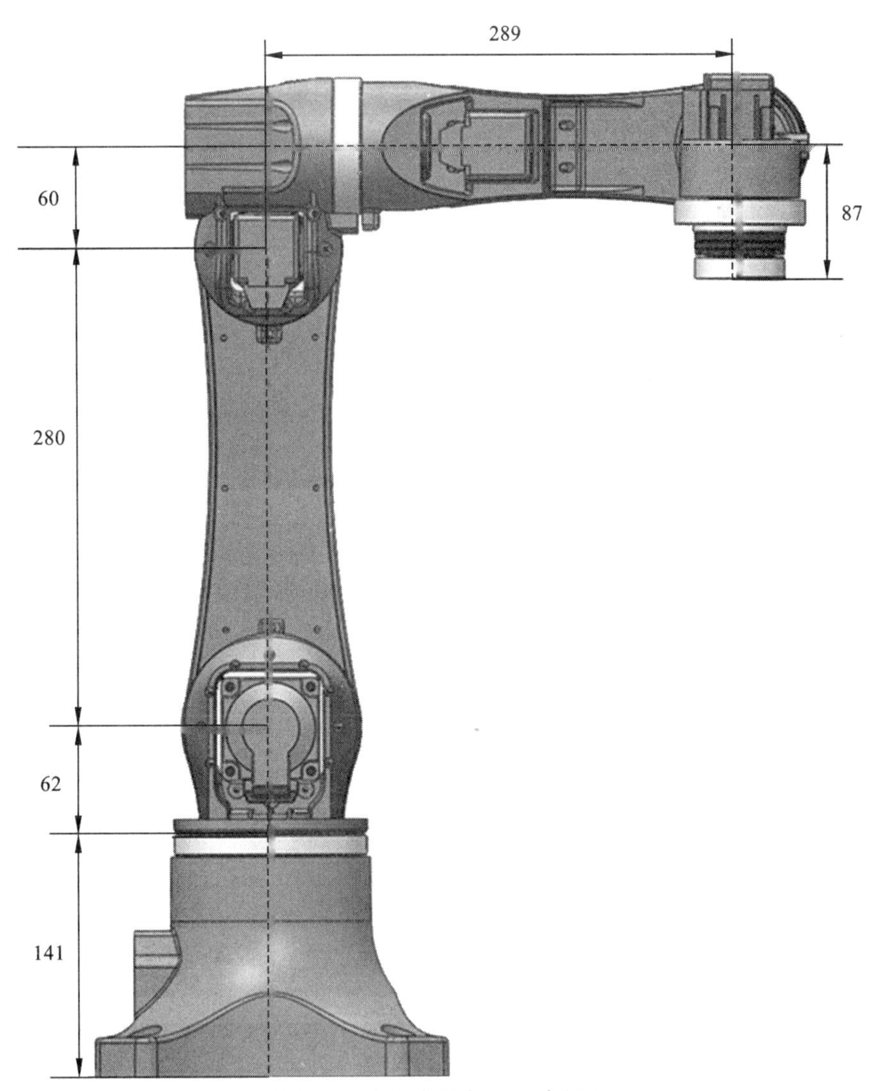

附图 2 桌面六轴机器人左视图

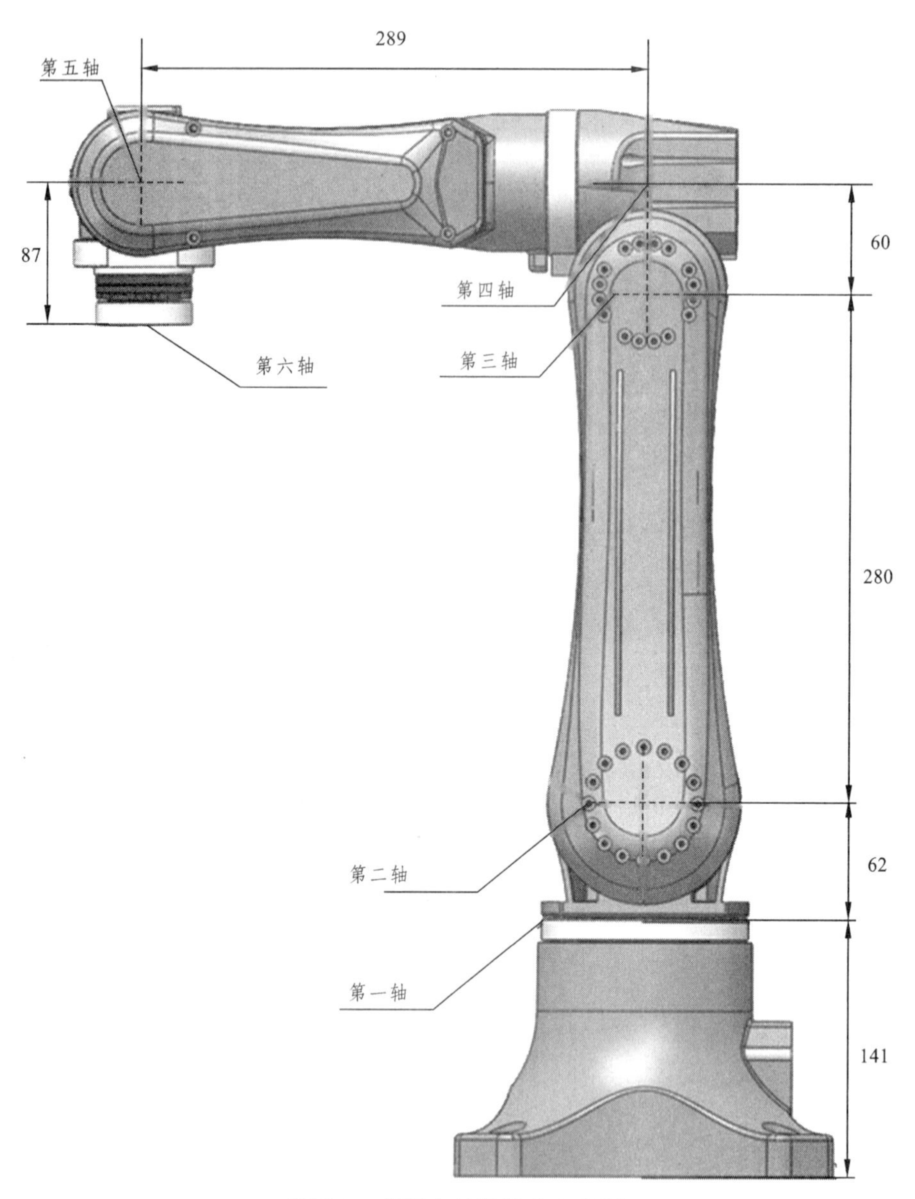

附图 3　桌面六轴机器人右视图